五南出版

污染場址的固化、穩定化與圍封處理技術

Solidification, Stabilization and Containment Technologies for Contaminated Sites

盧至人、吳先琪　主編

圍封專書編寫小組　合著

臺灣土水污染防治技術合作平台系列專書

五南圖書出版公司 印行

系列專書引言 ▶▶ ————

　　自從 1970 初期位於美國紐約州西部尼加拉瀑布市境內的 Love Canal，由於 Hooker Chemicals公司多年前掩埋的大量化學廢棄物，造成土壤及地下水污染，頓時引起了大眾廣泛的注意和深度擔憂。目前，土壤和地下水污染業已經成為世界各國高度關注的主要環境問題之一。

　　五十多年來，土壤和地下水污染的問題經由美國和其他部份發達國家所進行的大量研究實驗和現場工作的結果，明白地顯示出這個問題的嚴重、複雜和處理上的困難。上個世紀 80 年代中晚期，美國的相關法規開始施行不久，工業界開始進行調查和初期的整治工作，但是當時能用的處理技術相當有限。隨後在工業界與科研人員的合作和政府的鼓勵下，開展了一連串的技術研發與現場測試工作。大家很快地認識到由於土壤與地下水污染的性質，不論是調查或整治，除了在技術的應用上有其極限，昂貴的費用更成為實際需要考慮的問題。它們遠較早先開始的空氣和地表水污染問題的 處理困難得多。在許多情況下由於技術和費用上的限制，要達到國家原先公布的整治標準是不切實際的。巨大的費用開始造成許多中小企業的破產，同時由於立場和觀點不同也造成了產、官、學和環保團體之間在污染整治的要求上看法的分歧、爭議、與不時的街頭抗爭甚至暴力衝突。其後通過辯論和無數實際整治工作的結果，大家逐漸認識到這個問題困難的性質，從而開始了理性溝通、討論與合作，一起考慮如何在社會整體有限資源做最佳運用下，務實地考慮到客觀條件，尋求對問題可能最合理的處理方法。在法規執行上也開始往較為實際的方向思考，開始以環境和健康風險與社會成本效益為基礎的考量，以確定整治目標的思路，逐漸取代了原先一切依照剛性標準的概念。這種思維路線使得社會資源在處理污染問題上得到了較為合理及有效的運用。同時在遇到較為複雜與特殊的污染問題時，經常以邀集產、官、學、研和環保團體專家和當事者，組織一個整治技術發展論壇（Remediation Technology Development Forum, RTDF）共同研究討論的方式，從各方面加以考慮能達成最為妥善、實際的整治目標與方法。這樣理性考慮與合作的理念，是近年來越來越少見到因為環境問題而發生嚴重衝突的重要原因之一。

　　基於以上的理念，前美國杜邦公司總部環境整治部的「杜邦院士」"DuPont Fellow" 錢致慶博士，以其長期在美國與亞太地區從事現場實際污染整治工作，以及十年間連續獲聘為美國環保署署長辦公室科學指導委員會資聘委員及環境工程組成員，直接參與技術相關法規的評估工作與特別案件的技術咨詢、審議工作的經驗，從 90 年代初開始邀集並組織由產、官、學、研與環保界的專家群，開始就特定的污染與整治技術問題進行合作研究，並將最終結果編印成完整的專書，供相關各界參考、應用和教學之用。這個由錢博士首先創立的模式是由所有經選聘應邀參與的專家，完全義務無償參與研究和編寫工作。一切必需的運作費用則由工業界籌集。在專書出版後由工業界或政府出資認購一定數量的專書，分送給在工作上與專書討論的問題有關的產、官、學、研和環保團體等各界人士，以達到推廣的效用。在十餘年的期間先後已經有五本專書出版，深受業界專家們歡迎。同時直接影響到一些環境政策的改變。後續的專書因為考慮到發行後長期管理和推廣的工作與效率，改以商業發行，透過工業界支持預購一定數量的專書以降低售價的方式，從而達到普及推廣的目的。每本專題研究與專書專家編寫組的選聘參與工作的專家少則四、五十人，多至來自九個國家，超過百人的研究編寫組。除了工業界以外，美國環保署和能源部也開始提供支援，除了提供運作經費，並且大力支持舉辦大型專題國際討論會。而此種合作的方式，也成為一種污染問題研究、形成共識和知識推廣工作的成功模式。

　　台灣的土壤及地下水污染整治法，自從 2000 年公告實施，開始推動現場整治工作迄今，除了大量的經驗累積以外，也開始遇到了國外一些先進國家過去在整治思路與技術的選擇與應用上遭遇的相似經歷。有識之士也開始注意到理想與現實之間的選擇與平衡的問題。相較於美國或其他一些先進國家，台灣面積較小、人口密度相對較高，加上土地資源有限，而且在經濟上對工業產品出口的依賴很高。近年來台灣經濟發展遇到一定的困難，土地經常是最主要的問題之一。因此，如何能最好且務實地處理土壤與地下水污染的整治工作，以期能在環境保護與有限資源的有效運用上達到最有利的平衡，以支持經濟的持續發展，不但是工業界也是整個社會應該共同關注的問題，因為工業是一個國家經濟發展和社會繁榮的重要基礎。

　　台灣許多地區存在不同程度的土壤與地下水污染情況，個別工業密集的工業地區土地污染的問題則更為嚴重。結合前述的理念和做法，錢博士在 2012 年初，開始與國內產、官、學、研各界專家聯繫，討論合作平台的觀念和構建。希望能將國

外在污染整治技術的研發應用和整治工作上累積的知識、技術與經驗，引進和介紹給國內專業人士。透過合作研究和討論，並考慮到本地的情況和客觀條件，加以適當調整與完善，最後通過教育加以推廣。讓我們在別人既有的知識和經驗的基礎上，通過產、官、學、研的通力合作，走上以理性、科學、風險、安全和經濟為基礎的綜合考量法則，更務實和有效地執行國內的土壤及地下水污染整治工作，以期用最小的社會成本達到維護健康、環境保護與土地資源利用最大化的目標。

　　錢博士首先於 2012 年夏天開始分別拜訪國內產、官、學、研與環保團體的環境專家們，經由向專家們介紹與溝通，獲得了廣泛的認同與支持。同年 11 月召開第一次籌備會議，經過熱烈的討論並決定在次年 1 月 19 日於台灣大學環工所舉行第二次會議，進一步討論具體規劃。正式會議出席者包括來自各界的 18 位資深專家和台灣化學工業責任照顧協會的會員代表，成為平台創立的初始成員。經過討論後正式定名為《臺灣土水污染防治技術合作平台》。初步確定了兩個當前對的重要議題：關於風險評估在污染整治上的應用和污染土地再利用的概念，指定專家分別開始負責組織專家研究討論和專書編寫的推展工作。預計隨後將依行這個模式按整治工作上的需要組織專家群進行研究與專書編寫工作，依序發行成為一套系列專書，供同行與大　使用與參考。

　　環境問題是一個多領域的科學，唯有具備不同相關背景的專家們貢獻各自專長的知識與經驗，集思廣益、通力合作，才可能完成這樣的專書。十年來除了先行的三本專書，在負責組織和領導的專家以及幾十位專家無私無償的奉獻和努力，以及在過程中參與外部評閱的國內外專家們全力支持下，先後完成順利出版。第四本專書也將於五月問世。專書在書局第一版印刷發行當日即全數售罄，並旋即宣佈儘快進行二刷。對於各界的熱烈反應與支持，肯定了合作平台的理念和專家們的努力，也更加強化大家的信心與更大的熱忱。我們知道這是一項不但有價值而且更是具有高度需要的工作。

　　我們除了對為這項在台灣尚屬創舉的工作對所有專家和參與工作的人員的辛勞和無私的奉獻，表達至深的感謝和最高的敬意，同時希望未來有更多的專家和企業繼續支持這項系列專書工作，積極主動參與，一同努力，各盡一份心力。為這塊養育我們的土地，和這個栽培我們的社會，做出一些實質上有意義和價值的貢獻。

　　此外我們要特別對台塑公司從上至下對這個理念和這項工作，從開始以來在人力和經費上無條件全力支持，表達由衷的感謝。專家們和企業的支持是這項工作能

不斷順利進行，獲致成功的兩大因素。我們也分外希望有更多的企業單位參與，使這項努力能持續擴大影響並有更為成功的進展。

錢致慶 謹誌

2024年5月

推薦序 ▶▶

　　土壤與地下水污染整治法自 2000 年公布後，環境部與縣市環保局歷經 20 餘年的努力，國內 9100 餘處的污染場址中已有 8556 餘處已完成污染改善而解除列管，其中污染農地幾乎已經改善完成，恢復土地的生命力。而非農地的污染場址則尚有 440 餘處仍在持續改善中。20 餘年來，國內土壤與地下水污染場址已經由調查、列管與整治逐漸轉為污染預防與管理。目前尚在整治中的污染場址，主要是因為污染物質的複雜性或是污染場址地質的特殊性，以致污染整治耗時費事。

　　土壤及地下水污染整治除了評估整治工程技術之外，尚需兼顧社會與經濟層面，如此才能確保土地的永續利用。環境部為推動污染場址的改善，乃建立分區改善、風險管理與土地活化利用機制，以提升污染改善的效益與土地利用。國內的污染場址的改善多以工程作為將污染物削減去除，但就土地的永續利用與綠色整治而言，不論是現地、現場或是離場整治，均著重於整治成效的量測以及污染物質量削減的可見成果。

　　台灣地狹人稠，土地更是寸土寸金，因此，污染土地的活化與再利用更顯重要。污染場址的改善除了傳統的整治工法之外，若能同時從環境、經濟與社會面加以考量，則污染場址的圍封或是污染物質的固化與穩定化也可以視為另一種污染控制的呈現。藉由圍封、固化或穩定化技術，再輔以風險評估與監測管理，對污染量體較大或是缺乏可靠有效的處理技術的場址，本專書『污染場址的固化、穩定化與圍封處理技術』所提出圍封、固化與穩定化的概念，將會是另一項值得持續討論與評估的議題。本專書由產官學研各領域專家精心撰寫，此群策群力的成果將可以做為我國未來在土壤與地下水污染場址整治政策推動的參考。

環境部 部長

薛富盛

推薦序 ▶▶▶

　　土壤及地下水是人類生存的重要資源，也是地球環境重要的循環生態圈，所以值得我們重視保護。這樣的資源倘若受到污染，由於發生於地表下，不易及時察覺，且因為長時間擴散或流體移動，發現污染時，影響範圍可能既深又廣，導致整治不易或費用高昂。環境部針對土水污染，近年來積極推廣綠色永續整治觀念，從環境面、經濟面、社會面等多面向評估與篩選適合個案的整治方案，而本書闡述的圍封技術即是一項值得納入方案進行評估的技術選項。

　　當公私部門發現土水污染時，透過水文地質與污染流布調查，建立場址概念模型後，從風險管理（建議讀者參閱本平台系列專書之《土壤地下水污染場址的風險評估與管理：挑戰與機會》）的角度而言，可選擇防止污染源移動、降低污染源強度、或降低下游污染帶濃度等策略。另外，從整治工程的角度而言，可選擇能耗高的侵入式技術工法以降低污染物濃度，或能耗低的非侵入式圍封技術工法以阻止污染物擴散。圍封技術工法特別在以下幾種情境值得列入方案評估，(1) 污染源尚未確認或無法完整界定，(2) 污染位於製程區或住宅區而暫時無法施工移除或整治，(3) 因地質因素，污染不易移除或整治，(4) 污染範圍大，整治經費高昂，(5) 污染物毒性高，移除過程衍生的健康風險不易掌控等。前述這些情境，如果以綠色永續韌性整治思惟規劃場址管理策略，則採用圍封技術工法搭配定期監測及風險管理，不失為一種經濟可行的污染整治方案。

　　本書集結了來自國內外各領域專家學者無私的貢獻和精心撰寫。首先以法規作為依據，並考慮實務應用的需求，審視法規的限制和適用可能性。在此基礎上，提出了增修規範和技術指引的建議，同時檢視了圍封技術在實務應用中的潛力和限制。我相信，讀者在瞭解本書中的深刻見解後，將對採用圍封技術的時機和效果有全新的認識，並可將之納入未來採行的整治技術之評估。

環境部次長

沈志修

推薦序 ▶▶▶

　　爲確保土壤及地下水資源之永續利用，我國於民國 89 年公布「土壤及地下水污染整治法」，以專法合併管理土壤與地下水污染之預防、管制與整治，並成立土壤及地下水污染整治基金，藉由基金的經費挹注與法規課予污染行爲人整治責任，國內土壤及地下水污染整治技術在過去 20 餘年來，從早期直接引進套用先進國家的整治模組，到因應國內地質特性發展優化本土化技術，以及落實風險評估管理之褐地活化再利用，相關發展與應用，在臺灣土水污染防治技術合作平台系列專書的前三冊有著詳盡介紹與討論。

　　爲持續強化精進土壤與地下水污染之規劃與執行工作，環境部環境管理署於 112 年 8 月 22 日成立，並將「土壤及地下水永續管理」列爲四大施政願景之一。在環管署成立後不久，獲知盧至人與吳先琪兩位教授刻正編輯污染場址之固化穩定化與圍封處理技術專書，引進推廣與既有整治技術有別的觀念與策略，個人由衷敬佩，兩位老師邀請我以環境管理署角度寫序推薦，自是樂意。

　　至 112 年底我國累積公告解除列管的土壤及地下水污染整治場址已達 8,720 筆，其中大多以移除或降解方式使土壤、地下水中污染物濃度低於管制標準。但仍有少數污染場址因面積過廣、地質特性複雜、污染物特性或整治技術之限制，不易於短期間內達到前述整治目標，爲此，如何以對土壤及地下水環境侵擾相對較小之方式，利用固化穩定化與圍封處理等工程技術將污染物侷圍於特定場域，並搭配長期監測與風險管理措施，有效控制生態環境與民眾健康風險，找出兼顧環境與經濟效益的整治目標，值得產官學研一同探討。

　　本書邀集國內土壤及地下水風險管理與整治領域的權威學者，以及第一線的資深專家，介紹最新的技術發展與實務經驗，搭配國內外案例說明，不論是初學者的觀念建立、現場操作者的實務借鏡，乃至決策者的策略選擇，相信都能提供重要的

參考；最後，也期盼各領域的學者專家們能持續投入，與本署一起爲國內土壤及地下水的永續管理貢獻心力。

環境部環境管理署 署長

顏旭明

推薦序 ▶▶

　　土壤及地下水污染整治法採雙門檻制度，分別訂定污染監測標準及污染管制標準，污染物濃度超過標準的場域需進行後續緊急應變、列管控制及整治程序；標準值一經訂定公布，各界均以管制標準的項目爲其整治目標，迄污染物濃度低於管制標準，才解除管制事項，辦理土地復育恢復原有用途；但是，是不是每一個污染場址均須要完全整治至低於管制標準值？過度的整治是不是反而造成有限資源的浪費或是環境的負荷？這是值得探討商榷的重要議題。如果場址污染物能採取適當的圍封、圍堵管控、監測等環境管理與管制措施，在不涉及食品安全、危害國人健康，有妥善合宜的用途的前提下，應可以考量經濟效益及地方區域性的發展，採取適當的整治目標或管制方式。

　　因此，土壤及地下水污染整治法第 24 條，明定如因地質條件、污染物特性等因素，無法整治至污染物濃度低於管制標準者，可依環境影響與健康風險評估結果及配合土地開發利用，另訂污染整治目標，其重要的意義內涵，包括有風險管理、自然衰減及褐地再利用的概念，圍封處理技術（圍堵、管制、監測）落實永續、韌性整治的精神，在倡議淨零的這個時代，正是實務可行的有效工法。

　　國內污染整治場址中，高雄煉油廠污染場址透過打鋼板樁等工程手段阻絕地下水擴散、臺南中石化場址採高密度聚乙烯包覆污染物表面、及高雄福德爺廟等地下水污染場址，於場址邊界設抽水井進行地下水水力控制等，均是採取部分圍封的概念進行污染改善及控制的成功案例。

　　過去，有賴產、官、學界的協力，或參考國外的經驗及指引，或透過實際場址的演練，在我國技術發展的道路上摸索著前行，逐漸建構完整適合我國的技術庫，但唯獨不見蘊含風險管理概念的圍封處理技術專書。如今，這本專書的問世，無疑可爲我國推動風險管理概念的前導，也爲我國技術發展藍圖拚上重要的一

塊，讓各界在進行整治工作時能少走些彎路，實乃土壤及地下水污染整治的極重要貢獻。

環境部環境管理署
土壤及地下水污染整治基金會
執行秘書

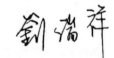

2024.2.28

編者序 ▶▶

盧至人、吳先琪

　　污染場址的圍封處理主要是拘限土壤或是地下水中污染物的擴散傳輸。污染場址若是因爲污染量體過大，污染物挖除處理耗費過鉅，缺乏可靠有效的技術處理特定污染物，或是一旦處理不當反而造成污染物的異常擴散，因而欲將污染物質保留於現場，而不大動干戈的於現場或離場處理或處置污染物，均適合採用圍封技術。將污染物質於場址中就地固化、穩定化或是阻絕其擴散，均可視爲圍封處理。圍封處理包含數項關鍵因子，例如：需要定期監測處理設施的穩定性與安全性、檢視因沉陷所導致的塘蓄、地表沖蝕、植物根系入侵…等，這些現象均會破壞圍封阻絕系統的有效性。圍封系統建構完成後，也需定期的監測地下水，必要時尚需抽出因滲漏所導致污染的地下水加以處理。即使定期監測與風險管理是一項長期的支出，圍封阻絕仍會比挖除處理法相對更爲經濟。

　　圍封處理的要件包含圍封阻絕設施的設計與建構，以及爾後的定期監測與風險管理。圍封處理並未將污染物挖除處理或是降解轉化去除。以目前土壤與地下水污染整治法的規定而言，必須以工程技術才能將場址中的污染物降解或去除到污染管制標準以下，以解除場址的列管，並恢復原土地用途。但是，土壤與地下水污染整治法第二十四條也明敘，「……土壤、地下水污染整治計畫之提出者，如因地質條件、污染物特性或污染整治技術等因素，無法整治至污染物濃度低於土壤、地下水污染管制標準者，報請中央主管機關核准後，依環境影響與健康風險評估結果，提出土壤、地下水污染整治目標。」或是「……整治場址之土地，因配合土地開發而爲利用者，其土壤、地下水污染整治目標，得由中央主管機關會商有關機關核定。核定整治目標後之整治場址土地，不得變更開發利用方式；其有變更時，應先報請中央主管機關會商有關機關核定，並依其他法令變更其開發利用計畫後，始得爲之。整治場址污染物之濃度低於核定之整治目標而解除管制或列管後，如有變更開發利用時，直轄市、縣（市）主管機關應就該場址進行初步評估……」。換言之，主管機關可以依污染場址的個案特性，核定該場址的整治目標爲濃度不低於土壤或地下水污染的管制標準的，但是該整治目標必須依環境影響與健康風險評估結

果而提出。

　　土壤及地下水污染整治場址環境影響與健康風險評估辦法第八條明敘：「配合提出整治目標而執行風險評估時，風險評估作業及提出之相關報告應包括下列二種情境：一、污染場址基線風險評估：說明各關切污染物在未採取後續改善、整治、行政管制等措施前可能造成之潛在環境影響與健康風險。二、污染場址完成改善、整治作業至該整治目標後之風險評估，如有採取風險管理措施者，應說明採取風險管理措施對環境影響與健康風險降低之效果。」該辦法第十條則明敘：「中央主管機關核定整治目標，應考量污染場址現在及未來用途，其核定原則如下：一、於採取風險管理措施後之致癌總風險，不得大於萬分之一。二、代表性物種無可觀察到之不良效應。三、總非致癌危害指標不得大於一‧〇。」該辦法中特別說明：「……如有採取風險管理措施者，應說明採取風險管理措施對環境影響與健康風險降低之效果……」。此規範表示污染場址若是採風險管理，須能具體呈現對風險降低的機率與效果。就圍封阻絕的成效與風險管理而言，最關鍵的因子是圍封失效的風險是各方所能接受的，以及長期監測與管理所需的成本也是各方所能承擔的。圍封的另一潛在優點是當主客觀條件成立時，採取更積極的整治作為以替代執行中的圍封也是可行的。換言之，當有更具經濟可行的工法可以替代圍封時，則應以更積極的工程取代之。

　　圍封就是採取積極的作為以阻絕污染物往場址之外擴散。不論是污染場址的周圍或是其底部，均須能有效的阻絕污染物的傳輸擴散。當然，降低或完全控制雨水的入滲是控制污染擴散最有效的作為。降低或阻絕雨水入滲，就同時降低污染物以溶解相的型態傳輸擴散。因為降低雨水入滲，就降低了水力梯度，因而，就可以降低污染物的通量。當然，風險管理的另一重點是監測與應變，污染場址圍封後須監測地下水水質與揮發性的氣態物質，若有異常則須檢討污染來源，並依潛在傳輸途徑採取如抽水的水力控制等應變作為。

　　本書乃是杜邦院士錢致慶博士所發起的構想。錢博士在2012年啟動成立台灣土水污染防治技術合作平台，開啟了一系列相關專書的編撰。本書是繼《土壤地下水污染場址的風險評估與管理：挑戰與機會》、《褐地與污染土地再利用：再創土地新生機》與《重質非水相液體（DNAPL）污染場址調查與整治》系列專書之後，所持續編撰的第四本專書。在此要特別感謝錢博士的無私奉獻與不懈的指導，尤其當本書編撰進度有所延誤時，錢博士適時地提出對本書內容修訂的指導。對錢博士

的熱忱與鼓勵，本書的編撰團隊誠心尊奉其爲「mentor」與「inspirer」（良師與益友）以表達編撰團隊對錢博士的敬意。

　　本書得以編撰完成除了錢博士的指導與激勵之外，更要感謝所有作者無私的貢獻包括：李依庭、何建仁、宋倫國、吳培堯、吳龍泉、倪春發、徐彥溥、郭映彤、張書奇、陳瑞昇、黃智、程淑芬、劉文堯、賴允傑、盧至人、戴永裕。此外，也要感謝台塑同仁與團隊默默的付出與不求回報的奉獻，包括：黃建元副總經理、莊見財組長、陳躍升資工師、杜永昌高工師、林賢宗高工師，不只是行政上的支援，更在本書進度有所延誤時，努力地關切各作者的撰寫進度。

　　本書的編撰乃依前述的精神邀請台灣專家學者分別撰寫。第一章說明圍封的基本概念與應用上的限制，第二章介紹污染場址現地圍封固化穩定化處理的政策與規範，第三章說明污染場址現地圍封技術與工法，第四章說明土壤污染處理中較常使用的固化與穩定化技術，第五章就現地圍封後之污染土壤固化及穩定化之溶出與擴散機制加以說明，第六章介紹圍封技術的環境監測與健康風險評估，最後的第七章則介紹國內外的案例。經由前述各章節的說明，企盼藉此說明圍封技術的應用與潛在風險，使得讀者對圍封技術有進一步的認識。本書雖經多次校核，但仍難免有疏漏之處，企盼讀者提供寶貴意見以做爲後續增修的參考。

作者簡介

主 編

盧至人
國立中興大學環境工程系教授（退休）

學歷

美國休士頓大學土木與環工系博士

經歷

生物技術開發中心副研究員

國立中興大學環境工程系副教授

國立中興大學環境工程系教授

國立中興大學環境工程系系主任

吳先琪
國立臺灣大學環境工程學研究所名譽教授

學歷

美國麻省理工學院土木環工博士

經歷

臺北市衛生下水道工程處工程員

國立臺灣大學環工所教授、所長

國立臺灣大學環安衛中心副主任

教育部環保小組執行秘書

本書撰寫作者

（以姓氏筆劃排序，若相同則依序以名字首字、第二字筆劃排序）

杜永昌

台灣塑膠工業股份有限公司

高級工程師

國立屏東科技大學土木工程系博士

李依庭

瑞昶科技股份有限公司

專案副理

國立臺灣大學農業化學系碩士

何建仁

環境部國家環境研究院環境治理研究中心

高級環境技術師

國立臺灣大學環境工程學研究所博士

宋倫國

可寧衛股份有限公司

副總經理

美國中佛羅里達大學土木環工系環工博士

吳培堯（第四章責任作者）

工業技術研究院綠能與環境研究所

資深研究員

美國猶他大學土木及環境工程所博士

林賢宗

台灣塑膠工業股份有限公司

高級工程師

國立臺灣大學生物環境系統與工程學系博士

倪春發（第五章責任作者）

國立中央大學地球科學學院應用地質研究所

特聘教授

美國密西根州立大學博士

徐彥溥

國立中央大學高等模式研發應用中心

主任工程師

國立中央大學機械工程研究所碩士

郭映彤

國立中央大學高等模式研發應用中心

資深工程師

國立中央大學資訊管理研究所碩士

張書奇

國立中興大學環境工程系

副教授

美國密西根大學安娜堡分校博士

陳瑞昇

國立中央大學地球科學學院應用地質研究所

特聘教授

國立臺灣大學農業工程學系博士

黃智（第六章責任作者）

鑫訓工程顧問股份有限公司

總經理

美國紐約州立大學水牛城分校土木、結構與環境工程所博士

程淑芬

朝陽科技大學環境工程與管理系

教授

國立臺灣大學環境工程學研究所博士

劉文堯（第七章責任作者）

美商傑明工程顧問（股）台灣分公司

水資源技術部資深協理

國立臺灣大學生物環境系統與工程學系博士

賴允傑（第二章責任作者）

瑞昶科技股份有限公司

專案經理

國立臺灣大學環境工程學研究所碩士

國立臺灣大學農業化學系碩士

盧光亮

裕山環境工程股份有限公司

計畫經理

國立臺灣大學生物環境系統與工程學系博士

戴永裕

國立中央大學高等模式研發應用中心

組長

國立中央大學資訊工程研究所碩士

已刊行系列書介紹 ▶▶ ──

1. 土壤地下水污染場址的風險評估與管理：挑戰與機會

   Risk Assessment and Risk Management for Contaminated Sites: Challenges and Opportunities for Improvement

   馬鴻文、吳先琪 主編 ╱ 風險評估專書編寫小組 合著

   （民國105年9月，五南出版社）

2. 褐地與污染土地再利用：再創土地新生機

   Reclamation and Revitalization of Brownfields and Contaminated Lands: Toward a Sustainable Land Redevelopment

   高志明、盧至人 主編 ╱ 褐地專書編寫小組 合著

   （民國109年10月，五南出版社）

3. 重質非水相液體（DNAPL）污染場址調查與整治

   Investigation and Remediation of DNAPL Contaminated Sites

   林財富 主編 ╱ DNAPL專書編寫小組 合著

   （民國112年3月，五南出版社）

前言

盧至人、吳先琪

　　土壤或地下水污染場址的圍封技術是污染場址的處理技術之一，但也有人認為圍封技術只是一種不負責任地將其圍堵封存，將污染整治問題延宕而不確實處理卻又任由污染物擴散的逃避做法。對圍封技術之所以會有如此極端的認知，最主要的關切議題是圍封技術的可靠度、健康風險的不確定性與被圍封的污染物的最終環境宿命。要回答圍封技術的風險必須先界定圍封技術的風險來源與潛在衝擊、圍封的管理監督、功能失效與擴散監測、監督驗證及危害應變…等。本專書主要以前述議題為範疇，說明圍封技術的基本機制與監測管理，並以風險的概念評估圍封技術的應用與限制。

　　圍封技術主要適用於地表下污染物擴散的控制，例如有害物質由地表入滲污染、地下貯槽的滲漏、不當掩埋…等。地表下的土壤或地下水污染整治技術，不論是現地、現場或是離場整治，均著重於移除或破壞削減污染物，將其整治到接近環境背景值或符合法規規範值，例如：土壤氣體抽除法（SVE）、地下水抽出處理法（P&T）、現地化學氧化法（ISCO）、現地化學還原法（ISCR）、生物復育法（Bioremediation）…等。此類整治成效的量測或監督機制均須有具體的濃度降低或是污染物質量削減的可見成果。然而，圍封技術則需另一種評量成效的呈現，即是評估風險是否已降低到可接受的程度。在圍封技術應用的場址之外，是否有污染物會被監測到？圍封的場址之外，若未監測到污染物，是否即顯示圍封技術已將污染整治完成？若有污染物在圍封範圍外被監測到，是否即顯示圍封技術的失效？若圍封技術失效對環境的衝擊為何？又該如何應變？

　　如果其他的整治技術在時間與經費上均屬經濟有效，爲什麼要採用圍封技術？就整治的工程技術而言，一般均須檢討可行性。整治技術的可行性檢討最重要的是理論與技術的可行，接著是經濟與時間的可行，後續須再評估社會方面的可行，即該類技術是否爲公眾所接受認可。圍封技術是眾多傳統的整治技術之一，其之所以重新受到重視，是因爲過去將近半個世紀左右的土壤與地下水污染整治經驗顯示，局部小範圍的土壤與地下水污染可以採用開挖移除或現地物化與生物整治技術，將地表下的污染物移除或將其降解削減。然而，當污染範圍較廣，污染深度較深，或污染物的抗化學降解及生物分解性等因子，又或因爲污染物的物化特性特殊，以及土壤地質與地下水文條件不利於現地整治…等，則積極的人爲整治作爲不僅耗時費事，且成效不彰。污染物一旦排入土壤或地下水自然環境，受污染的土壤或地下水擬藉由人爲工程整治技術將其恢復至原本的自然狀態非常困難。至於要將受污染的土壤或地下水藉由工程整治技術將其恢復至原環境背景狀態的必要性，則更是仁智互見。於是，地表下的土壤或地下水污染整治的觀念則由積極的工程介入，轉變成有效的管理與監控。傳統上將污染物移除或破壞的做法，逐漸轉變成另一種思維，即將污染物加以圍封拘限，以降低污染物的釋出，並藉由監測量化污染物的衰減速率與環境因子的關係，建構驗證污染物的殘存變化與濃度及質量的削減機制。於此同時，尚需評估受拘限的污染物擴散與再釋出的可能性，以及建立污染物潛在暴露風險的監督與管理。簡言之，地表下的土壤或地下水污染除了積極的工程整治作爲將之去除之外，將污染物圍封拘限後再以環境監測與管理技術，監控污染物於環境中的流佈與因此所衍生的風險，理應是另一可行的作爲。

　　圍封技術應用在地表下土壤或地下水污染的污染控制與傳統的廢棄物衛生掩埋或封閉掩埋的觀念類似。廢棄物的掩埋乃將廢棄物堆置於建構完整的掩埋體之中，以阻絕的方式拘限了廢棄物與一般環境的接觸，阻絕了廢棄物的釋出，即使掩埋過程中有沼氣或滲出水…等的排放，也在建構掩埋體、掩埋操作與後續封場的過程中，將其收集處理。廢棄物掩埋期間

或封場之後，最重要的操作維護工作是監測與管理。監測掩埋物與滲出水等的遷移行為，也監測廢棄物在掩埋過程中的物化與生物性的變化及其對環境的衝擊。廢棄物掩埋除了將廢棄物拘限在完整的掩埋體中之外，另一關鍵機制是廢棄物在掩埋體中的物化與生物的轉化機制。廢棄物掩埋後藉由有效的阻絕措施，掩埋體會逐漸地由氧化態轉變成無氧的還原態環境，藉此，廢棄物經由壓縮與化學氧化還原機制，以及生物性的好氧與厭氧分解，而逐漸穩定。但是，掩埋體建構的基本假設是掩埋體本身結構性的穩定與安全，但掩埋場的操作與封場後掩埋體的阻絕設施是否仍如預期能確實有效的拘限掩埋物，則須由掩埋場的附屬監測系統加以監測評估，監測掩埋體的結構穩定性，監測掩埋體滲出水阻絕設施的不透水性，監測掩埋體沼氣產出，監測沼氣排放收集與處理成效，也監測滲出水收集處理成效，以及監測滲出水對地下環境的影響，尤其是對地下水質的衝擊。最後，仍需持續監測評估掩埋物的物化與生物性的轉化與穩定性。換言之，不論是衛生掩埋或是封閉掩埋，並不是掩埋後即棄之不顧，而是包括掩埋前的適當規畫與施作，掩埋物的進場管理與掩埋物的物化及生物反應監測，掩埋後的封場與持續監測，並有可行的管理與應變措施。

　　圍封技術也是一種圍封阻絕與處理反應的整合技術。圍封技術並不只是將地表下的土壤或地下水污染加以拘限而已。圍封拘限只是消極的阻絕污染物的釋出擴散，但需要關切的另一機制是土壤或地下水污染物在圍封過程中，以及圍封完成後仍持續進行的物化與生物性反應。土壤或地下水中的污染物在圍封過程中，污染物的物化與生物性反應結果對圍封結構材料與圍封阻絕機制的影響同樣值得關切。這類的物化或生物性反應對原本的目標——即拘限固定污染物的傳輸擴散或是將污染物穩定化—的最終效應決定了圍封技術的成敗。例如圍封過程中，圍封結構體內的環境變化之一是由好氧轉為厭氧環境。有機污染物在厭氧環境的重要轉化機制之一是酸化，因而會有有機酸的生成與累積，有機酸轉化生成對圍封結構體與圍封材料的影響為何，則需在設計規劃階段就將此潛在的機制列入評估，選擇合適的圍封材料。

換言之，圍封技術的建置不只是將原污染物加以拘限即可，仍須對圍封後圍封結構體內的物化與生物性轉化也需事先加以預測評估。又例如圍封過程中，圍封結構體內的變化之一是轉化降解，轉化生成的產物之一是氣體，例如厭氧轉化的甲烷或是硫化氫，一是具有易燃性，另一是具有毒性與腐蝕性。因此，在規劃設計階段即需將圍封後污染物的物化與生物性以及相的轉化列入設計規劃之中，計畫將這些轉化生成的中間產物或最終產物仍然採取拘限圍封以限制其傳輸擴散，或是將其收集處理。圍封完成後的管理與監測項目也不只是針對原始污染物而已，必須將可能的物化或生物性的中間與最終產物也列入監測評估。所以，監測對象必須氣、固、液三相以及原始污染物均列入，若原始污染物有非水溶解相液體（NAPL）相或其鄰近範圍有原液及水溶相的混相，則更需將原液相也列入管理與監測。

土壤及地下水污染整治法（以下簡稱土污法）於 2000 年 2 月 2 日公告施行及於 2010 年 2 月 3 日修正並公布施行以來，圍封技術應用於場址的污染改善的討論極少，更遑論實際應用之例。所以，本專書的內容將先以法規為依據，以實務應用的需求與顧慮為啟思，檢視法規的限制與適用的可能性，並據以提出增修規範與技術指引的建議，以檢視圍封技術於實務應用上的可能性與限制。

本專書第二章起首先討論既有規範是否適宜及足夠管理土壤或地下水污染場址採用圍封的整治工法，檢討現行法令對於污染場址採現地圍封的方式處理是否已具備足夠的規範與指引。由於土污法第 24 條將「環境影響與健康風險評估」納入整治目標訂定的依據，未來也可能將「風險管理區」的概念引入整治作為的範圍之中，因而，對於污染場址採現地圍封方式處理，除了探討法令規範的適宜性與限制性之外，也討論了對未來土壤及地下水污染整治法可能增修的方向與必須與其配合的其他措施之建議。

討論了既有規範與未來值得持續增修的法制規範後，本專書第三章即說明污染場址圍封技術的發展與沿革，並將污染場址採用圍封技術的環境意義加以說明，例如討論應用圍封技術所需的場址環境條件、污染物物

化與生物特性的限制、圍封工法的選擇與適用條件、圍封技術實施後的效能檢討與監測。本專書除了以圍封技術爲主要議題之外，也將固化與穩定化納入討論與闡述。因爲固化與穩定化同時具有與圍封技術類似的拘限機制，顯著地降低污染物的擴散傳輸。

介紹了圍封技術後，本專書第四章討論與圍封有類似效果的工法，即污染物固化與穩定化處理技術。污染土壤或地下水固化與穩定化處理的主要目的是降低污染物的溶出與遷移。固化與穩定化技術主要應用在廢棄物處理上，尤其是有害廢棄物的處理。所以本章討論固化法與穩定化技術在廢棄物處理與土壤污染整治上的區別。第四章也說明固化與穩定化的機制，以及固化與穩定化工法常用的藥劑、施作方式與限制。

以圍封、固化與穩定化技術處理受污染土壤或地下水，最受關切的議題是被拘限的污染物的再溶出與擴散的潛在風險。若無完整且可信賴的評估與監測機制，則以圍封、固化與穩定化技術處理受污染土壤或地下水，即是一種不負責任且未盡確實處理的逃避做法。本專書第五章即討論污染場址採現地圍封及污染土壤固化與穩定化處理後，被拘限的污染物的溶出潛勢與擴散。討論經圍封、固化與穩定化技術處理後的污染擴散潛勢，及如何藉由傳輸模式推估模擬。經圍封、固化或穩定處理後，影響污染物傳輸的主要因子爲污染物溶出潛勢、阻絕材料的特性、地下水文環境、鄰近的土壤質地、污染物的特性與污染物被拘限後轉化生成的中間及最終產物…等。本專書第五章即對此因子加以闡述說明。

以圍封、固化與穩定化技術處理受污染土壤或地下水，必須有一完整的效能評估、監測與維護計畫。土壤或地下水經圍封、固化與穩定化處理後的效能與可信度評估最關鍵的是需檢視影響溶出因子的變化、溶出條件與溶出速率的關係、溶出物與圍封材料的相互作用，以及溶出物與擴散傳輸的關聯性。不論圍封、固化與穩定化所採取的確切工法或材料爲何，污染物只要仍在圍封或固化體之中，污染物即有釋出擴散的可能，此潛在的釋出擴散，會造成人體健康風險及環境影響。第六章將簡述健康風險評估的方法與圍封場址風險評估程序。當然，以圍封、固化與穩定化技術處

理受污染土壤或地下水污染物，污染物仍在此系統之中，其釋出擴散存在不確定性。第六章也討論了此不確定性，也藉此說明其必要的因應作為，即與圍封、固化與穩定化工程相關之風險管理措施。本書第七章將討論圍封、固化與穩定化的實場案例。藉由實場案例的研析，可以更完整的將前述各章節所討論的各項因子與環境條件逐一檢視，以檢討圍封、固化與穩定化對該類污染物與該場址的特性的適宜性，以做為未來實務工作的參考。

圍封技術所涉及的範圍極廣，所以，採圍封處理的污染物的物化與生物性適用何種圍封技術、圍封材料與污染物的相容性、圍封材料與系統的穩定性、圍封失效的監測管理、污染物與轉化產物的擴散與傳輸，以及所衍生的風險評估與管理監測計畫等，均影響圍封技術的適宜性與可靠性，進而影響風險與風險管理的作為。然而，圍封技術領域十分廣泛，實場規模化實務應用的經驗與報告較少。本專書雖就所知的領域範疇敦請相關領域專家學者貢獻參與本專書的編寫，但仍無法兼顧各層面，不足與缺失在所難免，乃至盼讀者先進在本專書出版之後賜予寶貴意見，俾能匯集各方建議加以增修擴編。

污染場址現地圍封固化穩定化處理的政策與規範

何建仁、賴允傑

　　臺灣於 2000 年訂定了「土壤及地下水污染整治法」（以下簡稱土污法），並於 2001 年訂定了「土壤污染管制標準」，以處理及解決污染物所造成的土壤及地下水污染。透過污染物的全量濃度進行管制，以遏止污染排放並處理受污染的土地。法令施行 20 多年以來，均係以單一定值的剛性土壤或地下水污染管制標準做為唯一評估基準值與行政管理啟動值，原則上超過管制標準的區域均視為受到污染，有可能會影響人體健康與環境安全，而需要採取近乎完全清理污染物的污染整治作業。本專書所探討使用之污染物現地圍封、固化及穩定化處理技術，因於施作後污染物仍會遺留於現地，且污染物濃度實質上並未降低，污染物總質量也未消減，執行後亦未能符合土污法第 26 條之規定可申請場址解除列管，以致過往幾乎並未有污染場址採行圍封技術來整治，僅於污染場址整治過程中使用圍封或阻絕技術暫時性控制或挖除污染物。

　　近年來，則已有兩處污染場址，一為原禮樂煉銅廠土壤污染整治場址（臺灣電力股份有限公司及臺灣糖業股份有限公司，2023），二為原臺灣金屬礦業股份有限公司及其所屬三條廢煙道地區（部分）土壤及地下水污染整治場址（臺灣電力股份有限公司及臺灣糖業股份有限公司，2024），分別依據土污法第 24 條第 2 項與第 4 項之規定，透過風險評估與提出污染土地開發再利用之方式，規劃採取將污染物穩定於現地、阻絕受體暴露途徑等風險管理措施。亦即場址責任主體依土地整治後的土地用途及功能，分析未來潛在暴露受體之危害性，並綜合受體暴露途徑與可接受的風

險，藉風險評估檢視並提出合適的污染改善措施與目標，而不再以污染管制標準為單一整治目標，並已獲得主管機關審議認可。該二場址實為圍封與穩定化方法逐漸被主管機關與大眾接受的指標。第七章將詳細說明此二案例。

長期而言，為加速污染場址之開發利用並降低外界之疑慮，主管機關也已檢討現行法令，規劃於土污法之修正草案中納入「風險管理區」的概念，期望透過法令制度之修正，導引部分受限於整治技術與整治經費難以達成完全清理之整治目標，因而長期停滯未予進行污染控制或改善之污染場址，能透過污染物阻絕、圍封、穩定等技術進行風險控管，達成減輕場址污染危害、避免污染擴大及土地有效利用的目標。

2.1 臺灣污染整治作業圍封應用狀況

臺灣土壤及地下水污染場址過往運用圍封及阻絕工法處理之案例較少，且多係運用於暫時性之污染控制作為，如台南中石化安順廠污染土用石槽封存，高雄煉油廠 P37 油槽、高雄台塑仁武廠 VCM 廠及高雄煉油廠整治工程等，均係依據土污法第 22 條所提出之整治計畫所執行之中之部分污染控制或改善作業措施，運用此工法侷限污染物，以利後續工程開挖處理，並可避免污染物擴散或外洩流布。

例如台南中石化安順廠之案例中，廠內五氯酚區含極高戴奧辛濃度之污染土，於 1995 年即由中石化公司挖除，並翻堆曝曬。惟考量當時暫無適當之處理方式，爰於 2002 年間暫置於容量為 5,400 m³ 之密閉式水泥貯存槽中封存，該貯槽長 51 m、寬 37 m、高 2.2～3.5 m，被戲稱為石棺，於 20 年後始啟封處理（如圖 2-1），應為國內最早之污染場址污染物圍封之案例。

臺灣中油股份有限公司煉製事業部高雄煉油廠（以下簡稱中油高煉廠），編號 P-37 之燃料油槽，2022 年間因油槽層底部焊道破裂導致大量低硫燃料油洩漏，導致土壤及地下水樣品之總石油碳氫化合物（TPH）及

圖 2-1　台南中石化安順廠 H 暫存區（石棺區）原貌（現已啓封）（瑞昶科技股份
　　　　有限公司，2022）

苯之濃度超過污染管制標準，約 1.6 公頃之區域被公告為土壤及地下水污染整治場址。整治計畫書於 2007 年 11 月由高雄市政府環保局核定後，為利整治作業，執行單位於油槽區周邊施作鋼版樁，將污染區圍封後開挖整治受污染土壤，該場址並已於 2012 年由行政院環境保護署公告解除列管。

　　中油高煉廠面積廣達 260 公頃，除前述編號 P-37 之油槽區污染外，因過往長期石化產品之煉製生產作業，廠區內各處普遍亦有程度不等之土壤及地下水污染情形。自 2015 年 11 月停工後，各項設備陸續拆除，並進行污染調查作業。原中油公司規劃分階段進行長達十餘年之污染改善作業，後為配合國家產業政策以活化利用廠區土地，高雄市政府與中油公司於 2021 年 5 月簽訂「高雄煉油廠場區土壤及地下水污染場址改善工作行政契約書」，由高雄市政府代辦以加速污染場址改善工作之執行，於三年間同時劃分不同整治分區，委辦整治作業廠商執行污染改善工作（如圖 2-2）（高雄市政府環境保護局，2023）。考量不同整治分區同時採大規模之深開挖（原則至地下 7 m）及袪水工作可能造成地下污染團移動或肇致污染之擴散，爰規範整治作業前各污染整治分區週界均須設置鋼板樁或 CCP（chemical churning pile）單管工法之灌漿方式等圍堵阻絕設施，將大面積之污染區透過分區圍封方式分隔整治區域，以分區開挖方式逐區挖除受污染土壤，並可同時達到避免不同整治分區交叉污染及污染擴散之目的（如圖 2-3）（高雄市政府環境保護局，2023）。

　　高雄台塑仁武氯乙烯廠，採用鋼板樁搭配高壓噴射止水樁（CCP），進行高濃度區的圍封，再進行圍封範圍內的污染整治作業。主要土壤污染物為四氯乙烯、四氯化碳或 1,2- 二氯乙烷等，主要污染深度位於地表下 5 m 範圍內（地下水位約介於地表下 2.0～5.0 m 間），小部分污染位於飽和含水層（約地表下 7 m 處）。台塑公司於 2017 年 4 月為避免污染物有向外擴散之風險，於廠區之舊生化區（長寬約 130 m×80 m）以鋼板樁工法搭配複合式灌漿方式將此區域高污染潛勢區域進行地下水圍堵工程（如圖 2-4、圖 2-5），並同時針對圍堵區內進行抽除改善（臺灣塑膠工業股份有限公司，2023）。

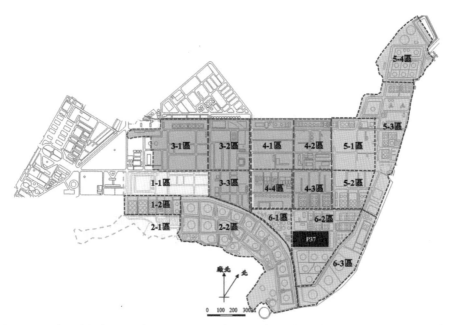

圖 2-2　高雄煉油廠污染整治分區示意圖（高雄市政府環境保護局，2023）

圖 2-3　高雄煉油廠污染整治工程圍封整治作業（瑞昶科技股份有限公司，2023）

圖 2-4　台塑高雄仁武碱廠氯碳課圍堵工程作業

圖 2-5　台塑高雄仁武碱廠氯碳課圍堵後情形

　　台塑麥寮氯乙烯廠主要污染物為 1,2- 二氯乙烷，為防止受氯化有機物污染的地下水在調查與改善期間持續移動，而擴大污染範圍，故於地下水下游處進行鋼板樁圍堵工程，藉由圍堵工程將污染物控制於廠區內，因此選定於廠周界地下水下游處設置 L 型鋼板樁（如圖 2-6），總長約 775 m，設置深度約地下 13 m（深達阻水層），於 2013 年 2 月施工完成（如圖 2-7）（臺灣塑膠工業股份有限公司，2017）。

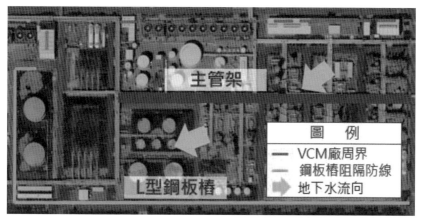

圖 2-6　台塑麥寮氯乙烯廠周界下游處設置鋼板樁位置

圖 2-7　台塑麥寮氯乙烯廠鋼板樁圍堵工程作業

2.2 污染場址可以風險評估方式訂定整治目標並進行圍封管理的法規

依據土污法第 24 條第 2 項規定「整治計畫之提出者，如因地質條件、污染物特性或污染整治技術等因素，無法整治至污染物濃度低於土壤、地下水污染管制標準者，報請中央主管機關核准後，依環境影響與健康風險評估結果，提出土壤、地下水污染整治目標」。究其立法意旨為：「為達環境與經濟兼籌並顧之目的，開放土壤污染整治計畫提出者，亦得以環境與健康風險評估結果，提出土壤污染整治目標」。

依據現行土污法第 24 條之規定，環境部對於土壤及地下水污染場址的管理，本即允許於特定情況下可依據環境影響與健康風險評估結果，提出土壤、地下水污染整治目標。當污染場址若因地質條件、污染物特性或污染整治技術等因素，無法將污染物濃度整治至低於土壤、地下水污染管制標準時，可依科學性之健康風險評估結果，透過工程或行政管制等風險管理方式將場址內之污染物控制於不會造成人體健康危害之程度即可，例如因自然背景因素以致於土壤中重金屬背景濃度本即偏高之場址、污染物位於深層裂隙岩體內等水文地質因素以致難以整治之場址、或如屬重質非水相液體（DNAPL）之含氯有機溶劑因污染物特性不易整治之場址，均可依環境影響與健康風險評估結果，提出土壤、地下水污染整治目標。惟在實務上因缺乏配套之法規命令或行政規則，程序上較為複雜與冗長、評估作業過程變數較多（無法預期是否可順利通過）、評估作業所需費用亦可能較直接進行整治工程作業高昂、外界輿論的壓力等（如易遭質疑為何可允許訂定高於管制標準的整治目標及民眾對評估作業過程的不信任等），以致土污法施行多年以來，現階段亦僅有少數土壤污染場址依據此法令程序執行風險評估作業（詳見第七章）。主要原因亦可能與臺灣整體民情對於健康風險評估須「因地制宜」考量並經「專家審查」及易引起外界認為「不公平」爭議的制度接受度較低有關，即使此評估方法在國際上早已被認為是相當科學且被廣泛採用的。

2.3 污染場址配合土地再利用方式訂定整治目標達成圍封管理目的之法規

　　依據土污法第 24 條第 4 項規定：「整治場址之土地，因配合土地開發而為利用者，其土壤、地下水污染整治目標，得由中央主管機關會商有關機關核定」。另環境部於 2021 年 5 月 25 日公告「污染場址分區改善及土地利用作業原則」，規範污染場址若規劃採特定土地用途再利用，得透過阻絕污染、限制活動範圍或禁用地下水等風險管理作法，達到避免民眾暴露的目的，兼顧環境保護及土地資源永續利用。目前該作業原則附表第 2 點中明訂特定之土地用途包含展演集會、戶外遊憩（包含登山步道、公園及其相關設施（含文資與景觀保存區））、設置再生能源設施等。

　　換言之，於現行之法令架構中，為利於及早恢復受污染土地正常運用之功能性，已結合「褐地」污染場址土地再利用之概念，對於涉及社會大眾利益且土地開發利用行為單純之場址，可允許污染責任主體透過採取阻絕污染物、限制民眾活動範圍或禁用地下水等風險管理措施或作法，達到避免民眾暴露風險危害之目的。且因相關規範所列示之風險管理措施已阻絕大部分之污染暴露途徑，其整治目標並得以相較簡易之健康風險評估方法計算後訂定，即應可保障民眾使用土地的權益及確保土地利用行為不造成人體健康影響。

　　雖土污法於 2000 年發布時本即訂有污染場址得結合土地開發另訂整治目標之相關規範，但因過往社會各界普遍對於污染場址持續存留有污染物較有疑慮，亦會影響原具高經濟收益性土地之價值，且國內亦未有整治及再利用併行的執行先例，實務上亦缺乏配套之法規命令或行政規則，故遲至 2022 年始有 1 處污染場址依據前述 2021 年發布之作業原則提送污染土地再利用計畫之申請及整治目標之審議。

　　另一方面，由於地方政府可透過政策主導結合都市整體規劃進行區域性之土地開發，同時亦負擔污染場址改善進度監管之責，對於污染土地之開發有主導性，可透過財務評估於兼顧污染土地開發效益下使用圍封或其

他有效之污染控制措施達成加速污染土地再利用之目標，即為未來加速污染場址改善及推動之重要方向。

　　目前環境部現行公告實施之「土壤及地下水污染整治法」中與污染土地再利用相關之規定包含：

一、**土污法第 24 條第 4 項**：整治場址之土地，因配合土地開發而為利用者，其土壤、地下水污染整治目標，得由中央主管機關會商有關機關核定。核定整治目標後之整治場址土地，不得變更開發利用方式；其有變更時，應先報請中央主管機關會商有關機關核定，並依其他法令變更其開發利用計畫後，始得為之。整治場址污染物之濃度低於核定之整治目標而解除管制或列管後，如有變更開發利用時，直轄市、縣（市）主管機關應就該場址進行初步評估，並依土污法第 12 條規定辦理。

二、**土污法第 51 條第 2 項**：土地開發行為人依其他法令規定進行土地開發計畫，如涉及土壤、地下水污染整治場址之污染土地者，其土地開發計畫得與土污法第 22 條之土壤、地下水污染整治計畫同時提出，並各依相關法令審核；其土地開發計畫之實施，應於公告解除土壤及地下水污染整治場址之列管後，始得為之。

三、**土污法第 51 第 3 項**：土地開發行為人於土污法第 51 條第 2 項土壤及地下水整治場址公告解除列管且土地開發計畫實施前，應按該土地變更後之當年度公告現值加四成為基準，核算原整治場址土壤污染面積之現值，依其百分之三十之比率，繳入土壤及地下水污染整治基金。但土地開發行為人於直轄市、縣（市）主管機關提出整治計畫之日前，已提出整治計畫並完成者，不在此限。

四、**污染場址分區改善及土地利用作業原則**

　　環境部於 2021 年 5 月 25 日公告訂定「污染場址分區改善及土地利用作業原則」，規範污染場址若規劃採特定土地用途再利用，得透過阻絕污染、限制活動範圍或禁用地下水等風險管理作法，達到避免民眾暴露的目的，兼顧環境保護及土地資源永續利用。該項作業原則條文明定污染場

址於整治計畫中納入土地開發利用計畫、配合土地開發利用另訂之整治目標、申請分期分區改善及土地利用等之作業規範，詳細之條文內容請參閱表 2-1 說明。

　　依「污染場址分區改善及土地利用作業原則」第 2 點及第 5 點之規定，整治場址責任主體在提出污染場址分區改善及土地利用申請前，需先行與地方主管機關就整治方式及土地利用之規劃達成共識，而在整治目標的訂定上，則得依土污法第 24 條第 4 項之規定，在配合土地開發而為利用的情況下，由中央主管機關會商有關機關另行核定整治目標，其作業程序需比照適用於土污法第 24 條第 2、3 項之「土壤及地下水污染整治場址環境影響與健康風險評估辦法」辦理；但若土地開發利用之用途符合本法之附表者，則得逕依環境部「土壤及地下水污染場址健康風險評估方法」及「健康風險評估系統」計算風險並產製報告後，直接交由環境部專案組成之審議小組進行審查並核定整治目標，希冀可藉此減少特定土地用途風險評估審議程序所需時間，以加速推動污染場址之土地再利用，並促使責任主體積極投入污染場址改善工作。

■ 表 2-1

環境部「污染場址分區改善及土地利用作業原則」條文內容（環境部，2021）	
法令要點	條文內容
訂定目的	一、行政院環境保護署（以下簡稱本署）為使直轄市、縣（市）主管機關辦理依土壤及地下水污染整治法（以下簡稱本法）第五十一條第二項及第二十四條第四項規定提出之污染場址改善及土地利用申請案件有所依循，特訂定本原則。
配合土地利用之整治計畫與整治目標訂定方式	二、整治場址之土地，經直轄市、縣（市）主管機關認定土地具開發利用規劃者，得於整治計畫納入土地開發利用計畫，其土壤、地下水污染整治目標，應低於土壤、地下水污染管制標準。其他相關法令另有土地開發利用限制規定者，不適用本原則之規定。

■ 表 2-1

環境部「污染場址分區改善及土地利用作業原則」條文內容（環境部，2021）（續）

	整治場址之土地，配合土地開發而為利用者，另訂整治目標時，得由中央主管機關會商有關機關核定。 前項土地利用之用途符合附表者，其整治目標得依土壤及地下水污染場址健康風險評估方法計算，並逐依附表所列風險管理方式納入整治計畫。
場址分區改善與利用之執行規範	三、提出污染場址改善及土地利用之申請者，其整治計畫與整治目標，應涵蓋公告之土壤或地下水污染管制區全區。 前項整治計畫應記載下列事項，經直轄市、縣（市）主管機關視實際需要同意分期分區規劃後，始得依第四點規定辦理： （一）分期分區處理規劃、執行方法、管制事項及估計經費。 （二）分區述明範圍、區界線、面積、土地使用現況與未來發展及其他有關事項。 （三）土地利用之收益持續投入該場址後續污染整治之方式，並說明後續土地移轉發現污染之處理方式。 第一項整治計畫撰寫說明如附件。
申請土地利用作業，應提送相關資料與審查方式	四、提出污染場址分區改善與土地利用之申請者，應檢附下列資料，送直轄市、縣（市）主管機關審核： （一）污染場址改善及土地利用審查文件檢核表。 （二）土地利用行為具體內容。 （三）污染整治計畫，包含整治目標。 （四）另訂整治目標時，應提出風險評估報告，並轉送第五點之審議小組審查。 （五）另訂整治目標時，直轄市、縣（市）主管機關得依本法第二十四條第七項，命申請者提出污染控制計畫與風險管理方式。 直轄市、縣（市）主管機關收受前項資料後，得會商有關機關審查整治計畫，並報請中央主管機關備查。 前項審查之委員應包含中央主管機關代表。

■ 表 2-1

環境部「污染場址分區改善及土地利用作業原則」條文內容（環境部，2021）（續）

風險評估審議小組審查程序規範	五、配合土地利用另訂整治目標時，應依土壤及地下水污染整治場址環境影響與健康風險評估辦法評估受體影響。符合附表用途時，其整治目標得由土壤及地下水污染場址環境影響與健康風險評估小組召集人或副召集人，就個案污染場址性質指定成員，組成審議小組進行審查。 前項審議小組應至少包含五人，審查會議之主席由出席成員互選之；審查會議應依下列議程進行： （一）推選會議主席。 （二）風險評估報告提出者簡報及答詢。 （三）審議小組就本案相關議題進行討論。討論時，除審議小組及非計畫、報告提出者之機關代表外，其他人員均應離席。 （四）審議小組做成結論。 審查會議應有小組成員過半數之出席始得開會；應有出席成員過半數之同意始得決議；正反意見同數時，取決於主席。 同一申請案之審查，召開之審查會議以不超過三次為原則，每次審議小組成員組成應維持一致。經認定應補正資料者，其審查意見應一次性提出，後續通知限期補正時，不應有前次通知限期補正未列明之審查意見。
審查整治計畫之原則	六、整治計畫之審查原則如下： （一）場址利用範圍無未清理之掩埋廢棄物與可能造成環境污染之固定設施。 （二）整治計畫之執行不受開發利用行為影響。 （三）開發利用行為未衍生污染擴大或造成二次污染。 （四）另訂整治目標之範圍，其土壤、地下水污染得實施阻絕與封存等管理措施。

■ 表 2-1

環境部「污染場址分區改善及土地利用作業原則」條文內容（環境部，2021）（續）	
另訂整治目標後，變更土地開發利用之規範	七、另訂整治目標時，不得變更開發利用方式。但個案情形有變更必要時，應報請中央主管機關會商有關機關核定，並依其他法令變更其開發利用計畫後，始得為之。
訂整治目標之風險溝通作業	八、另訂整治目標時，申請者應辦理風險溝通作業，以公開資訊、辦理說明會等方式，與利害關係者溝通，並依據污染場址特性採取適合之民眾及社區參與方式
整治計畫核定後，計畫執行應注意事項	九、污染場址之整治進度達整治計畫核定內容時，經直轄市、縣（市）主管機關申請驗證核准後，應辦理土壤或地下水污染管制區變更，並解除整治場址列管，未低於管制標準時，應以控制場址列管。 公告解除整治場址列管後，始得向土地開發利用計畫審核之有關單位取得該區施工許可或使用許可。 整治計畫有延長之必要者，得於該區改善期限屆滿前三十日至六十日內，敘明理由向直轄市、縣（市）主管機關申請展延；如有再次延長之必要，應敘明理由，於延長期限屆滿前三十日至六十日內向中央主管機關申請再次展延。
場址風險管理之監督查核規範	十、達成整治目標進行土地開發利用行為之場址，直轄市、縣（市）主管機關仍應依土壤及地下水污染場址改善審核及監督作業要點進行場址監督查核。
未依核定計畫內容執行或造成二次污染之處理	十一、場址整體污染管制與整治復育作業，如有未依核定計畫內容實施、進度落後未能改善、違背法令或執行不當造成場址二次污染等情事，直轄市、縣（市）主管機關得依行政罰法第三十四條第一項第一款規定，即時制止其行為外，應依本法第十五條規定辦理；必要時，亦得依本法施行細則第十五條規定辦理計畫變更。

■ 表 2-1

環境部「污染場址分區改善及土地利用作業原則」條文內容（環境部，2021）（續）

			附表　土地用途與風險管理措施表		
配合土地利用之整治計畫與整治目標訂定方式	序號	土地用途	風險管理方式	說明	
	1	展演集會	藝文展演場所	(1) 禁止使用地下水。 (2) 人員所經路線或活動區域，應具有完整鋪面、無直接接觸裸露土壤之情形，避免與土壤直接接觸。 (3) 對鄰接尚未執行改善或改善中之區域，應劃設足夠之緩衝區。	若污染場址不具有地下水污染，即無須執行下述(1)、(2)地下水阻絕作業；若無土壤污染則無需執行下述(3)、(4)土壤阻絕作業。 (1) 投藥與設置阻絕牆等措施控制地下水污染團流布範圍，並禁止使用地下水，阻絕地下水食入、接觸途徑。 (2) 禁止場址範圍以地下水進行水產養殖與食用，阻絕地下水從食物鏈食入途徑。 (3) 移除表層污染與控制範圍，並設置鋪面或乾淨覆土，阻絕土壤食入與接觸途徑。 (4) 視情形與需求，設置不透水布或蒸氣減壓系統，阻絕土壤或地下水蒸散途徑。
			電影放映場所		
			集會所、廣場		
			市場		
			展示中心		
	2	戶外遊憩	台、纜車及附帶設施		
			登山步道		
			公園及其相關設施（含文資與景觀保存區）		
	3	再生能源	再生能源發電及其相關設施	(1) 禁止使用地下水。 (2) 限制業者及維護人員暴露時間。 (3) 對鄰接尚未執行改善或改善中之區域，應劃設足夠之緩衝區。	(1) 投藥與設置阻絕牆等措施控制地下水污染團流布範圍，並禁止使用地下水，阻絕地下水食入、接觸與吸入途徑。 (2) 禁止場址範圍以地下水進行水產養殖與食用，阻絕地下水從食物鏈食入途徑。 (3) 設置不透水布或蒸氣減壓系統，阻絕土壤蒸散途徑。
	註：申請者請依本署「土壤及地下水污染場址健康風險評估方法」規定及「健康風險評估系統」（https://sgwenv.epa.gov.tw/Risksystem/），進行風險評估作業，註明參數與途徑等設定原因，並產製風險評估報告，確認致癌風險小於百萬分之一、非致癌風險小於一。				

　　依「污染場址分區改善及土地利用作業原則」附表所列，涉及社會大眾利益且土地開發利用行為單純之特定土地用途包含展演集會（藝文展演場所、電影放映場所、集會所、廣場、市場、展示中心）、戶外遊憩（台、纜車及附帶設施、登山步道、公園及其相關設施（含文資與景觀保存區））、再生能源（再生能源發電及其相關設施）等三類，其中展演集會與戶外遊憩兩項土地用途所對應之風險管理方式為：

一、禁止使用地下水

二、人員所經路線或活動區域，應具有完整鋪面、無直接接觸裸露土壤之情形，避免與土壤直接接觸

三、對鄰接尚未執行改善或改善中之區域，應劃設足夠之緩衝區。

　　另附表說明欄位中所揭示之地下水阻絕作業方式包含：

一、投藥與設置阻絕牆等措施控制地下水污染團流布範圍，並禁止使用地下水，阻絕地下水食入、接觸途徑

二、禁止場址範圍以地下水進行水產養殖與食用，阻絕地下水從食物鏈食入途徑

　　土壤阻絕作業方式則包含：

一、移除表層污染與控制範圍，並設置鋪面或乾淨覆土，阻絕土壤食入與接觸途徑

二、視情形與需求，設置不透水布或蒸氣減壓系統，阻絕土壤或地下水蒸散途徑

　　至於再生能源用途所對應之風險管理方式為：

一、禁止使用地下水

二、限制業者及維護人員暴露時間

三、對鄰接尚未執行改善或改善中之區域，應劃設足夠之緩衝區

　　所需執行之污染物阻絕作法包含：

一、投藥與設置阻絕牆等措施控制地下水污染團流布範圍，並禁止使用地下水，阻絕地下水食入、接觸與吸入途徑

二、禁止場址範圍以地下水進行水產養殖與食用，阻絕地下水從食物鏈食

入途徑

三、設置不透水布或蒸氣減壓系統，阻絕土壤蒸散途徑

　　另針對場址分區改善與利用之執行規範，依此作業原則第 3 點之規定，申請者所提出之整治計畫與整治目標，應涵蓋公告之土壤或地下水污染管制區全區，並需先取得地方主管機關同意後始得為之。在整治計畫的撰寫上則需明確記載場址分期分區處理之規劃與依據，並述明各分區之範圍、界線、面積、土地使用現況與未來發展等有關事項，以利地方主管機關審視合理性，且為確保申請者持續投入污染改善作業，整治計畫中並需詳載部分分區土地利用之收益持續投入該場址後續其他區域污染整治之方式。依本法附件針對整治計畫撰寫說明之規定，場址因土地開發利用所得收入除得扣除已符合整治目標區域之基本維護費用外，其餘全數費用均應做為未達整治目標區域污染整治之所需，且已符合整治目標區域之基本維護費用不應超過前述收入三分之一。

　　依此作業原則第 9 點及附件之規定，有關分區土地再利用作業之啟動時機，係各分區在達到查核點或目標後，經地方環保主管機關驗證核准，並公告解除整治場址列管後，始得辦理土地開發利用行為，如向土地開發利用計畫審核相關單位取得施工或使用許可、辦理基礎工程等。

　　整體而言，此作業原則係主管機關首次明訂並開放污染整治場址若於整治後係規劃做為公益性土地使用用途者，如展演集會、戶外遊憩、再生能源等，可申請訂定不低於管制標準之整治目標，並運用阻絕土壤或地下水污染物之方式進行整治，屬政策上之一大進步，惟場址於執行相關風險控管措施後，雖可解除整治場址之列管並開始辦理土地開發使用，但土地開發利用之收益則須優先投入場址整治作業，並須循控制場址之規定列管及執行長期之監管。

2.4 圍封與阻絕相關法規發展趨勢

　　自土污法施行以來，環保單位主要以管制受污染土壤的角度去管

理，雖對於遏止事業的污染排放以及受污染土地的改善已有相當的成效，惟考量土壤是寶貴的自然資源，應該要用「管理而非管制」的理念去思考，並對不同土地利用，應賦予更多的不同思維及彈性。由此一觀點考量，土壤管理之策略除現行之「污染土壤管制及管理」的政策應持續執行之外，亦應考量不同土地利用方式，進一步以「土壤資源永續利用」的角度賦予受污染土地新生命。

　　臺灣現行之土壤污染管理架構中，土壤污染管制標準同時具有「判別土壤是否受到污染」以及「土壤污染改善目標」之功能。此單一且剛性的整治目標在管理上具有一致性及行政的便利性，且改善後的土壤可恢復原本在受到污染前法規允許可做任何用途使用之狀態（for all use）。然而國內外之污染改善經驗均顯示，在單一標準下，一次性的土壤污染改善作業（permanent remedy）費用高昂，並為造成污染改善作業延宕的主因。另一方面，為使所有污染場址均得以適用相同之污染改善目標，而不考慮場址之差異性，則此改善目標濃度於訂定時勢必需向下調整至最低及最為保守之濃度，始得以保障不同類型之關切受體，如此將造成污染改善資源之過度投入，並對於土壤污染場址之整治技術及後續的土地利用方式造成限制。

　　於「土壤污染改善目標」方面，依據現行法令規定，國內現行各污染場址之污染改善目標均僅得以不高於「污染管制標準」之濃度作為改善目標，故常見以管制標準濃度之80%、90%做為污染改善工程驗收的基準，於農地污染改善作業上甚且以濃度更低的「污染監測標準」之80%為污染改善目標。如此做法除欠缺學理依據外，亦已造成污染改善費用的過度膨脹，明顯排擠有限的行政資源。且若欲達成此極為嚴苛的污染整治目標，因而導致國內多數的土壤污染場址均僅得以採取大規模的開挖移除離場作業而達成，並因此在整治作業過程中耗費了龐大的能源，而且也產生超量的碳排，實不符合減緩氣候變遷前提下所需盡可能降低能源耗用之目標。另一方面，大量之污染土壤離場外運至有限之掩埋場掩埋，更佔用了國內極為有限的廢棄物掩埋容量，當掩埋場餘裕量不足時，勢必得另行開

發設置新的掩埋場，亦造成本即有限且不可再生土地資源的損耗。

爰此，於思考未來的土壤污染管理架構上，建議應不再將現行之「土壤污染管制標準」視爲唯一的污染改善目標，而應視未來土地的用途及土壤功能性來設計污染改善工法與改善目標，亦即於關切受體無健康風險危害疑慮之前提下，允許污染改善執行單位依據改善後污染場址適合的用途（fitness-to-use）提出場址適切之污染改善目標，依場址特性與未來土地使用方式，由污染改善執行單位於綜合評估污染改善成效及效益後，依污染物濃度、污染物削減程度、風險評估方式等不同原則選擇擬定適切之污染改善目標，而不以「土壤污染管制標準」視爲唯一的污染改善目標，透過政策的引導選取較低碳排及能耗之整治工法，並降低土壤開挖及離場之數量。此較爲彈性的污染改善目標訂定方式較得以兼顧土壤資源永續利用與污染改善的成本效益，本書所述及之圍封與阻絕、固化與穩定化之整治技術始得以有選用採行之可能性。

如以「污染物削減程度」或採「風險評估方式」搭配圍封與阻絕、固化與穩定化之整治技術方式擬定改善目標之作法：

一、以污染物削減程度擬定：經採行各種污染改善方式後，所採行之污染改善工法對於污染物之理論移除或削減率應不低於 80%，且殘留之污染物經評估足以證實污染物質量及（或）污染物濃度，呈現明顯且有意義之減少趨勢，亦即證明污染團確實已縮小、呈穩定狀態或衰減量較負荷量大的情形，於達到改善目標後即可先行解除場址土地使用之限制，並搭配圍封與阻絕、固化與穩定化之作爲侷限污染團之區域，並於後續監管機制進行場址管理。

二、以風險評估方式擬定：考量場址未來土地利用情境試算，透過採行各種污染改善或暴露危害風險控制方式，如移除地表污染物、覆蓋鋪面、阻絕受體進入場址等方式，降低場址關切受體之暴露風險危害性，使場址於未來土地使用情境下之致癌總風險須小於 10^{-4}、總非致癌危害指標須小於 1（可參考現行之「土壤及地下水污染整治場址環境影響與健康風險評估辦法」訂定）。

　　環境部近年爲加速推動污染場址之土地再利用，參考國外「褐地」管理之作法，考量允許污染物仍存在但透過工程手段控制污染物實質上可能危害人體健康或環境暴露的途徑，降低污染物之危害影響程度，此舉除可大幅降低需完全將污染物清理乾淨之成本，同時可加速污染場址之開發利用。然爲降低外界之疑慮，此類場址之監管作業方式即應與既有場址管理不同，故於近期土污法之修正草案中，已納入風險管理區之概念，以期建立更爲完善之污染場址風險管理制度。目前環保部研擬之草案主要修訂方向包含明訂風險管理場址要件，完整導入風險管理制度於各類型污染場址，藉以加速污染改善、減輕改善成本，並提高土地活化利用及降低素地使用需求。

　　土污法修正草案中初步規劃，污染場址之污染責任人，於下列兩種情況下，可依環境及健康風險評估結果，於控制計畫及整治計畫中提出污染物濃度不低於污染管制標準之土壤、地下水污染整治目標，並報請中央主管機關核准：

一、因地質條件、污染物特性、污染整治技術或其他因素，不能將污染物濃度整治至低於土壤、地下水污染管制標準者。

二、配合土地開發而爲利用之污染場址，經中央主管機關許可其整治後土地利用方式者。

　　整治目標若經中央主管機關審議核准，計畫實施者於提出後續風險管理計畫後，即可依據所核定濃度不低於土壤、地下水污染管制標準之整治目標，執行控制計畫及整治計畫。當計畫實施者完成相關污染改善作業，致土壤或地下水污染物濃度達整治目標時，即可報請主管機關審核並解除場址之列管。

　　考量此類污染場址雖已達到整治目標而解除列管，但污染物濃度實質上仍高於管制標準，爲避免潛在污染危害之發生，主管機關仍有持續進行場址控管與要求污染責任人執行風險管理作業之需求，故未來規劃於場址解列後會囑託地政機關將土地之註記改爲土壤、地下水污染風險管理區，同時要求風險管理計畫實施者依核定之風險管理計畫所需費用以其動產或

不動產提出信託，以擔保風險管理計畫之履行。風險管理區之土地所有人如需處分場址範圍內之土地，亦應報請主管機關同意後始得為之。但若後來風險管理區之污染物濃度超過原核定之整治目標，或風險管理計畫實施者未執行或未依核定內容執行風險管理計畫，主管機關仍可再重新公告為污染場址。

爰此，若土污法未來依此規劃修法通過後，污染責任人於提出控制計畫或整治計畫時即可訂定濃度高於管制標準之整治目標，在此情況下應用圍封、固化、穩定化之處理方式即為實務可行的做法。且未來污染改善作業於達到整治目標後即可解除場址列管，而進入污染風險管理區階段，且區內土地經主管機關同意後仍可買賣，對污染責任人而言即為有誘因之改善方法。惟要訂出高於管制標準之整治目標，仍須視場址之地質條件、污染物特性、污染整治技術或其他因素而訂定，且亦需經過科學性之環境與健康風險評估程序後始得適用。欲滿足此條件因素亦有一定程度之難度，而且評估作業曠日費時，對污染責任人而言，若能於配合土地開發作業之時同時併行污染改善作業，且於後續土地利用期間執行風險管理作為，應較能爭取土地開發利用之時效，亦為經濟效益上較具可行之作法。

土壤污染整治作業極為不易，也非多數土地關係人之財力及能力所能獨立承擔，污染場址過往所曾經創造之經濟上利益，曾是全民所共享，亦見證過去國家發展轉型的重要歷史，並據以為現今國家繁盛產業之基礎。然對於早年污染之事實如何處理，仍有待各方相互溝通討論、整合意見、設法求同存異及取得一致共識後，才能更進一步地形成具體的策略並實踐共同的目標。現行之土污法較著重於污染的管制，未來建議應進一步考量土地利用方式及環境特性，並透過較為彈性的制度預防及整治土壤及地下水污染，真誠且務實的面對及解決污染所帶來的傷害和難題，讓土壤資源能夠在有共識的前提下得以永續利用。

參考文獻

1. 高雄市政府環境保護局，高煉廠內土壤及地下水污染改善工作進度說明（2023），網址：https://ksepb.kcg.gov.tw/FileUploadCategoryListC005220.aspx?CategoryID=8553aa8f-4a3e-47d0-bfee-68354623208f&appname=KCGCPPExplan。

2. 環境部（改制前為行政院環境保護署），污染土地再利用制度說明手冊（第二版）。台北市，（2021）。

3. 臺灣電力股份有限公司、臺灣糖業股份有限公司，原禮樂煉銅廠土壤污染整治場址土壤污染整治計畫書（定稿），（2023）。

4. 臺灣塑膠工業股份有限公司，台塑仁武廠土壤與地下水污染整治計畫第二次變更第七次執行進度報告，（2023）。

5. 臺灣塑膠工業股份有限公司，台塑麥寮氯乙烯廠地下水污染控制計畫第九次執行進度報告（定稿本）（執行期間：106年2月11日～106年8月10日），（2017）。

6. 臺灣電力股份有限公司、臺灣糖業股份有限公司，原臺灣金屬鑛業股份有限公司及其所屬三條廢煙道地區（部分）土壤及地下水污染整治場址土壤及地下水污染整治計畫書，（2024）。

污染場址現地圍封技術

3.1 圍封技術概述

工業生產過程、工業固體廢棄物（industrial solid waste）貯存堆置、一般廢棄物（municipal solid waste）掩埋（landfilling）等造成了大量的潛在污染場址，嚴重者更造成表層土壤和地下水的嚴重污染。

被污染的土壤和地水下應當適當的整治復育（remediation），而土壤與地下水污染場址整治的特性之一是其個別場址的特異性，即是要針對每一個場址的獨特性提出有效的整治技術，同時也需要大量資金投入。然而，如果短期內缺乏適合整治該場址所需的特定技術，或是整治所需資金過於龐大，則採用圍封（containment）技術將污染場址暫時圍封阻絕，反而是一種較適當的選擇。在一定的時間內使污染場址內的污染物不再危及周邊的地下環境，有效的防止污染持續擴大，則可在未來成熟的技術和充足的資金條件滿足時再進行污染整治。常見的圍封技術包括阻隔牆（cut-off wall）、滲透性反應牆（permeable reactive barrier, PRB）和覆蓋（cover）等。

阻隔牆是在污染場址的周邊地下設置滲透性遠低於原場址地層的土質或人工材料的牆體結構，將污染場址與周邊未受污染區域進行水力阻隔，控制污染物不會隨著地下水滲流而迅速對流遷移，阻滯或控制污染場址內的污染物擴散到周邊地下環境，見圖 3-1。阻隔牆也可用於阻控地下氣體遷移，或者調控污染場址地下水滲流場來配合土壤和地下水修復整治技術進行污染場址復育，如多相萃取技術（multi-phase extraction, MPE）及滲透性反應牆等。

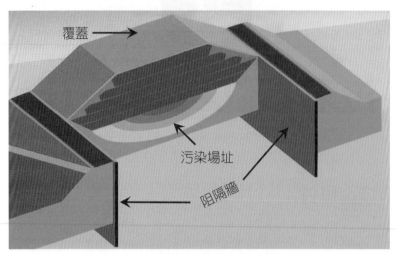

圖 3-1　污染場地的阻隔牆與覆蓋示意圖

　　滲透性反應牆是指一種填充介質的被動式現地地下水處理技術。滲透反應牆設置在受污染的地下水流動路徑的橫截面上，通過牆體內填充的反應材料與地下水的接觸，降解和阻滯水中的污染物，達到整治污染地下水的目的，見圖 3-2。

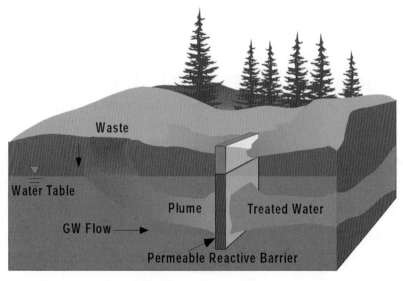

圖 3-2　污染場地滲透性反應牆示意圖（USEPA, 1998）

覆蓋則是在污染場址、事業廢物堆置場、一般廢棄物（垃圾）掩埋場表面所鋪設的土質或人工合成材料，主要目的是減少雨水入滲、控制有害氣體或臭味釋出與綠化美化等作用，見圖 3-1。

3.2 阻隔牆的設計

污染場址圍封的阻隔牆一般要求牆體材料的滲透係數小於 1×10^{-7} cm/sec，此時擴散而非對流是污染物在阻隔牆中遷移的主要模式（Devlin et al., 1996），因此污染物在阻隔牆的遷移擴散速度較慢，一般污染物需要數年或數十年才能貫穿（breakthrough）阻隔牆。阻隔牆的設計要點包括：污染場址水文地質調查與地質工程勘察、選擇阻隔牆類型、設計阻隔牆的平面佈置、厚度與深度，以及制定阻隔牆長期的監測方案等（D'Appolonia, 1980; USEPA, 1984）。

3.2.1 污染場址調查

阻隔牆的設計目標是控制污染物在土壤和地下水中的遷移，避免污染範圍擴大。因此，阻隔牆設計前有必要進行場址的污染調查，查清污染物種類、單位重量土壤的污染物吸附量（g/kg-soil）、地下水中污染物濃度、場址污染平面範圍和深度等資訊。地下水中的污染物的種類可用以評估適合的阻隔牆材質，以及必要的控制條件，地下水中污染物濃度則決定了污染物在阻隔牆中對流與延散（dispersion）遷移的通量，場址的污染平面範圍和深度則是阻隔牆的軸線平面佈置和深度設計的重要依據。由於污染物可能影響阻隔牆牆體材料（如膨潤土）的物理和化學性能，從而影響阻隔牆的使用壽命，因此污染場址的有機或無機污染物類別對阻隔牆牆體的原料選擇而言是關鍵因子。針對阻隔牆設計的場址污染調查，除了在地表取樣的檢測之外，應採用可保持樣品物理和化學性質原址特徵的鑽孔和取樣設備進行鑽孔取樣，並在實驗室中測試，這類的採樣檢測應與場址

水文地質調查與大地工程勘查（geotechnical investigations）的鑽孔取樣整合進行，以減少調查費用。

3.2.2 場地水文地質調查與大地工程勘察

　　針對建構阻隔牆所施作的專案場址水文地質調查與岩土工程勘察非常重要，爲阻隔牆設計與施工在技術及經濟上是否合理可行提供必要的資訊，爲阻隔牆類型的選擇、阻隔牆深度與厚度設計、溝槽開挖機器選擇、施工工期估算提供必要的依據，也爲場址淺層或溝槽開挖的土壤質地能否被用做基礎製備土 - 膨潤土（或稱皂土）阻隔牆牆體材料提供物理和力學特性的參數。充分認識場址的水文地質才可以設計和優化阻隔牆方案，確定污染場址是否需設置抽水設施以降低水位。阻隔牆的有效性有賴於全面性的場址水文地質調查與土壤特性與土壤力學工程勘察的品質與完整性。未進行充分的場址水文地質調查與土壤地質特性的工程評估，可能導致污染物在短期內從阻隔牆的底部和側面滲漏，或者因爲污染物與阻隔牆牆體材料的相互反應作用，而導致阻隔牆性能的劣化。值得一提的是，場址地形、植被密度、場址排水型態（land drainage patterns）、水源（阻隔牆施工時需用到大量水，需調查水源的量和品質）、穿越場址管線、進場線路等資訊也需調查清楚，還需要評估臨近建築結構基礎（foundation）是否會受阻隔牆影響（如溝槽開挖）而需要採用注漿等措施加固。場址水文地質調查與大地工程勘察主要包括以下內容：

一、確定含水層水位、受壓水層的水頭、地下水流的流向與流速、補注區（recharge）和排出區（discharge），並採集地下水樣以檢測地下水水質；

二、確定土壤層與岩石層的分層以及垂直剖面，特別是適合阻隔牆嵌入、形成地下封閉屏障的阻水層（aquiclude）的範圍、深度、厚度與連續性，以及岩石層的風化程度；

三、鑽孔取樣測定土層的物理和力學特性，通常包括土壤的顆粒分布

（particle size distribution）、類別（soil type）、單位體積重（unit weight）、含水量（moisture content）、液塑限界含水量（阿太堡限度，Atterberg limit）、滲透係數（hydraulic conductivity）等。

鑽孔一般沿初步設計的阻隔牆軸線佈置，間距約 30～60 m。對於地質條件多變的場址或區域，鑽孔間距可適當的減小；相反，對於地質條件較一致的場址或區域，鑽孔間距可適當增大。鑽孔深度應達到阻水層頂面以下至少 3 m，以保證阻隔牆底部嵌入足夠厚度的阻水層之內。場址岩土工程勘察的結果應足以建構初步設計所需的阻隔牆軸線地質剖面圖。

值得注意的是，若場址地下水的鈣含量很高，當地下水進入土-膨潤土阻隔牆上游部位可能存在的裂縫之後，鈣與膨潤土的鈉發生離子交換，造成膨潤土收縮或形成膠凝狀物質（floc），原來由膨潤土所佔據的空間會被水所替代填充，水的滲流速度增大，會攜帶更多、更大的懸浮顆粒移動，從上游介面到下游介面逐漸形成完整的滲漏通道（tunnelling），則會逐漸造成阻隔牆的失效。

3.2.3 阻隔牆類型選擇

常見的阻隔牆包括土-膨潤土（soil-bentonite）阻隔牆、水泥-膨潤土（cement-bentonite）阻隔牆等，而在美國工程應用最廣泛的則是土-膨潤土阻隔牆。

土-膨潤土隔離牆的優點主要有：(1) 滲透係數低，通常為 1×10^{-8}～1×10^{-7} cm/sec 的範圍，一般膨潤土含量 4%～7% 即可達到上述滲透係數範圍（一般滲透係 $< 1 \times 10^{-7}$ cm/sec 即可被形容成「不透水」）；(2) 土-膨潤土在外力的作用下可表現出較高的塑性，一般不會裂開，因此適應周邊地層變形的能力較佳；(3) 牆體連續性好，不需考慮施工接縫的影響；(4) 施工方便，工期短、造價低（D'Appolonia, 1980）；(5) 適用性強，適用的污染物類型較廣泛（USEPA, 1984）。值得注意的是，土-膨潤土阻隔牆的牆體材料強度較低，施工需要較大的工作面（work area），並要

求場址地形（topography）比較平坦。

　　水泥 - 膨潤土阻隔牆，只需具有足夠混合製漿的場地和放置開挖土體的場地，適用於工作面較小的場地，因牆體材料（即水泥 - 膨潤土）會硬化而適合地形高差變化較大的場地。與土 - 膨潤土阻隔牆相比，水泥 - 膨潤土強度較高，適合用於有公路或鐵路貫穿等需承受較大垂直向負荷的工地，可承受的水力梯度較高（33～50 m/m）（EPA, 1984），但是滲透係數一般要比土 - 膨潤土阻隔牆高一個數量級（an order of magnitude）以上，對污染物的化學相容性較差，造價較高，在周邊地層變形的條件下易開裂，可適用的污染物類型較少，且費用較高。由於強度和費用高，通常水泥 - 膨潤土阻隔牆的設計厚度小於土 - 膨潤土阻隔牆。若阻隔牆溝槽開挖出來的土料由於污染或顆粒級配（particle size distribution）等原因不適合作為土 - 膨潤土的基土（base soil），且周邊沒有適合基土土壤的來源，則可考慮設計水泥 - 膨潤土阻隔牆。若場址局部區域需牆體具有較高強度，則可在該局部區域採用水泥 - 膨潤土阻隔牆，其他大部分區域仍然採用土 - 膨潤土阻隔牆，並且水泥 - 膨潤土阻隔牆要與土 - 膨潤土阻隔牆連成一體。

　　有時還採用深層土攪拌（deep soil mixing）、高壓噴射注漿（jet grouting）、鋼板樁（steel sheet pile）作為阻隔牆，可根據污染場址的特性與需求來選擇。

3.2.4 阻隔牆軸線平面佈置

　　阻隔牆平面設計圖應標明阻隔牆的軸線位置、膨潤土泥漿水化池與儲存池的位置與回填料製備區域位置等資訊。

　　在平面空間允許的條件下，阻隔牆軸線的平面佈置通常設計為能夠圍封住整個污染場址，即平面包圍型阻隔牆（見圖 3-3(a)）。表面覆蓋（cap）常常與平面包圍型阻隔牆相結合，以減小雨水入滲，從而減少場址內受污染的地下水水量。受污染地下水收集系統（例如抽水井）也可在

平面包圍型阻隔牆內部使用（見圖 3-3(b)），因而降低圍封體內部的地下水水位，有利於延長阻隔牆壽命。值得注意的是，降低地下水水位時阻隔牆兩側的水頭差不宜過大，以避免阻隔牆發生管湧（piping）或水力劈裂（hydrofracturing）。由於特定原因的限制，例如相鄰有建築物存在或地形特徵劇烈變化，有時阻隔牆軸線的平面佈置也會不圍封住整個污染場址。在某些情況下，可把處於圍封區域之外的污染土壤開挖移除至圍封區域之內。有時把阻隔牆軸線佈置到遠大於污染區域的範圍，其好處是延長了污染物遷移到阻隔牆的時間，但這樣會增加圍封的成本與污染土壤和地下水的總量，並會提高所需使用的土地面積。

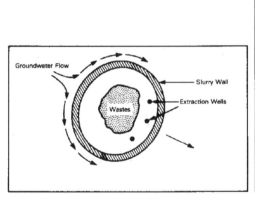

(a) 平面示意圖

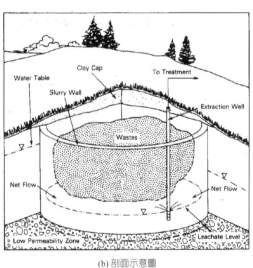

(b) 剖面示意圖

圖 3-3　平面包圍型阻隔牆（EPA, 1984）

當場址內的水力梯度（hydraulic gradient）較高時，可將阻隔牆佈置於場址的上游（upgradient），即地下水源頭方向處，以利於從側邊分流出未受污染的地下水（見圖 3-4），從而減少地下水污染的量，有時還需要補充設置地下水的引導排水措施，減少進入污染區域的地下水量。

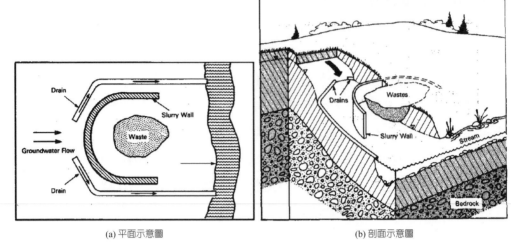

(a) 平面示意圖　　　　　　　　　　　(b) 剖面示意圖

圖 3-4　佈置於場址上游的阻隔牆（EPA, 1984）

　　當從上游流入場址的水量較小時，可將阻隔牆佈置於場地下游（downgradient），來控制污染的地下水進一步向下游擴散遷移（見圖 3-5），並對污染的地下水進行整治或處理。佈置於污染場址下游的阻隔牆雖然可嵌入隔水層用於控制可溶性或密度比水大的污染物，但最常用於控制和整治可浮於地下水水面的污染物（例如：油品污染物（LNAPL））。值得注意的是，地下水會在下游阻隔牆的牆後積聚，因此，應防止隨之出現的漫頂現象（overtopping），即地下水水位面升高而超過了牆頂，通常還需考慮阻隔牆牆體材料與污染物接觸的相容性（compatibility）。

　　對於山谷型的垃圾掩埋場或礦山廢石堆置場，在兩側山體設置阻隔牆對施工空間和施工設備的要求較高，一般僅在下游或上、下游佈置阻隔牆。其中，上游阻隔牆主要是防滲作用，目的是減少流入掩埋場或礦山廢石堆置場範圍之內的地下水量，從而減少受污染的地下水水量，上游阻隔牆主要依據地下水滲流量進行設計，根據工程實際情況，阻隔牆材料的滲透係數可適當的高於下游阻隔牆，以減少工程造價；下游阻隔牆主要是控制污染的地下水滲漏，防止污染進一步擴散。

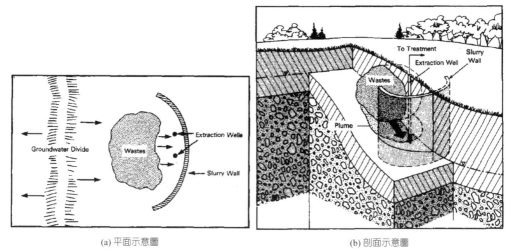

(a) 平面示意圖　　　　　　　　　　(b) 剖面示意圖

圖 3-5　佈置於場地下游的阻隔牆（EPA, 1984）

3.2.5 阻隔牆深度設計

　　阻隔牆剖面設計圖應標明不同平面位置阻隔牆的開挖深度、水位面、地層情況、穿越阻隔牆的管線等資訊。阻隔牆的深度主要取決於污染場址的水文與地質條件、污染物特性與污染深度等，一般應嵌入污染場址深度再大於 3 m 之處，且是連續的低透水層（一般要求滲透係數小於 1.0×10^{-7} cm/sec），如黏土（clay）層、粉質黏土（silt clay）層或岩盤（bedrock），這樣阻隔牆和低透水層可形成包裹污染土壤和地下水的封閉「屏障」系統。低透水層為土層時，阻隔牆嵌入的深度通常在 60～120 cm 範圍內。低透水層為岩盤時，應對岩盤的裂隙程度和現地滲透係數進行測試，並考慮挖掘岩盤的難度和成本，對於大多數頁岩與石灰岩可嵌入 30～90 cm 之處；由於開挖難度和經濟性考慮，對於堅硬岩盤一般的嵌入深度則較淺，有時會對阻隔牆之下的岩盤進行高壓注漿（grounting）以進一步減小滲透性。

　　若污染場址淺部（如深度 20 m 以內）沒有滲透係數小於 1.0×10^{-7} cm/sec 的低透水層，但存在滲透係數小於 1.0×10^{-6} cm/sec 且有一定厚度

的低滲透性土層時，建議通過地下水滲流分析與污染物遷移擴散分析，以確定阻隔牆嵌入該低滲透性土層是否足以滿足污染控制要求的標準與是否符合設計控制的傳輸時間。

若污染場址 40～50 m 的深度範圍內不存在低透水層和低滲透性土壤層時，此時，若經論證後確實需要建設阻隔牆時，則可採用「懸掛（hanging）」式阻隔牆，即阻隔牆底部不嵌入低透水層或低滲透性土壤層，整個阻隔牆處於滲透性相對較高的含水層。「懸掛」式阻隔牆設計需進行慎重評析，並慎重考查污染場址地下水的流場和污染物向下遷移並繞過阻隔牆底部的時間。

若污染場址的污染物為低密度非水相液體（light non-aqueous phase liquid，LNAPL，例如油品污染物）時，污染物的比重比水輕且基本上不溶於水，向下遷移達到地下水水位面時，污染物會漂浮在地下水面的上層，此時阻隔牆可設計為「懸掛」式（見圖 3.6），即阻隔牆不嵌入低透水層，但阻隔牆深度應大於地下水歷年最低水位深度一定距離，以防止污染物繞過阻隔牆底部，而造成大量污染物洩漏。同時，阻隔牆深度設計也應考慮地下水水位面之上低密度非水相液體的厚度（例如浮油層厚度），以及低密度非水相液體的重量將地下水水位面向下壓低的距離（圖3.6）。若污染場址的污染物為高密度非水相液體（dense non-aqueous phase liquid, DNAPL）時，污染物的比重比水重，此時阻隔牆應嵌入低透水層。

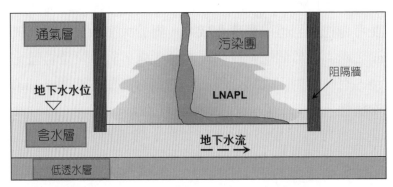

圖 3-6　適用於低密度非水相液體污染物（LNAPL）污染場地的「懸掛」式阻隔牆

對於非泥漿溝阻隔牆，在阻隔牆深度和嵌入低透水層深度方面可能存在局限性。例如，鋼板樁當深度達到 20 m 以上時，灌入或振動壓入的施工就比較困難了。

3.2.6 阻隔牆厚度設計

土 - 膨潤土、水泥 - 膨潤土阻隔牆的厚度是決定其使用年限的關鍵因素，設計時應考慮阻隔牆材料、阻隔牆兩側地下水水位差、污染物類型與濃度、設計使用期限的要求、施工設備與方法等因子。其中，阻隔牆設計使用年限是指目標污染物貫穿（break through）阻隔牆的時間，一般以目標污染物穿過阻隔牆的出流濃度或通量（flux）達到某控制值之前的時間作為阻隔牆設計的使用年限。阻隔牆應實現控制污染物貫穿阻隔牆進入周邊環境的通量保持在比較小的狀態，進入周邊地下環境的污染物在稀釋和自然衰減的作用下，濃度會逐漸降低到對環境不會產生危害的安全水準，即滿足環境涵容量（environment capacity）的條件。較厚的阻隔牆可以降低牆內的水力梯度（hydraulic head gradient）和污染物濃度梯度，具有對污染物更大的吸附量，且容易施工，不易產生缺陷，但過厚的阻隔牆會增加工程成本。厚度過薄的阻隔牆在施工中易產生缺陷。常見的阻隔牆厚度為 60～90 cm，阻隔厚度小於 45 cm 或大於 120 cm 的情形較為少見。

設置阻隔牆後，一般場址污染側的水位會高於未污染側（見圖 3.7），此時阻隔牆內污染物隨地下水滲流遷移的對流（advection）方向（圖 3.7 中 J_A 方向）與污染物擴散（diffusion）方向（圖 3.7 中 J_D 方向）相同，均是從污染側向未污染側的方向移動。值得注意的是，與周邊的地層相比，阻隔牆滲透性很低，因此阻隔牆中的水力梯度一般比地層中的水力梯度要大很多。對於土 - 膨潤土、水泥 - 膨潤土等土質阻隔牆，其厚度可採用污染物遷移的一維對流 - 分散方程解析解（van Genuchten *et al.*, 1982）進行計算，但解析解公式中存在複雜函數或級數，難以進行手工計算。因此，建議採用針對土質阻隔牆的對流 - 延散解的簡化法（Chen *et al.*, 2018）計算厚度：

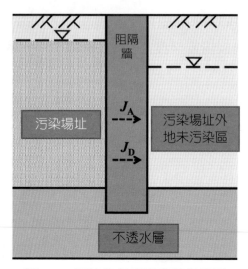

圖 3-7　污染物貫穿阻隔牆示意圖

$$L = \left(m + \sqrt{m^2 + P_{\mathrm{L}}} \right) \sqrt{D_{\mathrm{h}} \frac{t_{\mathrm{b}}}{R}} \tag{3.1}$$

$$m = 3.56 - 3.33(c_{\mathrm{f}} / c_0)^{0.142} \tag{3.2}$$

$$P_{\mathrm{L}} = \frac{v_{\mathrm{s}} L}{D_{\mathrm{h}}} = \frac{v_{\mathrm{d}} L}{n D_{\mathrm{h}}} = \frac{k \Delta h}{n D_{\mathrm{h}}} \tag{3.3}$$

式中，L：阻隔牆的厚度，m；

$\quad$ m：係數，無因次，按式（3.2）計算；

$\quad$ P_{L}：阻隔牆的 Peclet 數，按式（3.3）計算；

$\quad$ D_{h}：污染物在阻隔牆的牆體材料中遷移的水動力分散係數，

$\qquad$ （hydrodynamic dispersion coefficient），m^2/sec；

$\quad$ t_{b}：阻隔牆的設計使用期限，一般根據工程要求確認。對於一般廢

$\qquad$ 棄物垃圾掩埋場，建議 t_{b} 取掩埋場剩餘使用時間與封場後垃圾

$\qquad$ 穩定化時間的總和，s；

$\quad$ R：阻隔牆的牆體材料對污染物的遲滯係數（retardation factor），

$\qquad$ $R = 1 + \rho K_{\mathrm{d}}/n$，其中 ρ 表示阻隔牆牆體材料的密度；K_{d} 表示污

染物的線性分配係數（distribution coefficient），n 表示阻隔牆牆體材料的孔隙率（porosity）；

c_0：阻隔牆靠近污染側的地下水中污染物的濃度，mg/L，假定該濃度不隨時間變化；

c_f：阻隔牆遠離污染側的地下水中污染物的出流濃度標準（即阻隔牆出流濃度達到該標準的值，認為阻隔牆被污染物貫穿），宜按地下水品質標準相應類別限值的規定取值（例如：地下水污染管制標準），mg/L；

K：阻隔牆的牆體材料的滲透係數（hydraulic conductivity），m/sec；

Δh：阻隔牆的地下水水位差，m。一般污染側地下水水位高於未污染側地下水水位；

n：阻隔牆牆體材料的孔隙率（porosity）；

v_s：阻隔牆中地下水滲流速度（seepage velocity），與表面流速 v_d（superficial velocity，或稱為達西滲流速度）的關係為 $v_s = \dfrac{v_d}{n}$，v_d 符合達西定律（Darcy's law），即 $v_d = \dfrac{k\Delta h}{L}$。

當式（3.1）計算的阻隔牆厚度小於 0.6 m 時，宜取 0.6 m；當式（3.1）計算的阻隔牆厚度大於 1.2 m 時，建議採用 HDPE 地工膜 - 土質複合阻隔牆，或者採用導排盲溝或井點降水等工程措施以降低污染側地下水水位，減小阻隔牆兩側水頭差，甚至使污染側地下水水位低於未污染側地下水水位（建議低 0.3 m 以上）形成逆水頭條件（見圖 3-8）。在逆水頭條件下，阻隔牆內的污染物擴散（diffusion）方向（圖 3-8 中 J_D 方向）仍是從濃度高的污染側到濃度低的未污染側，而阻隔牆內污染物隨地下水滲流遷移的對流（advection）方向改變為從未污染側到污染側（圖 3-8 中 J_A 方向），此時可顯著減少污染物通過阻隔牆流入未污染側的通量，從而增長阻隔牆的使用年限。值得注意的是，逆水頭條件時抽出的污染地下水必須經過處理才可排放。

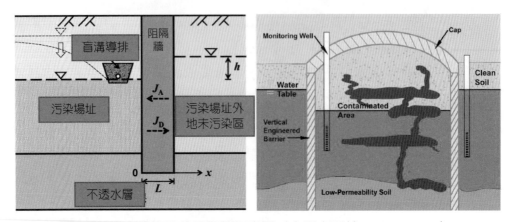

圖 3-8 逆水頭條件的阻隔牆示意圖（右圖來源於 USEPA, 2012）

　　對於建成的阻隔牆，可根據阻隔牆厚度、兩側地下水水位差等實際資訊按下式（Chen *et al.*, 2018）預測阻隔牆的使用期限：

$$t_{\mathrm{b}} = \frac{L^2 R}{\left(m + \sqrt{m^2 + P_{\mathrm{L}}} \right)^2 D_{\mathrm{h}}}$$ （3.4）

值得注意的是，當阻隔牆兩側水頭差很大時，避免發生管湧（piping，在滲透力作用下細顆粒從阻隔牆中不斷流失而造成阻隔牆破壞）和水力劈裂（hydraulic fracturing，即較高的水壓力引起阻隔牆材料產生裂縫與擴展的破壞現象），設計足夠的阻隔牆厚度和改善阻隔牆材料是避免上述兩種破壞的主要方法，但目前的相關研究還較少。

3.2.7 阻隔牆污染物出流濃度和通量預測

　　對於已設計的阻隔牆，有時會需要預測經過一定使用時間之後，污染物通過阻隔牆進入未污染側的濃度或通量。污染物在阻隔牆中的遷移行為可用一維對流 - 分散方程描述，即

$$nR\frac{\partial c}{\partial t} = nD_{\mathrm{h}}\frac{\partial^2 c}{\partial x^2} - v_{\mathrm{d}}\frac{\partial c}{\partial x} \tag{3.5}$$

式中物理量的定義見 3.2.6 節，x 表示污染物濃度計算點在阻隔牆厚度方向上距阻隔牆入流邊界的距離（見圖 3-9），t 表示時間，$c(x,t)$ 表示時間為 t 時 x 處孔隙介質的孔隙水（pore water）中的污染物濃度。v_{d} 表示阻隔牆中地下水表面流速（superficial velocity）。

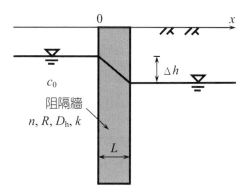

圖 3-9　阻隔牆污染物出流濃度和通量預測模型

假設阻隔牆與未污染側的初始污染物濃度為 0，即

$$c(x,0) = 0 \quad \text{在 } 0 \leq x \leq +\infty \text{ 範圍內} \tag{3.6}$$

假設污染側污染物濃度為 c_0，且不隨時間變化，即

$$c(0, t) = c_0 \quad \text{在 } t > 0 \text{ 時} \tag{3.7}$$

假設距阻隔牆入流邊界無限遠處的污染物濃度為 0，即

$$c(+\infty, t) = 0 \quad \text{在 } t > 0 \text{ 時} \tag{3.8}$$

在上述初始條件（即式（3.6））和邊界條件（即式（3.7）與式（3.8））下，一維對流 - 分散方程的解（Ogataet al., 1961）可寫為

$$c(x,t) = \frac{1}{2} c_0 \, erfc\left(\frac{X - P_L T}{2\sqrt{T}}\right) + \frac{1}{2} c_0 \exp(XP_L) \, erfc\left(\frac{X + P_L T}{2\sqrt{T}}\right) \qquad (3.9)$$

其中，$erfc$ 是餘誤差函數（complementary error function 或補誤差函數），P_L 的運算式見式（3.3），

$$X = x/L \qquad (3.10)$$

$$T = \frac{D_h t}{RL^2} \qquad (3.11)$$

則阻隔牆與未污染側介面處的污染物出流濃度為

$$c(L,t) = \frac{1}{2} c_0 \, erfc\left(\frac{1 - P_L T}{2\sqrt{T}}\right) + \frac{1}{2} c_0 \exp(P_L) \, erfc\left(\frac{1 + P_L T}{2\sqrt{T}}\right) \qquad (3.12)$$

污染物的通量可表達為

$$f(x,t) = -nD_h \frac{\partial c}{\partial x} + v_d c \qquad (3.13)$$

則阻隔牆與未污染側介面處單位截面的污染物出流通量為

$$f(L,t) = \frac{c_0}{2} \frac{v_d}{P_L \sqrt{T\pi}} \left\{ \exp\left[-\left(\frac{1 - P_L T}{2\sqrt{T}}\right)^2\right] + \exp\left[P_L - \left(\frac{1 + P_L T}{2\sqrt{T}}\right)^2\right] \right\} \qquad (3.14)$$
$$+ \frac{c_0}{2} v_d \, erfc\left(\frac{1 - P_L T}{2\sqrt{T}}\right)$$

3.2.8 阻隔牆長期效果監測

阻隔牆施工完成後，應長期監測阻隔牆的效果。可在阻隔牆兩側平面距離 3 m 之內設置地下水監測井，監測井內安裝感測器，即時監測地下水質或取監測井內水樣測定水質。地下水監測井一般沿阻隔牆軸線佈置，井間距離宜取 50～100 m，井深宜取阻隔牆深度的 60%～90%，監測頻率宜每 1～3 月測試 1 次。如未污染側地下水監測井水質出現明顯劣化，則表示局部或整體阻隔牆被污染物貫穿而失效。阻隔牆兩側地下水水質的差異情況可用以判斷阻隔牆是否處於有效狀態。

地下水監測井還可用於測定未污染側的地下水水位，與污染側的地下水水位進行比較。在未採用工程措施形成逆水頭條件的情況下，未污染側的地下水水位低於污染側的地下水水位程度越大，則表示阻隔牆的整體水力隔離效果越好。地下水監測井的實測阻隔牆兩側地下水水位差，也可爲阻隔牆使用期限的預測提供現場實際的 Δh 資料（見 3.2.6 節式（3.3））。

還應長期監測阻隔牆周邊地層的深層水準位移（一般用測斜儀（inclinometer）測定）、地表水平和垂直向位移，地層變形監測資料可作爲阻隔牆失效與否的評估。

3.3 阻隔牆類型及施工技術

常見的阻隔牆類型包括土 - 膨潤土阻隔牆、水泥 - 膨潤土阻隔牆、高密度聚乙烯地工膜（HDPE geomembrane）- 土質複合阻隔牆、深層攪拌阻隔牆、噴射注漿阻隔牆、板樁阻隔牆等。其中，土 - 膨潤土阻隔牆與水泥 - 膨潤土阻隔牆屬於泥漿溝阻隔牆（slurry trench cutoff wall），相對比較少見的塑性混凝土（plastic concrete）阻隔牆也屬於此類型；深層攪拌阻隔牆、噴射注漿阻隔牆與板樁阻隔牆施工時無需開挖溝槽。下面分別進行介紹上述各類阻隔牆的特點及施工技術。

3.3.1　土-膨潤土阻隔牆及施工技術

　　土 - 膨潤土阻隔牆技術最早於 20 世紀 50 年代用於美國加州特米諾島計畫中（Xanthakos, 1994），後來逐漸在大壩和閘門建設等防滲措施中持續不斷地發展及應用。20 世紀七、八十年代，在美國土 - 膨潤土阻隔牆開始被廣泛應用於垃圾掩埋場等污染場址的污染防制工程（Millet, 1981）。土 - 膨潤土阻隔牆施工最主要由泥漿溝槽（slurry trench）開挖與土 - 膨潤土回填（backfilling）兩個步驟構成，因此被稱爲「兩階段（two-phase）」法，其他類型泥漿溝槽阻隔牆施工技術基本或部分與土 - 膨潤土阻隔牆相似，因此土 - 膨潤土阻隔牆的施工技術可作爲其他類型阻隔牆參考。

一、土-膨潤土配比

　　土 - 膨潤土阻隔牆材料由基土（base soil）、膨潤土（bentonite 或皂土）及水混合而成，其中膨潤土的乾重（dry weight）一般小於基土與膨潤土總乾重的 10%，可見土 - 膨潤土是由少量的膨潤土和大量的基土組成。一般要求土 - 膨潤土的滲透係數小於 1×10^{-7} cm/sec。

　　基土宜爲細砂、坋砂或坋土，可優先選用現場及泥漿溝槽開挖的未污染土壤，基土中含 20～40% 的細顆粒（fine，能通過 200 目篩（200 mesh sieve）的顆粒）較有利於配製低滲透性的土 - 膨潤土，而且塑性細顆粒（plastic fine）比非塑性細顆粒更好（nonplastic fine），細顆粒可有效支撐顆粒間應力和減少回填料中膨潤土顆粒被潛蝕（erosion 或侵蝕）的可能。塑性細顆粒（plastic fine）比非塑性細顆粒效果更好（non-plastic fine），但非塑性細顆粒展現出更好的耐化學性能。基土應不含有機物（如植物或動物殘骸）、高鈣物質（如石膏或石灰石）、高濃度溶解性鹽類（如氯化鈉、硫酸鈉或硬石膏）、垃圾或其他有害物質。若現場土壤不符合要求，則可用外來土料或商業土料，例如，現場土料太粗，可添加外來細顆粒土料或額外的膨潤土。當阻隔牆的強度是首要考慮因素時，可採

用較高比例的粗、中顆粒含量的基土。

　　膨潤土是以蒙脫石（montmorillonite）為主要礦物成分的非金屬礦產，蒙脫石結構是由兩個矽氧四面體夾一層鋁氧八面體組成的 2：1 型晶體結構，其中矽氧四面體層的一些矽原子被鋁原子置換，鋁氧八面體的一些鋁原子被鎂原子置換，上述置換使蒙脫石結構帶負電，額外的陽離子會被吸附於蒙脫石的內部和外部表面而使電荷補償，陽離子的類型對蒙脫石的性質有顯著影響。蒙脫石的補償陽離子主要是鈉離子的膨潤土被稱為鈉基膨潤土（sodium bentonite），蒙脫石的補償陽離子主要是鈣離子的膨潤土被稱為鈣基膨潤土（calcium bentonite）。

　　膨潤土與水混合時，水分子會進入蒙脫石內部表面並水化其中的陽離子，蒙脫石體積顯著膨脹（體積膨脹可達到乾燥時體積的 10～12 倍），可有效封堵基土顆粒間的孔隙，從而形成可用於阻隔牆的低滲透性材料。膨潤土一般要求粒徑大於 0.075 mm 的顆粒（無法通過 200 目篩（200 mesh sieve）的顆粒）必須小於總質質的 20%，宜優先選用鈉基膨潤土（sodium bentonite），因為相對於鈣基膨潤土（calcium bentonite），鈉基膨潤土的水化體積膨脹性高，相同膨潤土含量的泥漿黏度也更高。膨潤土的水化膨脹性可根據 ASTM D5890 測定膨脹指數（swell index），宜選膨脹指數大於 20 ml/2 g（且不得小於 15 ml/2 g）的膨潤土作為土 - 膨潤土原料。膨潤土含量對三種不同類型基土的土 - 膨潤土滲透係數影響規律見圖 3-10。值得一提的是，為了提高膨潤土的耐化學性能，可以在膨潤土中添加聚合物或聚合物現地改質膨潤土的產品，但是其工地使用性能和環境友善性還需要長期工程應用評估。

　　土 - 膨潤土阻隔牆工程施工前應進行土 - 膨潤土的實驗室配比試驗，確定滿足滲透係數要求（一般為小於 1×10^{-7} cm/sec）的膨潤土含量，即膨潤土乾重（dry weight）占基土與膨潤土總乾重的比例。根據美國的工程經驗顯示，懷俄明天然鈉基膨潤土含量通常只需 1～2%，但值得注意的是不同國家和地區出產的膨潤土性質差別顯著，因此，所需的膨潤土含量差別可能也很大。對於一定膨潤土含量的土 - 膨潤土，應先通

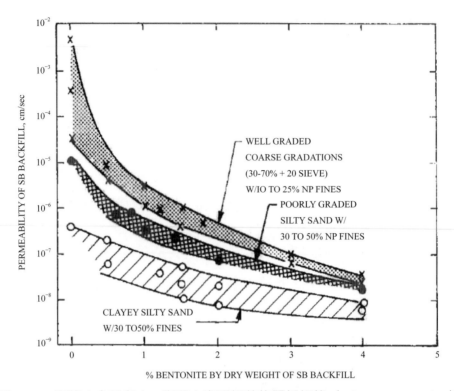

圖 3-10 膨潤土含量與土 - 膨潤土滲透係數的關係規律（D'Appolonia, 1980）
（注：圖中「w/」是「with」的簡寫）

過坍度（slump）試驗（ASTM C143）確定坍度在 100～150 mm 範圍
內的含水量（water content），上述坍度可使土 - 膨潤土的施工工作度
（workability）滿足在泥漿溝中的回填施工要求（D'Appolonia, 1980），
對應的土 - 膨潤土的含水量一般在 25～35%，值得注意的是過高的含水
量會造成土 - 膨潤土滲透係數過大。然後，按確定的含水量配製土 - 膨潤
土，測定其飽和滲透係數（hydraulic conductivity），滲透係數測定宜採
用柔性壁滲透儀（flexible wall permeameter），方法和步驟可參考 ASTM
D5084。一般需要測試多個不同膨潤土含量的土 - 膨潤土才能確定滿足滲
透係數要求的膨潤土含量及其含水量。值得注意的是，土 - 膨潤土配比試
驗還應評估污染場址地下水中的污染物對土 - 膨潤土性能的潛在劣化影

響，即相容性（compatibility）。通常，黏土含量高的土 - 膨潤土具有更好的阻絕污染物的能力，測試結果顯示由 20% 以上含量的細顆粒和約 1% 含量的膨潤土組成的土 - 膨潤土，在常見的污染溶液滲透下，滲透係數增大的幅度很小（D'Appolonia, 1980）。土 - 膨潤土的初始單位重（即剛製備好時的容重）必須高於溝槽中膨潤土泥漿容重至少 2.36 kN/m³，以保證土 - 膨潤土回填時可順利置換膨潤土泥漿。

二、膨潤土泥漿的現場製備

土 - 膨潤土阻隔牆工程施工中，膨潤土泥漿（bentonite slurry）會使用於兩種情境。其一，開挖溝槽時在溝槽中注入膨潤土泥漿，可以達到防止溝槽直立面的土層坍塌的護壁作用，同時使溝槽開挖的土料保持懸浮狀態而不在溝槽底部或已回填的牆體坡面上沉積；其二，現場製備土 - 膨潤土時宜將全部或部分含量的膨潤土製成膨潤土泥漿，再與基土（或基土加上部分膨潤土）攪拌混合。現場應設置泥漿儲存池或儲存箱，以製備和儲存膨潤土泥漿，現場施作應持續攪拌膨潤土泥漿，以保持均勻混合的狀態。現場製備的膨潤土泥漿應水化不低於 24 小時後使用。

膨潤土泥漿由水和膨潤土混合而成。膨潤土應選擇高水化膨脹性的鈉基膨潤土或鈉化鈣基膨潤土（常用的方法是鈣基膨潤土中加入鈉鹽，如 Na_2CO_3，發生離子變換反應，Na^+ 置換蒙脫石晶層的 Ca^{2+}），應選用粉末狀的膨潤土，避免選用顆粒狀的膨潤土。化學和物理添加劑可改善膨潤土泥漿的性能，但應注意分析添加劑對阻隔牆長期使用性能的潛在不利影響，例如與污染物產生反應。

在施工現場製備膨潤土泥漿和土 - 膨潤土、水泥 - 膨潤土等回填料時均需要大量的水。採用的水應爲淡水，避免選用鹽水或淡鹽水，盡可能少含雜質，且不含油、酸、鹼、有機物或其他有害物質，測試的水質指標應包括：pH 值、硬度（hardness）、總溶解固體（total dissolved solids, TDS）等。水中的化學物質，無論是水中原來存在的還是場址污染所造成的，都可能影響膨潤土的水化膨脹或引起膠凝作用（flocculation），因而

降低泥漿的黏滯度和影響阻隔牆溝槽泥膜（filter cake）的形成。若採用現場的地下水，也應進行水質檢測，氯化鈉含量超過 500 ppm 或鈣鹽含量超過 100 ppm 的水可能會顯著降低膨潤土膨脹性和產生低黏度的凝膠作用。硬質水會需要更多的膨潤土和更長的混合時間。根據工程經驗，水的硬度應該小於 50 ppm，總溶解固體含量（TDS）宜小於 500 ppm，有機物含量宜小於 50 ppm，石油等其他有害物質含量宜小於 50 ppm，pH 值 7 左右（USEPA, 1984）。

　　現場應設置泥漿儲存池或儲存箱，以製備和儲存膨潤土泥漿，並應不停地用文丘裡攪拌器（venturi mixer）或槳葉攪拌器（paddle mixer）攪拌，以使泥漿保持均勻混合狀態。現場製備的膨潤土泥漿應攪拌水化（hydration）不低於 24 小時後使用。

　　膨潤土泥漿中的膨潤土含量（膨潤土乾重占膨潤土泥漿總重的比例）一般不低於5%，通過馬氏漏斗黏度計（Marsh funnel viscometer）測定的泥漿表觀黏度（apparent viscosity）（視黏度）應在 36～40 cP（1P(g/cm-sec) = 100 cP）範圍，密度應不小於 1.03 g/cm^3，含砂量一般要求不大於 4%，膨潤土含量 6% 的泥漿在 690 kPa（100 psi）壓力下 30 min 的濾失量（filtrate loss）應不大於 25 cm^3，pH 值應在 6～9 範圍。

　　膨潤土泥漿應具有足夠的黏滯度（viscosity），在溝槽開挖初期溝槽側壁形成由膨潤土顆粒組成的、滲透性非常低的濾餅（filter cake）泥膜形成之前，泥漿會大量流入溝槽周邊地層之中，泥漿壓力在泥漿滲透路徑上因黏滯力作用而逐漸降低。一旦在溝槽側壁形成泥膜，將顯著減小溝槽中泥漿滲入周邊地層，泥漿壓力會全部作用在濾餅泥膜之上。

　　為了保持所需的膨潤土泥漿密度，泥漿懸濁液中應有足夠的非膠體顆粒。膨潤土泥漿靜置數分鐘後會由黏稠溶液變為膠體狀物質（即黏土晶體或顆粒形成邊-面結構），當攪拌或振動時膠體狀物質會重新變為泥漿，該特性被稱為觸變性（thixotropy，搖溶現象）。膠體狀結構可使溝槽開挖掉入溝槽的顆粒在膨潤土泥漿中保持懸浮狀態而不會沉入溝槽底部，因此觸變性對泥漿溝槽施工很重要。懸濁液中可保持的最大粒徑與泥漿的凝

膠強度（gel strength，即流體產生流動所需的最小剪應用）相關。膨潤土泥漿中形成膠凝可使顆粒間的作用增大，因此凝膠強度不是一個常量，在靜態條件下會隨時間而增大。測定凝膠強度的常用方法是 10 分鐘凝膠強度（10-minute gel strength），5% 膨潤土含量的泥漿的 10 分鐘凝膠強度通常在 4.79～7.18 Pa 範圍內，該範圍的凝膠強度足以維持溝槽開挖所需的容重（總體密度）為 11.02～11.81 kN/m^3 的泥漿懸濁液要求。10 分鐘凝膠強度會顯著受到非膠體物質的影響，因此一般選用新拌的膨潤土泥漿測定凝膠強度來進行施工控制，而避免選用溝槽中的泥漿來測定。

濾失量（filtrate loss）可表示工程中膨潤土泥漿在溝槽側壁形成濾餅（filter cake）泥膜的性狀，測定方法要按照 ASTM D5891 進行，在 690 kPa($\fallingdotseq$ 6.8 atm) 的氣壓作用下，膨潤土泥漿在 30 分鐘內滲透通過 70 mm 直徑的標準濾紙的水量。一般 5% 膨潤土含量的泥漿的濾失量不大於 20 cm^3/30 min。溝槽側壁上實際形成的濾餅泥膜還取決於泥漿中懸浮顆粒的性質與溝槽所在場址天然地層土的質地。

新製備膨潤土泥漿在以下情況時可加入添加劑改善泥漿特性：(1) 水源不具備所需的水的特性，如水硬度過高；(2) 地下水具有化學活性或地下水中所含有的污染物對膨潤土泥漿的黏度、凝膠強度、濾失量等流變特性有影響；(3) 開挖溝槽的地下水受污染，可能會造成膨潤土泥漿膠凝或溝槽不穩定。

三、泥漿溝槽施工及穩定控制

開挖泥漿溝槽（slurry trench）前，宜沿阻隔牆軸線兩側修築混凝土導牆（guide wall），引導成槽設備方向，保證泥漿穩定液面，防止兩側淺部土體坍落到泥漿溝槽中，以確保在施工機器荷載作用下淺部溝槽仍維持穩定。導牆通常深度為 1.2 m，寬度為 0.6～1.0 m。另外，開挖泥漿溝槽之前，還應將穿越所施工的阻隔牆的管線關閉或改道。

土 - 膨潤土阻隔牆的泥漿溝槽（slurry trench）開挖施工應嚴格按照設計的線路、高程和斷面進行施工，允許的尺寸誤差和控制要求如下：

一、泥漿溝槽的開挖中心線偏離設計的中心線的距離應不大於 600 mm。
　　如因場地等特殊原因改變泥漿溝槽中心線，應得到設計與現場監造工
　　程師的批准；

二、泥漿溝槽的開挖深度應進行現場測量，與設計深度的誤差應不大於
　　150 mm；

三、泥漿溝槽的開挖寬度與設計寬度的誤差應不大於 50 mm，選擇寬度
　　適當的泥漿溝槽開挖設備；

四、泥漿溝槽的開挖垂直度與直垂線的偏差應不大於 1/150，開挖時工作
　　平台和開挖設備應保持水平。

　　如採用從已回填形成的土 - 膨潤土牆體坡面上滑入泥漿溝槽中的土 -
膨潤土回填方法，泥漿溝槽開挖點與已回填形成的土 - 膨潤土牆體坡面的
坡腳之間的距離不宜小於 9 m，但也不宜大於 30 m。在停工、塌方、重
工（返工）等重新開挖泥漿溝槽的情況下，重新開挖的溝槽軸線起點應
至少進入已回填的牆體中 3 m，即新舊回填料之間至少保持 3 m 的重疊長
度。連續開挖的泥漿溝槽軸線拐彎時，在一個方向上延長至少超過另一個
方向中心線 1.5 m，以保證拐彎處全深度範圍內溝槽的連續性。泥漿溝槽
土 - 膨潤土牆採用分段施工時，新開挖的溝槽軸線起點應至少進入已回填
的牆體中 4.5 m，即新舊回填料之間至少保持 4.5 m 的重疊長度。泥漿溝
槽在完成施工前不應發生開挖施工中斷，若中斷超過 48 hr 時，重新開挖
時應在底部到頂部的整個深度範圍，在垂直於已回填的土 - 膨潤土牆體坡
面方向上挖去至少 1.5 m 深的牆體。

　　溝槽開挖時應在溝槽中注入膨潤土泥漿，泥漿對溝槽側壁產生的支
護壓力大於溝槽周邊土層的主動土壓力（active earth pressure）與地下水
水壓力，因此可保證溝槽周邊土層的穩定性，即防止溝槽直立面的土層坍
塌。在整個溝槽開挖期間，膨潤土泥漿的液面應始終保持至少高於地下水
水位 90 cm（英國要求 1.5 m 以上），且在工作面以下 60 cm 以內，直到
完成土 - 膨潤土回填為止。

　　溝槽開挖遇到砂土或礫石等地層時，溝槽中膨潤土泥漿容易迅速的大

量損失，應立即向溝槽內補充大量膨潤土泥漿以保持高的泥漿液面。溝槽開挖遇到地下管線而溝槽中膨潤土泥漿發生迅速大量損失時，應立即關閉或封堵管線，並快速補充膨潤土泥漿。為了提高泥漿溝槽的穩定性，在施工期間應把泥漿溝槽的長度控制得儘量小。

　　通常 5% 膨潤土含量的膨潤土泥漿單位重（unit weight）在 10.31 kN/m^3 左右，注入溝槽後膨潤土泥漿能使溝槽開挖時掉入溝槽的粉粒和砂粒懸浮於泥漿中形成懸浮液（suspension），此時泥漿容重一般在 11.02～11.81 kN/m^3。在泥漿溝槽穩定性分析時，宜取上述範圍的泥漿容重（理論上，1 KN = 101.97 kg）。

　　另一方面，溝槽中的泥漿密度不宜過大，應控制比土-膨潤土回填料的最大密度（16.53 kN/m^3）至少小 2.36 kN/m^3。密度過高的膨潤土泥漿在不能保持連續攪拌的條件下不會分離，並容易在溝槽底部形成高密度的泥漿，此時泥漿密度可能會超過土-膨潤土的密度，從而造成回填的土-膨潤土無法置換原本處於溝槽底部的泥漿，因此不宜通過增大膨潤土泥漿密度來提高溝槽的穩定性。高含砂量的泥漿也具有較高的密度，但砂顆粒易與泥漿分離沉積而影響溝槽底部的回填置換，並在溝槽底部形成一層高滲透性的材料，影響阻隔牆嵌入低透水層的效果。一般要求泥漿的含砂量小於 15%～20%。因此，為提高溝槽穩定性，不宜通過增加膨潤土泥漿單位重來提高溝槽的穩定性。為提高溝槽穩定性，可在溝槽兩側建造護堤以提高工作面的高程，進而提高溝槽內泥漿液面高程，增加泥漿對溝槽側壁的支護壓力。

　　泥漿在溝槽中形成的泥漿壓力大於溝槽周邊土層的地下水水壓力，溝槽中的泥漿會向溝槽周邊土層滲透，泥漿中的懸浮顆粒無法進入周邊土層孔隙而在溝槽壁上形成滲透性非常低的濾餅（filter cake）泥膜。特別是污染場址的土壤為粗粒土地基時，泥漿無法在溝槽側壁上形成濾餅泥膜，而直接大量滲透進粗粒土地基，造成溝槽中大量泥漿流失。泥漿可在滲透區域範圍內凝膠化，滲透係數減少，泥漿滲透逐漸趨於穩定，並增加溝槽周邊土層的黏聚力（cohesion），有利於提升溝槽穩定性。

　　泥漿溝槽的開挖深度應根據設計深度，底部嵌入指定的低透水地層，且嵌入深度不能小於設計嵌入深度。現場施工時，應從挖掘的土方判別開挖深度是否已達到設計指定的低透水地層，且測量和記錄實際溝槽開挖深度。泥漿溝槽開挖施工設備宜根據需開挖的深度、地層土壤質地等因素優化選擇。反鏟挖土機（backhoe）可開挖 15 m 深度以內的土層（有的反鏟挖土機開挖深度可達 24 m），蛤殼式液壓抓鬥機（clamshell bucket）可開挖超過 45 m 深度的土層，雙輪銑機（trench cutter）可開挖岩層或硬質土質。若溝槽開挖遇到大石塊，可採用起重機清除，或採用旋挖鑽（rotary drill）或衝擊鑽（percussion drill）破碎再挖除溝槽底部的碎塊。

　　泥漿溝槽開挖過程中，部分懸浮在泥漿中的土料會沉積在溝槽底部或在已回填形成的土 - 膨潤土牆體坡面上，這些土料的滲透性顯著高於土 - 膨潤土。因此，泥漿溝槽開挖到指定深度後應進行清底，即清除泥漿溝槽底部的鬆散土料或岩屑及過重的泥漿。清底可採用挖掘鏟鬥、氣昇泵或蚌殼式挖掘機等機器設備。回填阻隔牆材料之前，應清除泥漿溝槽底部的沉砂和雜物，比較現場所測得的深度與開槽時測得的深度，以判斷底部是否已清除完成。每天開始施工前和結束施工前應各測量一次溝槽深度，通過比較可判斷是否出現溝槽塌方或過多沉砂。施工單位如果沒有進行可靠的清底，而試圖藉由增加阻隔牆底部的嵌入深度來解決殘餘在溝槽底部的鬆散岩土和泥漿，這樣的做法是不可取的。因為土 - 膨潤土回填時會在回填坡腳處向前擠推溝槽底部的含細顆粒的稀泥漿，而粗粒砂石則殘留在溝槽底部，因而在溝槽底部形成一層含有粗顆粒的高滲透性材料，影響阻隔牆底部的防滲效果。

　　泥漿溝槽開挖過程中，應防止地表水進入溝槽而稀釋溝槽內的膨潤土泥漿。溝槽中的膨潤土泥漿可經過振動篩過濾進行再返送或加入核准使用的添加劑。對溝槽內的膨潤土泥漿要及時進行清砂，以保持膨潤土泥漿的品質。值得注意的是，當地表氣溫低於 –7℃時應停止泥漿溝槽施工和土 - 膨潤土回填。

　　溝槽開挖出來的土料不宜堆放在溝槽旁邊，堆放在溝槽旁邊的土料會對溝槽周邊土層產生附加荷載，不利於泥漿溝槽的穩定性。若場地為軟土地基或鄰近建築物，鄰損保護要求較高時，泥漿溝槽施工前應採用地基處理方法等加固溝槽周邊地基。

　　阻隔牆設計時，應驗算泥漿溝槽開挖至各土層底面和設計深度等工況的溝槽穩定性，溝槽穩定安全係數應不小於 1.1，溝槽穩定安全係數可按下列公式（Li $et\ al.$, 2018）計算：

$$F_{st} = \frac{P_s - P_w}{P_a} \tag{3.15}$$

$$P_s = \frac{1}{2} \gamma_s H_s^{\ 2} \tag{3.16}$$

$$P_w = \frac{1}{2} \gamma_w H_w^{\ 2} \tag{3.17}$$

式中：F_{st}：溝槽穩定安全係數；

　　　P_s：溝槽內泥漿施加在溝槽壁的力，kN/m；

　　　P_w：溝槽周邊土層內的地下水作用在溝槽壁的靜水壓力，kN/m；

　　　P_a：溝槽周邊土層及地表荷載作用在溝槽壁的主動土壓力（active earth pressure），kN/m，有必要時應考慮溝槽附近的地表荷載；溝槽位於滲透性好的地基時宜採用排水抗剪強度（drained shear strength）參數計算，溝槽位於滲透性好的軟黏土或粉砂地基時宜採用不排水抗剪強度（undrained shear strength）參數計算；

　　　γ_s：泥漿密度，kN/m³；

　　　H_s：溝槽泥漿液面至驗算深度的距離（見圖 3-11），m；

　　　γ_w：地下水的密度，kN/m³；

　　　H_w：溝槽周邊土層中地下水水位面至驗算深度的距離（見圖 3-11），m。

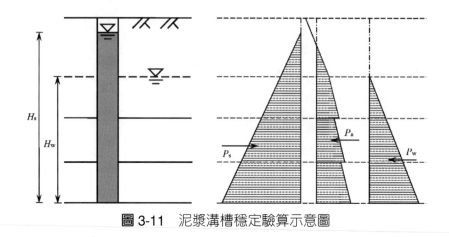

圖 3-11　泥漿溝槽穩定驗算示意圖

四、土-膨潤土現場製備

　　土 - 膨潤土現場製備的地點一般在阻隔牆溝槽旁邊或臨近溝槽的指定位置，以方便運輸土 - 膨潤土回填料至回填施工位置。若在溝槽旁邊製備土 - 膨潤土，應注意未混合的材料不得落入或置於溝槽中。土 - 膨潤土現場製備應經常測定基土的顆粒級配（particle size distribution），特別是細顆粒含量（直接影響到土 - 膨潤土的滲透係數和耐化學性能）。外來土料或商業土料與乾膨潤土組成的阻隔牆回填乾料應採用堆料翻場、盤耙破碎、推土混合等方法進行破碎與混合，見圖 3-12(a)，也可採用攪拌機（pugmill）直接攪拌，見圖 3-12(b)。經破碎與混合的回填乾料應不含大的土塊、細粒／砂料／碎石的結塊，所採用的設備應能把土塊破碎到最大尺寸不超過 10 cm，大體積的均質回填乾料一般允許存在少量 10～15 cm 尺寸的單獨大顆粒材料。

(a) 現場地面製備

(b) 攪拌設備製備

圖 3-12　現場土 - 膨潤土現場製備（Marchiori *et al.*, 2019）

　　基土與膨潤土乾料破碎與混合均勻後，採用新制的膨潤土泥漿或溝槽中的泥漿與乾料進一步混合攪拌，不可以直接用水來代替泥漿。混合攪拌而成的土 - 膨潤土含水量應控制在坍度（slump）100～150 mm 對應的含

水量範圍內。若土 - 膨潤土的坍度過大，在泥漿溝槽中易形成過於平坦的土 - 膨潤土牆體坡面，從而影響開挖效率；若土 - 膨潤土的坍度過小，易在牆體中包裹大量泥漿或開挖的土，從而在牆體中形成高滲透性的「視窗（window）」。土 - 膨潤土現場製備應進行取樣測試坍度、級配、密度與滲透係數等，確保回填料品質能符合設計要求。

五、土-膨潤土回填

　　土 - 膨潤土回填前，應測定溝槽底部泥漿的單位重，其數值應比土 - 膨潤土回填料的單位重至少小 2.36 kN/m³，從而保證土 - 膨潤土回填時可置換溝槽底部的泥漿。若槽底部泥漿單位重過大，可採用空氣提升泵或蚌殼抓鬥等方法清除。

　　土 - 膨潤土的初始回填方法可採用下面兩種方法之一：(1) 用蛤殼式抓鬥機將土 - 膨潤土放置到泥漿溝槽底部，不斷將土 - 膨潤土直接放置在前面已回填的土 - 膨潤土上面，直到土 - 膨潤土回填料的表面高於溝槽中膨潤土泥漿液面，在泥漿溝槽中形成一個土 - 膨潤土牆體坡面；(2) 先開挖一條坡度不大於 1：1（豎直向：水平向）的導溝，再將土 - 膨潤土沿導溝回填，逐步形成一個土 - 膨潤土牆體坡面。

　　土 - 膨潤土回填時，應將土 - 膨潤土放在以前形成的土 - 膨潤土牆體坡面的頂部，在重力作用下新回填的土 - 膨潤土會沿著以前回填形成的土 - 膨潤土牆體的坡面向溝槽底部滑動，形成不斷向前推進的新的土 - 膨潤土牆體坡面（見圖 3-13），直到完成整個阻隔牆。現場製備的土 - 膨潤土坍度（slump）應在 100～150 mm 範圍之內，從而達成上述施工步驟。坍度過小（小於 100 mm），土 - 膨潤土牆體容易包裹泥漿；坍度過大（大於 200 mm），土 - 膨潤土回填時會難以完全置換泥漿。土 - 膨潤土回填時，不可以將土 - 膨潤土以自由落入的方式進入溝槽的膨潤土泥漿中，以防止土 - 膨潤土下沉時各成份分散。回填的土 - 膨潤土在泥漿溝槽中形成的牆體坡面斜率通常為 1：5～10（豎直向：水平向）。土 - 膨潤土回填也可採用類似水下混凝土澆築的導管法。

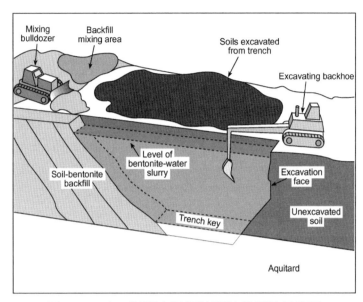

圖 3-13 土 - 膨潤土阻隔牆開挖與回填示意圖

　　土 - 膨潤土回填時，應從泥漿溝槽的起點開始，沿溝槽開挖方向回填土 - 膨潤土，直至到溝槽的末端。開挖的溝槽坡腳應始終保持超前於已回填的土 - 膨潤土的溝底斜面坡腳，兩者之間的距離不宜小於 6 m，但是也不宜大於 30 m，過長的未回填泥漿溝槽存在較大的失穩崩塌風險。

　　當現場氣溫低於 0℃時，應停止混合或回填土 - 膨潤土。含有冷凍塊體的土料不應使用於製備土 - 膨潤土之中，也不應將凍結的土 - 膨潤土回填於泥漿溝槽中。

六、頂部覆蓋

　　土 - 膨潤土阻隔牆施工完成後，應及時在阻隔牆頂部鋪設頂蓋，以保護已回填有土 - 膨潤土的溝槽不被破壞或者承受交通的負載。

　　在鋪設頂蓋之前，已回填的土 - 膨潤土表面不得乾化裂開，回填完成的一天內在牆體上鋪設一個臨時頂蓋。若已回填的土 - 膨潤土表面發生了乾化裂開的現象，應挖去頂部表面 0.9 m 厚的土 - 膨潤土，再補充新的土 - 膨潤土。臨時頂蓋的未壓實土料厚度應不小於 30 cm。如臨時頂蓋出現下

沉凹陷，應進行及時修補。

　　當沉降監測顯示阻隔牆頂部達到沉降穩定時（一般至少回填之後一周以上），才可移除臨時頂蓋，此時，應開挖直至牆體回填料暴露出來，用額外的土 - 膨潤土修補沉降和凹陷，再鋪設分層壓實的 30～60 cm 厚的黏性土永久頂蓋。最後，宜在永久頂蓋上面鋪設一層碎石，以防止水和風的侵蝕或分散交通荷載。為了承受交通荷載或更好保護土 - 膨潤土阻隔牆牆體，可在鋪設黏性土頂蓋之前在牆體頂部先鋪設地工織物（geotextile）或地工格柵（geogrid）等地工合成材料作為加勁層，也可在分層鋪設黏性土頂蓋時在層與層之間鋪設地工織物或地工格柵等地工合成材料。頂蓋上面不應留有較大的空間，以防止地表水聚集，反而增加滲漏潛勢。

七、土-膨潤土回填料品質檢測

　　土 - 膨潤土製備和回填時，應依照回填一定體積的土 - 膨潤土之後，採集代表性土 - 膨潤土製成圓柱體試樣，試樣直徑宜為 75 mm，高度宜為 150 mm。每次採集一組 2 個以上樣本，以備後面所需的額外測試。最初回填面的 3000 m^2 牆體宜每 300 m^2 牆體採集一組試樣，之後宜每 1000 m^2 牆體採集一組。

　　採集的土 - 膨潤土樣本運送到檢測部門，按照 ASTM D5084 採用柔性壁滲透儀進行滲透係數測試，以確定土 - 膨潤土回填料的滲透係數是否符合設計要求。測試前，先反壓（back pressure）飽和測試樣本，試樣的孔壓係數 B 應不小於 0.95，然後增大圍壓（cell pressure）對試樣進行固結（consolidation），固結平均有效應力（effective stress）宜取 69 kPa（約 10 psi）。固結完成後進行滲透係數測試，測試時調整試樣底部和頂部的孔隙水壓力（pore water pressure）在試樣內形成滲透，滲透水力梯度（hydraulic head gradient）不大於 30 m/m，滲透液宜用現場地下水，無現場地下水時用自來水。一定有效應力的試樣，宜進行 3 次不同滲透水力梯度條件下的測試，以平均值作為該試樣的滲透係數。

　　土 - 膨潤土阻隔牆的現地滲透係數可採用孔壓靜力觸探法（cone

penetration testing with a pore-pressure transducer, CPTu）測試。在土 - 膨潤土阻隔牆中線位置將 CPTu 探頭向下貫入一定深度位置停止貫入，通過地表的夾具把探桿固定，立即記錄 CPTu 探頭孔壓隨時間的消散過程；孔壓消散穩定後可繼續向下貫入至下一個深度，進行下一次消散過程測試。根據孔壓消散過程計算土 - 膨潤土阻隔牆原位滲透係數的方法可參考 Li 等（2018）。土 - 膨潤土阻隔牆的現地滲透係數也可用貫入式滲壓計（push-in piezometer）測定，但應注意滲壓計的水壓力不能過高，否則會在牆體中發生水力劈裂（hydrofracturing）。

八、土-膨潤土阻隔牆應力狀態

　　土 - 膨潤土被回填至泥漿溝槽形成阻隔後，原接近飽和狀態的土 - 膨潤土在其自重作用下會經過數個月的固結（consolidation）（Tong et al., 2020）。現場監測的結果顯示固結穩定後阻隔牆中一定深度的土 - 膨潤土所受到的豎向應力（stress）明顯小於按自重應力（geostatic pressure，即土 - 膨潤土的密度 × 重力加速度 × 深度）計算的應力值（Evans et al., 1985）。圖 3-14 提供了澳大利亞某土 - 膨潤土阻隔牆現場測試的大主應力（major principal stress）沿深度分布及按自重應力計算的應力沿深度分布。由圖可見，土 - 膨潤土阻隔牆深度 20 m 之內受的大主應力小於 75 kPa，深度 30 m 處的大主應力約 100 kPa，顯著小於按自重應力計算的值。

　　造成上述現象的主要原因是溝槽側面的土層對土 - 膨潤土阻隔牆存在向上的摩擦作用力，承擔了土 - 膨潤土的部分自重荷載，在阻隔牆內形成了「拱（arching）」的效應（Millet et al., 1992；Evans et al., 1995）。同時，土 - 膨潤土阻隔牆還受到溝槽側面土層的「側向擠壓（lateral squeezing）」效應（Filz, 1996）。Li 等（2015）在同時考慮了「拱」效應與「側向擠壓」效應的基礎上，根據文克勒（Winkler）地基模型提出「水準彈簧模型」，可較適當的計算土 - 膨潤土阻隔牆應力沿深度的分布情形（Li et al., 2015）。因此，在進行土 - 膨潤土配比試驗和現場採集試樣的滲透係數測定時，固結應力宜取 69 kPa，如按照現場採集試

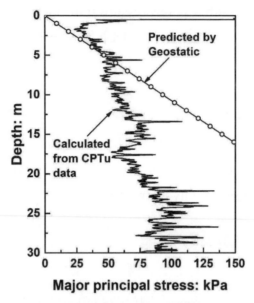

圖 3-14　澳大利亞某土 - 膨潤土阻隔牆現場測試的有效應力沿深度分布及模型預測
　　　　 結果（修改於 Ruffing *et al.*,2015）

樣深度計算的自重應力作為固結應力進行測定會得到偏不保守的滲透係
數結果（即測得的滲透係數數值偏小）。值得注意的是，「拱」效應顯
著減少了土 - 膨潤土阻隔牆的豎向應力，從而使阻隔牆易出現水力劈裂
（hydrofracturing）。

3.3.2　水泥-膨潤土阻隔牆及施工技術

20 世紀 60 年代末，水泥 - 膨潤土隔離牆技術在歐洲（特別是英國）
開始發展，開始時主要應用於壩基、壩體及電廠的地下防滲工程，隨後逐
漸成為歐洲污染場址和一般廢棄物衛生掩埋場地下水污染控制的最主要措
施。

一、水泥-膨潤土配比（mix proportion）設計

在美國，水泥 - 膨潤土通常由占總質量 5% 的膨潤土、15～25% 的水泥和水組成，滲透係數在 $1×10^{-5}$～$1×10^{-6}$ cm/sec 的範圍。在歐洲，水泥 - 膨潤土中通常摻入經磨細的高爐礦渣（ground granulated blast furnace slag）替代部分水泥或添加粉狀煤灰（pulverized fuel ash），滲透係數一般可達到小於 $1×10^{-7}$ cm/sec。

水泥主要指矽酸鹽水泥，通過燒結和研磨二氧化矽和含鈣材料製成。在水泥產品中可能會添加石膏（即二水硫酸鈣，calcium sulfate dihydrate，$CaSO_4 · 2H_2O$），以減少凝結時間。

歐洲國家產的天然膨潤土幾乎都是鈣基膨潤土（calcium bentonite），其工程性能不如鈉基膨潤土（sodium bentonite）。鈣基膨潤土含量為 5～7% 的膨潤土泥漿（即水的品質占 94～98%）不易形成足夠黏度的懸浮液，難以使溝槽開挖掉入溝槽的土粒在泥漿中保持懸浮狀態而不會沉入溝槽底部，相同含量的鈉基膨潤土泥漿則可以。在英國，阻隔牆很少直接採用鈣基膨潤土，通常採用由供應商（而不是在現場）已經採碳酸鈉處理過的鈣基膨潤土，原來膨潤土中的鈣離子以碳酸鈣沉澱，因此鈣基膨潤土被改性為鈉化鈣基膨潤土。但是，碳酸鈉的實際用量通常高於理論計算量，這使得鈉化鈣基膨潤土偏鹼性（pH 值通常為 9～10.5），多餘的碳酸鈉還可能使膨潤土泥漿發生輕微膠凝作用（flocculation），表現出更高的凝膠強度。膨潤土可吸收大量水分從而使水泥 - 膨潤土可保持高含水量而不泌水（bleeding），膨潤土也有助於水泥在水泥 - 膨潤土漿料中保持懸浮狀態，直到初始凝固。

矽酸鹽水泥的鈣含量（通常大於 6%）和石膏含量較高，水泥 - 膨潤土中來自水泥的鈣離子會與鈉基膨潤土的鈉離子進行離子交換，將原來的鈉基膨潤土轉變為鈣基膨潤土。水泥與膨潤土的反應產物是矽酸鈣（calcium silicate）與鋁酸鈣（calcium aluminate）水合物。膨潤土中的蒙脫石黏土會與水泥水化生成的石灰發生反應，X 射線衍射分析表明水泥 -

膨潤土中不再存在膨潤土（或低於檢測極限）。在大氣中的二氧化碳的作用下，水泥 - 膨潤土會發生碳化（carbonation）形成方解石（calcite），隨著時間方解石的數量和結晶度增大；另一方面，水泥 - 膨潤土也會形成火山灰礦物（pozzolanic mineral），將二氧化矽、氧化鋁和鐵（來自膨潤土溶解和礦渣反應）與鈣（來自矽酸鹽水泥水化過程中產生的氫氧化鈣）結合在一起（Evans *et al.*, 2023）。

　　高爐礦渣是高爐熔煉產生的非揮發組分固體廢物，主要含有鈣、矽、鋁、鎂、鐵的氧化物和少量硫化物。為了使其具有水力活動性，高爐礦渣必須在出爐後快速冷卻（即水淬，water quenching），因此不是所有的高爐礦渣均適合用於製備水泥 - 膨潤土。當高爐礦渣被用作水泥的替代材料時，需要研磨至類似於或略細於矽酸鹽水泥的細度，經研磨後高爐礦渣顆粒晶粒介面與晶格缺陷增多，活性增加。與矽酸鹽水泥相比，高爐礦渣具有較高的二氧化矽含量和較低的鈣含量，與矽酸鹽水泥相同的混合速度攪拌時，高爐礦渣不會釋放鈣離子到溶液中，常溫下只加水幾乎不發生反應。因此，高爐礦渣與膨潤土的混合泥漿不會立即硬化和使膨潤土起膠凝作用（flocculation），這與矽酸鹽水泥顯著不同。此外，高爐礦渣與膨潤土混合漿液經常只有少量泌水（bleed）現象，因此高爐礦渣不會損壞膨潤土分散體。然而，單純的高爐礦渣 - 膨潤土混合漿液反應非常緩慢，混合 14～28 天後可能仍具有很高的流動性，但最終將表現出高強度與低滲透性的特性。把磨細高爐礦渣用於水泥 - 膨潤土，可減少泌水、增加強度以及降低滲透係數，同時矽酸鹽水泥中的石灰可引發磨細高爐礦渣的水化反應。因此，用磨細高爐礦渣替代部分水泥已成為英國水泥 - 膨潤土阻隔牆的標準做法。高爐礦渣替代水泥可減少水泥用量，節約水泥生產時能源、資源消耗，減少 CO_2 排放和工業副產品堆積佔用的土地，具有較好的經濟效益與環境效益。

　　粉狀煤灰（簡稱煤灰）是從煤燃燒後的煙氣中收集攔除下來的細灰，是燃煤電廠排出的主要固體廢棄物，主要成分是 SiO_2、Al_2O_3、FeO、Fe_2O_3、CaO 及鎂、鉀、鈉、鈦、硫的氧化物。粉狀煤灰外觀與水泥相

近，顏色在乳白色到灰黑色之間，一般呈暗黑色。煤灰的顏色與含碳量有關，顏色越深，含碳量越高。煤灰顆粒通常比普通矽酸鹽水泥和石灰小，粒徑尺寸為 0.5～300 μm，顆粒呈多孔型蜂窩狀，比表面積較大，具有較高的吸附活性。煤灰是一種人工火山灰質材料，在有水的條件下會與氫氧化鈣發生化學反應，生成具有水硬膠凝性能的化合物。在水泥 - 膨潤土中，添加煤灰不會像高爐礦渣那樣使強度增大或滲透係數減少。煤灰通常作為水泥 - 膨潤土的添加材料，而不是水泥的替代材料。添加煤灰的水泥 - 膨潤土（下文簡稱煤灰 - 水泥 - 膨潤土）通常固體含量明顯高於磨細高爐礦渣替代部分水泥的水泥 - 膨潤土（下文簡稱礦渣 - 水泥 - 膨潤土），從而具有更好的耐乾化特性。此外，煤灰可顯著提高水泥 - 膨潤土在酸性和高硫酸鹽環境下的耐久性，但前提是添加量足夠高（Jefferis, 2012）。

水泥 - 膨潤土最常見的配比是 30～60 kg 的膨潤土、200～350 kg 的水泥及水製成 1 m³ 漿料；礦渣 - 水泥 - 膨潤土常見的配比是 30～60 kg 的膨潤土、120～200 kg 的磨細高爐礦渣與水泥混合物及水製成 1 m³ 漿料，其中磨細高爐礦渣對水泥的替代率約 60～80%；煤灰 - 水泥 - 膨潤土常見的配比是 30～60 kg 的膨潤土、300～500 kg 的粉煤灰與水泥混合物及水製成 1 m³ 漿料（Jefferis, 2012）。水泥 - 膨潤土漿料典型配比的各原料含量見表 3-1。水泥 - 膨潤土的特點之一是漿料的含水量（water content，水的重量／固體乾重）高達 400%～500%，含固率（磨細高爐礦渣或煤灰、水泥、膨潤土的乾重之和／水泥 - 膨潤土漿料總重）低，約在 20～25% 範圍內；與土 - 膨潤土有較大差別，土 - 膨潤土的含水量一般在 25～35%，含固率在 70% 左右。

磨細高爐礦渣對水泥的替代量通常取 60～80%。當磨細高爐礦渣對水泥的替代量小於 60% 時，磨細高爐礦渣對水泥 - 膨潤土的強度影響較小。當替代量大於 60% 時，水泥 - 膨潤土的強度會顯著增加。值得注意的是，強度過大對阻隔牆來說並不理想，因為當周圍地層變形時則容易發生開裂失效。當磨細高爐礦渣對水泥的替代量在 60～80% 時，水泥 - 膨潤土的滲透係數通常比未加磨細高爐礦渣的水泥 - 膨潤土低超過一個數量

表 3-1

水泥 - 膨潤土漿料典型配比的各原料含量（USEPA, 1984）	
原料	原料重量在總重量中的占比
膨潤土	4～7%
水	68～88%
水泥 　　無磨細高爐礦渣替代、添加煤灰 　　磨細高爐礦渣替代水泥，最小含量 　　煤灰添加，最小含量	 8～25% 1～3 2～7%
磨細高爐礦渣（如果使用），最大含量	7～22%
煤灰（如果使用），最大含量	6～18%

級。當替代量大於 80% 時，水泥 - 膨潤土的滲透係數基本不隨替代量增大而減小。若想提高水泥 - 膨潤土的耐化學腐蝕性，一般是將粉煤灰作為添加材料，而不是水泥的替代材料。加入大量粉煤灰不會顯著降低水泥 - 膨潤土的滲透性和提高強度。有研究顯示與礦渣 - 水泥 - 膨潤土相比，粉煤灰 - 水泥 - 膨潤土表現出更好的抗乾化能力。

　　一般來說，較高的水泥含量會增加水泥 - 膨潤土的強度，較低的膨潤土含量會使水泥 - 膨潤土滲透性變大。阻隔牆工程應先採取配比試驗，以確定水泥、膨潤土含量及磨細高爐礦渣對水泥的替代量或粉煤灰添加量，以滿足工程所需要的水泥 - 膨潤土滲透性與強度要求。採用磨細高爐礦渣替代水泥或添加粉煤灰，會使水泥 - 膨潤土漿料的凝結時間延長，漿料具有更長時間的流動性與工作性（workable），會使水泥 - 膨潤土漿料的黏度和凝膠強度變小，形成濾餅（filter cake）能力降低。

　　值得注意的是，不同生產商生產的或同一生產商不同時間生產的水泥或膨潤土性質可能不同，因此應對擬選用的水泥與膨潤土進行特性測試以及配比試驗，以確定該產品是否滿足工程要求。在水泥 - 膨潤土阻隔牆溝槽開挖時，部分水泥 - 膨潤土漿料會隨開挖的土料一起被移除廢棄，因此水泥 - 膨潤土漿料的實際用量會比溝槽的體積多 40% 左右。

水泥 - 膨潤土漿料混合完成後會在幾個小時內開始凝固，添加緩凝劑可延緩凝固，改善漿料的工作性，使漿料可被泵壓送到更長的距離，從而減少攪拌站數量、降低施工成本。此外，延緩水泥 - 膨潤土漿料凝固有利於漿料滲入周邊地層的裂縫或孔隙中，因而提高阻隔牆長期使用性能。添加緩凝劑前，設計規劃和現場工程師應考慮緩凝劑是否會對水泥 - 膨潤土阻隔牆的長期使用性能產生潛在的不利影響。木質素磺酸鹽（lignosulfonate）是一種常見的緩凝劑，可減少水泥 - 膨潤土漿料中水的用量而保持相同的流動性。

二、水泥-膨潤土工程特性

1. 滲透係數

典型配比的水泥 - 膨潤土阻隔牆（即按重量計，含量 5～6% 的膨潤土，含量 18% 的水泥），現地滲透係數一般為 $1 \times 10^{-5} \sim 1 \times 10^{-6}$ cm/sec，含量 2.5～7.5% 磨細高爐礦渣的水泥 - 膨潤土滲透係數可降低至 $1 \times 10^{-6} \sim 1 \times 10^{-7}$ cm/sec，幾乎不透水。圍壓（受限壓力，confining pressure）對水泥 - 膨潤土滲透係數有較大影響，有研究顯示圍壓從 40 kPa 增至 200 kPa，水泥 - 膨潤土滲透係數下降 5 倍。現場水泥 - 膨潤土阻隔牆取樣滲透係數測試顯示，隨著取樣深度的增加，滲透係數呈減小的趨勢。室內試驗也顯示，礦渣 - 水泥 - 膨潤土滲透係數在前 3 年隨著時間降低一個數量級左右，隨後至 11 年保持不變（Joshi et al., 2010）。

2. 力學性能

水泥 - 膨潤土的無側限抗壓強度（unconfined compressive strength）會隨齡期（age）增大而增長，而且在初期增長較快（見圖 3-15）。英國要求 28 天齡期的水泥 - 膨潤土無側限抗壓強度不小於 100 kPa（UKICE, 1999）。典型配比的水泥 - 膨潤土 28 天無側限抗壓強度為 69～138 kPa（BOR, 2014），長期無側限抗壓強度一般不大於 345 kPa。礦渣替代率為 86% 的礦渣 - 水泥 - 膨潤土無側限抗壓強度在 28 天齡期時為 200～500

kPa，90 天齡期時為 600～1000 kPa，90 天后基本保持不變（Soga *et al.*, 2013）。礦渣 - 水泥 - 膨潤土無側限抗壓試驗的破壞應變通常小於 2%，水泥 - 膨潤土阻隔牆通常能承受百分之幾的應變而不致於產生裂縫。因此，水泥 - 膨潤土阻隔牆在強度與彈性方面與周圍土層有較好的相容性。

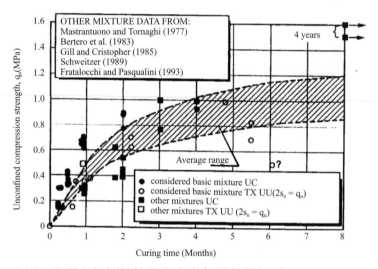

圖 3-15　水泥 - 膨潤土無側限抗壓強度與齡期的關係（Manassero *et al.*, 1995）

　　上述力學性能測試採用的無側向抗壓強度試驗是一種破壞性試驗，每次試驗時試樣均會被破壞，無法對同一個試樣進行隨齡期變化的持續測試。若測定齡期、配比等因素對水泥 - 膨潤土強度的影響規律需要製備大量試樣，而且測試結果通常變異性較大。屬於無損檢測（不破壞試樣）的彎曲元件法（bender element）可持續測試同一水泥 - 膨潤土試樣的剪切速度（Joshi, 2009），結果顯示礦渣 - 水泥 - 膨潤土的力學性能取決於齡期（見圖 3-16）和圍壓。

　　由於含水量高（達 300～500%）、孔隙比大（void ratio，孔隙的體積／固體材料的體積），水泥 - 膨潤土具有較高的壓縮性。有試驗測試結果顯示，礦渣 - 水泥 - 膨潤土（膠結材料含量 15%，75% 的礦渣替代率）的壓縮指數（compression index）為 0.97，回彈指數（recompression

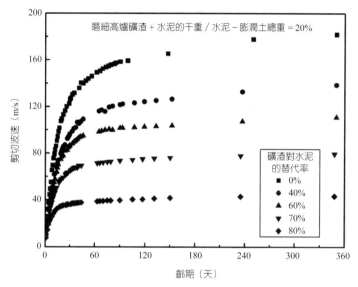

圖 3-16 水泥 - 膨潤土不同齡期的剪切波速

index）為 0.10（Opdyke *et al.*, 2005）。

3.耐久性

在水的滲透作用下，石灰（氫氧化鈣，calcium hydroxide）會從水泥 - 膨潤土中滲出，從而降低水泥 - 膨潤土的 pH 值，使矽酸鈣水合物變得不穩定，導致石灰進一步釋放，轉變成鈣與二氧化矽比值較低的材料，直到所有的鈣被去除，僅殘留水化的二氧化矽。研究顯示石灰的滲出損失會削弱水泥 - 膨潤土的膠結結構，從而導致試樣變形，然而該過程會使試樣的滲透係數顯著減小（即使在較低的圍壓下）。

在含有重金屬污染物的地下水滲透作用下，水泥 - 膨潤土的 pH 值較高時，多數重金屬污染物會沉澱而被固定；然而，石灰的滲出降低了水泥 - 膨潤土的 pH 值，重金屬污染物可能會被重新釋放。含硫酸鹽（sulfate）的地下水滲透下，會在水泥 - 膨潤土內生成膨脹相材料，如鈣礬石（ettringite）和矽灰石膏（thaumasite），使水泥 - 膨潤土產生膨脹。在一定圍壓約束下，膨脹相材料只在水泥 - 膨潤土內部膨脹，使結構發生

一定的軟化,而不會使水泥-膨潤土體積顯著增大,因此,此現象導致滲透係數增加得相當有限。值得注意的是,生成針狀的鈣礬石可能使水泥-膨潤土裂開(Jefferis, 2012)。一些污染溶液,例如一般廢棄物掩埋場的垃圾滲出水(leachate of municipal solid waste landfill)持續滲漏下,金屬與碳酸鹽(carbonate)等成分在水泥-膨潤土中富含的鹼性-石灰(alkaline-lime)的環境下會沉澱,從而可能使水泥-膨潤土的滲透係數降低。目前,有機污染物對水泥-膨潤土的影響研究還很少。苯胺滲透會造成土-膨潤土滲透係數增大4個數量級(Evans et al., 1985b),但試驗結果顯示水泥-膨潤土在苯胺的滲透下滲透係數增大幅度(1個數量級以內)顯著小於土-膨潤土(Evans et al., 2006)。

　　將現場地下水作為製備水泥-膨潤土的用水,可作為水泥-膨潤土與污染物反應的較好指標。以現場的溶液進行滲透試驗以測試水泥-膨潤土的耐久性最為可靠,但一般需要較長的時間(整個試樣達到反應完全可能需要數年)。浸泡試驗(immersion test)可快速顯示溶液(如硫酸鹽溶液)對水泥-膨潤土的潛在影響,可以也可作為篩選配比的測試方法。由於浸泡溶液的反應物(reactive species)可能被消耗或從水泥-膨潤土中溶解的物質可能在溶液裡達到飽和,因此浸泡溶液應當經常更換。

　　周邊地層產生變形時,水泥-膨潤土阻隔牆可能會出現裂紋。然而,水泥-膨潤土這樣的水泥基材料具有一定的自癒(self-healing)能力,原因是碳酸鈣沉澱和水泥膠結相進一步水化／遷移。值得一提的是,土-膨潤土具有很好的塑性,因此在抵抗周邊地層變形方面,土-膨潤土阻隔牆的整體表現優於水泥-膨潤土阻隔牆。

三、水泥-膨潤土泥漿現場製備

　　水泥-膨潤土漿料的現場製備主要分為兩步:製備膨潤土泥漿與將水泥及礦渣或粉煤灰加入膨潤土泥漿中。在英國,一般採用高速膠態剪切混合機(high-speed colloidal shear mixer)將膨潤土與水混合攪拌形成膨潤土泥漿,膨潤土水化4～24個小時,再將水泥及礦渣或粉煤灰加入膨

潤土泥漿，並採用低剪切能攪拌機（low-energy mixer）攪拌。在美國，採用高速膠態剪切混合機攪拌膨潤土泥漿時，一般沒有額外的膨潤土水化時間；採用低剪切能混合機攪拌膨潤土泥漿時，一般採用水化池或水化罐來給與膨潤土有足夠的水化時間。有研究顯示，與低速剪切混合機製備的水泥 - 膨潤土相比，高速剪切混合機製備的水泥 - 膨潤土泌水率更低，對乾化更敏感，凝固後滲透係數更低、無側限抗壓強度更高。為了獲得更佳的性能，宜在加入水泥之前將膨潤土充分水化。也有研究顯示，不提前水化的膨潤土所製造的水泥 - 膨潤土滲透係數比提前水化的膨潤土制得的水泥 - 膨潤土大 1～2 個數量級（Jefferis, 2012），此結果顯示提前水化更有利於阻絕牆的阻水效應。值得注意的是，在混合機中放置 3 小時以上的水泥 - 膨潤土漿料不得用於填充溝槽。

四、泥漿溝槽開挖與成牆

　　水泥 - 膨潤土阻隔牆連續式溝槽開挖施工與土 - 膨潤土阻隔牆類似。水泥 - 膨潤土阻隔牆溝槽開挖時，將製備好的新鮮水泥 - 膨潤土泥漿注入溝槽中，即能達到防止溝槽側壁地層坍塌的護壁作用，溝槽開挖完成後，水泥 - 膨潤土在溝槽中硬化而直接形成阻隔牆，而不像土 - 膨潤土阻隔牆那樣需要空間來混合破碎土料和回填牆體材料，因此水泥 - 膨潤土阻隔牆的施工方法被稱為「一階段（one-phase）」法（土 - 膨潤土阻隔牆為「兩階段（two-phase）」法施工）。為了保證阻隔牆的連續性，每天開工繼續開挖溝槽時，應在整個溝槽深度範圍內嵌入前一天施工的水泥 - 膨潤土牆體內 0.5 m 以上（UKICE, 1999）。水泥 - 膨潤土漿料 1 天後的強度仍然偏低，用開挖設備可較容易地將前一天施工的水泥 - 膨潤土牆體挖去一部分。採用端部止擋管或止擋板（stop-end tube/plate）作為成牆的終點時，待水泥 - 膨潤土初凝後拔出端部止擋管或止擋板，新開挖的溝槽也應嵌入舊的牆體內 0.5 m 以上。

　　水泥 - 膨潤土阻隔牆也可採用分段板塊法施工。首先開挖一組間隔長度為 3～6 m 的主機板塊溝槽，待主機板塊溝槽中的水泥 - 膨潤土初凝後，

再開挖每兩個主機板塊之間的次板塊溝槽，次板塊溝槽兩端嵌入兩側主機板塊 60～90 cm。分段板塊法施工可用於建築物、交通幹道、重要管線與河道等敏感區域段的施工。

值得注意的是，不含礦渣和粉煤灰的水泥 - 膨潤土阻隔牆開挖之後在 2～3 小時內會開始凝固，24 小時內再持續擾動會降低水泥 - 膨潤土的凝固能力，48 小時內再持續擾動會使水泥 - 膨潤土完全無法凝固。以礦渣替代水泥有利於減小擾動對凝固的影響。另外，水泥 - 膨潤土阻隔牆溝槽開挖時在溝槽側壁形成濾餅（filter cake）的滲透係數在 10^{-6}～10^{-5} cm/sec 的範圍，顯著大於土 - 膨潤土阻隔牆溝槽側壁的濾餅（約 10^{-9} cm/sec）。

當溝槽開挖到設計深度後，應採用可提舉移除礫石、鵝卵石能力的氣昇泵清理溝槽底部。少量開挖土料仍留在溝槽中的水泥 - 膨潤土漿料裡，一般認為不會顯著改變水泥 - 膨潤土的滲透和強度特性。水泥 - 膨潤土阻隔牆溝槽挖出的土料不會被重新利用，需運到其他地方處置。

水泥 - 膨潤土阻隔牆泥漿溝槽開挖施工的其他要求，可參考土 - 膨潤土阻隔牆泥漿溝槽開挖施工要求。

五、阻隔牆頂部處理

水泥 - 膨潤土阻隔牆頂部表面在硬化時會發生收縮、沉降、泌水和龜裂。一般要求收縮和泌漿不大於 10%，龜裂的裂縫深度不大於 30 cm。水泥 - 膨潤土硬化後，應去除牆體頂部表面積水，挖除開裂深度內的頂部牆體，再填充新混合的水泥 - 膨潤土漿料，最後施工頂蓋，頂蓋的施工要求可參考土 - 膨潤土阻隔牆。

六、水泥-膨潤土回填料品質檢測

水泥 - 膨潤土阻隔牆施工過程中，應從溝槽各個深度處取樣，測試材料組成級配，檢測是否有粗顆粒在漿料凝固之前沉至溝槽底部，避免卵石殘留於底部導致溝槽底部出現滲透係數過大的現象。另外，採用模具將溝槽各個深度處所取得的水泥 - 膨潤土漿料製成試樣，在現場高濕度

條件下養護一定時間（至少 14 天）後，再送至室內進行抗壓強度和滲透係數等工程特性測試。模具可採用直徑 100 mm、長 300 mm 的 PVC 管（UKICE, 1999），兩端加蓋子。英國要求施作面每 1000 m^2 的阻隔牆進行至少 2 個強度試驗（試樣尺寸直徑 100 mm、長 200 mm，載入應變速率爲 0.1%/min）和 2 個滲透試驗（試樣尺寸直徑 100 mm、長 100 mm，有效圍壓 100 kPa，滲透水力梯度 10～20）測試，測試結果要求不少於 80% 試樣滲透係數需小於 1×10^{-7} cm/sec，不少於 95% 試樣小於 1×10^{-6} cm/sec，無試樣大於 5×10^{-6} cm/sec（UKICE, 1999）。有條件或有其他特定要求時，水泥 - 膨潤土阻隔牆牆體材料滲透係數測試採用現場壓水試驗（packer test）或自鑽孔滲透儀（self-boring permeameter）測試（Joshi *et al.*, 2010）。

七、水泥-膨潤土與土-膨潤土的比較

水泥 - 膨潤土阻隔牆與土 - 膨潤土阻隔牆差別見表 3-2。

■ 表 3-2

礦渣 - 水泥 - 膨潤土與土 - 膨潤土阻隔牆比較（修改於 Opdyke et al., 2005）		
要素	礦渣 - 水泥 - 膨潤土	土 - 膨潤土
阻隔牆材料原料	磨細高爐礦渣、水泥、膨潤土	土、膨潤土
固體含量	～20%	～70%
滲透係數	$<1 \times 10^{-7}$ cm/sec（90 天後）	$<1 \times 10^{-7}$ cm/sec
無側限抗壓強度	> 100 kPa（28 天後）	～0
破壞應變	脆性（無側限抗壓破壞應變 < 2%）	塑性
可承受水力梯度	33～50	13.3～20
時間依賴性	1 天內初凝，完全水化 90 天以上	固結
施工步驟	一階段	兩階段
作業空間需求	小（漿料製備場地）	大（泥漿與回填料製備場地）
材料評估要求	滲透係數、強度、破壞應變、相容性	滲透係數、相容性

3.3.3 其他阻隔牆技術

目前工程應用最廣泛的阻隔牆是前述的土-膨潤土阻隔牆與水泥-膨潤土阻隔牆，接著介紹其他阻隔牆技術，包括近年發展的複合阻隔牆，以及工程應用相對較少的深層攪拌阻隔牆、噴射注漿阻隔牆與板樁阻隔牆。

一、複合阻隔牆

複合隔離牆始於 1980 年代左右，複合隔離牆是指插入溝槽的相互連接的地工合成材料與回填的土-膨潤土或在溝槽中硬化的水泥-膨潤土相互組合的阻隔牆結構。簡言之，複合隔離牆就是在土-膨潤土或水泥-膨潤土阻隔牆中插入 HDPE（high density polyethylene，簡稱 HDPE）地工膜。絕大多數複合隔離牆工程採用的地工合成材料是 HDPE 地工膜（geomembrane）。由於複合阻隔牆是由多種防滲材料組合構成，防滲和耐化學性能通常優於土-膨潤土阻隔牆或水泥-膨潤土阻隔牆，特別適用於污染負荷高（如污染物種類多或濃度高、pH 值極端、複合型污染等）的污染場址。

HDPE 地工膜具有極低的「滲透性」。這裡 HDPE 地工膜的「滲透性」不是指類似土-膨潤土或水泥-膨潤土的水力滲透係數，水或溶液只能以蒸氣形態擴散（diffusion）穿透 HDPE 地工膜，測試方法可參照美國 ASTM E96 的水蒸氣穿透速率（water vapor transmission rate）法。對於 2.5 mm 厚的 HDPE 地工膜，水蒸氣穿透速率的典型值爲 0.006 $g/m^2 \cdot d$，該值轉換爲等效的達西（Darcy）滲透係數約爲 1×10^{-13} cm/sec（Koerner, 2012），可以形容成不透水。當液體以蒸氣的形式吸附到地工膜中之後，進入聚合物結構並在非晶相（amorphous phase）內擴散，穿過地工膜後再冷凝爲液體。可以說，水幾乎無法穿過完整無缺陷的 HDPE 地工膜。但是，值得注意的是，有些溶劑的蒸氣穿透速率高於水，但總體來說數值也非常小。

　　大量的測試結果顯示，HDPE 地工膜的耐化學能性良好，與掩埋場、廢物堆置堆、礦石堆的滲出水（leachate）都具有很好的相容性（compatibility）。目前，美國 80～90% 的市鎮一般廢棄物掩埋場、有害事業廢棄物掩埋場、各種廢棄物堆置堆和廢水污水塘均採用 HDPE 地工膜作為底部襯墊材料，一般認為低放射性廢棄物不會引起 HDPE 地工膜破壞性降解。HDPE 地工膜還具有很好的耐久性，美國地工合成材料研究所（Geosynthetic Research Institute）的試驗結果顯示，HDPE 地工膜的抗氧化劑消耗時間在 50～150 年，半衰期為 200～750 年，埋在地下的 HDPE 地工膜的使用壽命預計可達到 1000 年以上（Koerner *et al.*, 1990）。

　　複合阻隔牆一般採用 2～3 mm 厚度的 HDPE 地工膜，厚度大於大多數掩埋場底部襯墊（liner）和覆蓋（cover）所用的 HDPE 地工膜（一般是 1.5～2 mm）。複合阻隔牆的施工方法主要有挖溝機安裝法（trenching machine installation method）、振動插入板框法（vibrated insertion plate method）、泥漿護壁安裝法（slurry supported installation method）、分段式溝槽框架法（segmented trench box method）與振動梁法（vibrated beam method）（Koerner *et al.*, 1995）。以下介紹最常用的泥漿護壁安裝法，其他方法請參考 Koerner 等（Koerner *et al.*, 1995）。

　　泥漿護壁安裝法首先開挖泥漿溝槽，然後採用鋼框架把地工膜片（panel）插入設計深度，並通過重物將地工膜片保持在最終位置或將地工膜片插入底部土層，地工膜片之間採用鎖扣（interlock）連接形成連續的垂直向地工膜平面，最後用土 - 膨潤土等回填溝槽。鎖扣一般也是 HDPE 材料，可熱熔焊接在 HDPE 地工膜片的邊緣。根據鎖扣的設計要求，鎖扣與地工膜的焊接部位的強度應大於地工膜本身的強度，且鎖扣互鎖連接的強度應比兩片地工膜之間的焊接強度更大。如溝槽開挖時採用水泥 - 膨潤土護壁，則不需要回填這一施工步驟。泥漿護壁安裝法通常可施工深度 30 m 以內的複合阻隔牆，少數工程施工深度超過了 40 m。

　　泥漿護壁安裝法中鋼框架安裝地工膜片時，通常兩個鋼框架交替使

用。首先，用吊車將固定了第一塊地工膜片的鋼框架插入泥漿溝槽中；其次，將固定了第二塊地工膜片的鋼框架提升到離開地表距離，並將第二塊地工膜片邊緣的半邊鎖扣口與第一塊地工膜片邊緣的半邊鎖扣口對準；然後，將固定了第二塊地工膜片的鋼框架插入泥漿溝槽直至底部，同時將第二塊地工膜片邊緣的半邊鎖扣插入第一塊地工膜片邊緣的半邊鎖扣，地工膜片插入過程中在鎖扣腔室中同時跟進插入吸水膨脹性的親水密封條（hydrophilic gasket）；最後，將第一塊地工膜片從鋼框架下解除下來，撤回鋼框架並重新使用。重複上述安裝過程，直至完成安裝所有地工膜片。地工膜片安裝過程應注意避免石塊、堅硬地層等損壞地工膜。

　　地工膜安裝也可採用機械輥代替鋼框架，該方法可解決安裝過程中風力對固定了地工膜片的鋼框架吊裝穩定性的影響，安裝更大寬度（可大於20 m）的 HDPE 地工膜片。操作時，將裝有地工膜卷的機械輥放置在溝槽旁，地工膜從機械輥上連續展開，向下插入泥漿溝槽中。HDPE 地工膜的比重（～0.94）小於溝槽中泥漿的比重（1.10～1.25），因此安裝地工膜時需在地工膜片底部固定重物（如預製的混凝土條塊）或施加外力，以克服 HDPE 地工膜受到的來自泥漿的浮力。

　　由於 HDPE 土工膜「滲透性」極低、耐久性良好，水和污染物很難穿透未破損的 HDPE 地工膜，因此複合阻隔牆的性能主要取決於地工膜片之間鎖扣連接處的品質。目前，地工膜片之間鎖扣有三種類型，即親水密封條鎖扣（hydrophilic gasket interlock）、灌漿鎖扣（grouted interlock）和焊接鎖扣（welded interlock）。

　　親水密封條鎖扣的兩個半邊鎖扣可較緊密的接合，現場安裝地工膜時在鎖扣凹槽中插入吸水膨脹性的親水密封條（hydrophilic gasket），必須保證密封條從地表一直穿到已放置的地工膜片的底部。親水密封條大多數是親水聚合物（hydrophilic polymer）和橡膠（氯丁二烯（chloroprene）或氯丁橡膠（neoprene））配製而成，遇水後親水密封條可自由膨脹至原體積的 5～8 倍，從而填滿鎖扣凹槽空隙，而使溶液無法穿過鎖扣。

　　工程實務上的結果顯示，複合阻隔牆深度在 20 m 以內時，較能確保

地工膜片之間鎖扣連接處的施工品質；但是，當複合阻隔牆深度超過 20 m 時，容易出現鎖扣無法插入到底部或兩側鎖扣脫開的問題，因此當設計深度較大的複合阻隔牆時需要考慮施工品質能否滿足設計要求。

　　地工膜片半邊鎖扣是否從地表一直插入到前一塊地工膜片半邊鎖扣底部，可用一個簡單而有效的方法檢驗（Michelangeli, 2007）。切割與待安裝的地工膜片半邊鎖扣相同的一小段半邊鎖扣作爲「檢測器」，在「檢測器」上鑽孔並繫上一根長度大於溝槽深度的繩子。在待安裝的地工膜片的半邊鎖扣插入相鄰地工膜片的半邊鎖扣之前，先把「檢測器」插入相鄰地工膜片的半邊鎖扣。這樣，「檢測器」就位於正在安裝的地工膜片的半邊鎖扣的下方。隨著正在安裝的地工膜片下降，「檢測器」也沿著相鄰地工膜片的半邊鎖扣軌道不斷下降。當安裝的土工膜片下降到與相鄰地工膜片同樣深度時，「檢測器」就會脫離軌道，可通過繩子把「檢測器」提升到地表。如果此時系在「檢測器」上的繩子下降距離等於溝槽深度，即顯示該地工膜片安裝到了設計深度，而且相鄰兩塊地工膜片的鎖扣從地表到底部插接完好；如果系在「檢測器」上的繩子下降距離小於溝槽深度而無法進一步下降時，表明地工膜片沒有安裝到設計深度；如果「檢測器」沒有到設計深度就脫離軌道而可提升到地表，則顯示相鄰兩塊地工膜片的半邊鎖扣已分離而造成「檢測器」提前脫離（Michelangeli, 2007）。

　　灌漿鎖扣則是通過在鎖扣腔室中灌注漿料，而使鎖扣形成水密性連接。灌注漿料時，一般採用泵加壓使漿料沿著鎖扣腔室通道向下流動，到達鎖扣底部後流入相鄰腔室，最後回流到鎖扣頂面。漿料可是任何流動性的材料，如水泥 - 膨潤土或各種聚合物。焊接鎖扣是通過現場焊接將土工膜片連接起來形成完全縫合的系統，目前這種方法還處於研究階段（Koerner et al., 1995）。

　　值得一提的是含滲漏檢測層的雙層 HDPE 地工膜複合阻隔牆，在溝槽的兩側各安裝一層 HDPE 地工膜，地工膜之間用砂填充並設置監測井，或者地工膜 - 地工網 - 地工膜複合結構作爲獨立的單元安裝（Koerner et al., 1995）。

二、深層攪拌阻隔牆

深層攪拌（deep soil mixing）是上世紀五十年代開始使用的一種基地處理方法，採用攪拌設備將水泥等添加劑注入地下，並在現地與土攪拌混合來改善土的工程特性，如提高強度、降低壓縮性和滲透性。對於場址的土壤含有足夠水分的情況，可用壓縮空氣將乾水泥噴入地下再與土壤攪拌混合。深層攪拌阻隔牆通常將膨潤土加入水泥漿來減小混合土的滲透性。深層攪拌阻隔牆宜採用三軸攪拌設備施工，並以重疊板塊（overlapping panel）方式實現阻隔牆的連續性。深層攪拌隔離牆的滲透係數一般為 $1 \times 10^{-6} \sim 1 \times 10^{-5}$ cm/sec。但是，深層攪拌通常很難保證土壤與漿料攪拌混合充分和均勻，不同部位滲透性可能存在較大差異，甚至局部出現漿料不足或攪拌混合不夠均勻的高滲透性「窗口（window）」，運作使用時污染物容易隨著地下水從這些「窗口」處滲漏，因而導致阻隔牆在短期內失效。

近年發展的溝槽切割混合攪拌深牆（trench cutting re-mixing deep wall, TRD）技術也是將土壤與水泥等添加劑在現地攪拌混合，但該技術可顯著提升攪拌混合的充分性和均勻性。隨著履帶式設備底座沿阻隔牆軸線方向的水平移動，轉動的鏈鋸可切割土層，並帶動切割下來的土壤與溝槽中的漿料垂直向運動，達到充分混合和攪拌的目的。該技術施工的阻隔牆均勻性和連續性較好，滲透係數通常為 $1 \times 10^{-7} \sim 1 \times 10^{-6}$ cm/sec，低於深層攪拌阻隔牆。另外，該技術設備可根據不同類別場地土而更換鏈鋸上的切削齒。

三、噴射注漿阻隔牆

噴射注漿（jet grout）通過鑽機鑽孔把帶有噴嘴的注漿管插至土壤層的預定位置，再採用高壓設備使漿液（通常是水泥漿）以高壓射流的方式從噴嘴中噴射出來衝擊破壞土壤結構，土壤在噴射流的衝擊力等作用下與漿液混合，漿液與土壤凝固後形成具有一定強度和滲透性的土柱。噴射注漿阻隔牆通常採用旋轉噴射方式施工，形成圓柱型的土柱，並且圓柱型土柱

之間有足夠厚度的重疊區，以保證阻隔牆的連續性和具有一定的有效厚度。

　　噴射注漿阻隔牆的現地滲透性可達到很低。但是，如果沒進行試驗來評估水灰比（water-cement ratio）和噴射參數，很難預測實際所得的滲透性。不像其他類型阻隔牆可通過室內製備試樣來合理評估回填料的現地滲透性，噴射注漿阻隔牆的滲透性必須通過鑽孔取芯試樣的室內測試來獲得可靠的結果。因爲在噴射注漿施工之前很難預測實際水泥土中噴漿混合成分的比例。值得注意的是，與深層攪拌阻隔牆類似（可能更嚴重），噴射注漿阻隔牆不同部位的滲透性可能存在較大差異，容易有高滲透性的局部「視窗」，而有滲水的現象。

四、板樁阻隔牆

　　板樁（sheet pile）作爲滲漏攔截與結構支撐在土木工程中已廣泛應用。板樁材料主要包括鋼材、柔性的乙烯基（vinyl）材料、鋼性的加固聚合物複合材料（reinforced polymer composite）、纖維加固材料（fiber reinforced material）等。鋼板樁是最常用的板樁，具有較高的強度和抗彎性能，在安裝時可承受錘擊荷載。不同生產商的板樁具有不同的形狀和接頭，以及彈性模量（modulus of elasticity）、剪切模量（shear modulus）等力學特性。

　　板樁阻隔牆的性能主要取決於板樁之間接頭處的防滲性能。板樁接頭的常用處理方法是採用吸水膨脹性的親水密封條（hydrophilic gasket）放入板樁接頭的凹槽處，當板樁安裝後親水密封條接觸地下水膨脹達到防漏作用。板樁接頭也可採用黏土基漿液（clay based grout）、水泥基漿液（cement based grout）或聚合物灌注密封。板樁阻隔牆施工現場見圖3-17。

圖 3-17 板樁阻隔牆（台塑公司）

3.4 覆蓋技術

覆蓋（cover 或 capping）是設置在廢棄物掩埋場或污染土頂部表面的結構層（見圖 3-18），主要起到以下幾個用途：(1) 防止或減少雨水或冰雪融水入滲進入污染場址，因而減少污染水的總量；(2) 防止雨水地表徑流夾帶污染物質進入鄰近的承受水體；(3) 控制廢棄物含有的或產生的氣體外逸而污染大氣；(4) 防止風將污染性物質或揚塵吹散；及 (5) 防止人或野生動物直接接觸危險性的污染性物質。

覆蓋系統的設計或選擇主要取決於以下因素：(1) 污染物的種類和濃度；(2) 污染場址的規模；(3) 污染場址集水區所彙集的降雨量；(4) 土地未來的利用計畫。按功能區分，覆蓋系統可主要分為低滲透性層（low hydraulic conductivity layer）、導水層（drainage layer）、植被層（vegetation layer）、導氣層（gas vent layer）等，各層的功能和材料性能要求可參考 USEPA（1991）。

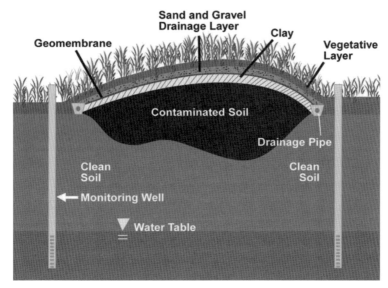

圖 3-18　廢棄物填埋場或污染土的覆蓋技術示意圖（USEPA, 2012）

　　低滲透性層主要用於防止雨水進入下面的污染性物質，一般由壓實黏土襯墊（滲透係數不大於 1×10^{-5} cm/sec）與地工膜（如 HDPE 地工膜）複合組成，其中壓實黏土可用地工合成材料黏土墊層（geosynthetic clay liner）替代。導水層主要用於減少入滲的雨水與下面低滲透性層的接觸時間來減少雨水進入下面的污染物質，其材料通常是砂土或礫石或地工排水材料（滲透係數不小於 1×10^{-2} cm/sec 以利於排水）。植被層主要用於導排表面逕流和防止表層土壤的侵蝕，並提供植被生長所需的土壤層，一般厚度不小於 60 cm。導氣層主要用於導排下面的污染性物質含有的或產生的氣體，其材料通常是粗顆粒的孔隙材料（如礫石）或地工網狀材料。

　　在美國，對於一般廢棄物掩埋場（municipal solid waste landfill）覆蓋系統的最低設計要求，可參考 RCRA Subtitle D（40 CFR 258.60）；對於有害事業廢棄物掩埋場（hazardous waste landfill）（或是封閉掩埋場），覆蓋系統可參考 RCRA Subtitle C（40 CFR 264 和 265）。近年，出現了替代型土質覆蓋（alternative earthen final cover），也被稱為蒸散覆蓋層（evapotranspiration cover），其設計理念不是基於傳統的以低

滲透性層防止雨水穿過覆蓋進入下面的污染物質掩埋區,而是基於「存水」,即在降雨時段吸收並存儲雨水,在非降雨時段通過自然蒸發作用將存儲的水分釋放回大氣環境,通過這樣的存儲 - 釋放實現水分的動態迴圈。單層蒸發型覆蓋和毛細阻滯蒸發型覆蓋的概念設計見圖 3-19,蒸發型覆蓋的詳細介紹可參考 USEPA(2011)。

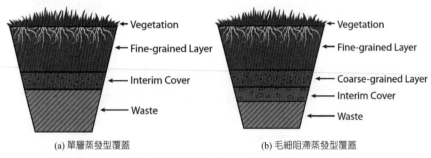

(a) 單層蒸發型覆蓋 　　　　　　(b) 毛細阻滯蒸發型覆蓋

圖 3-19 蒸發型覆蓋概念設計(USEPA, 2011)

3.5 掩埋場滲出水的阻絕圍封規範

有關於掩埋場滲出水的阻絕設施,依環境部「廢棄物清理法」第 36 條所制定的「事業廢棄物貯存清除處理方法及及設施標準」,將衛生掩埋法定義為:指將一般事業廢棄物掩埋於以不透水材質或低滲水性土壤所構築,並設有滲出水、廢氣收集處理設施及地下水監測裝置之掩埋場之處理方法。而封閉掩埋法則定義為:指將有害事業廢棄物掩埋於以抗壓及雙層不透水材質所構築,並設有阻止污染物外洩及地下水監測裝置之掩埋場之處理方法。此二種掩埋設施均著重於以不透水材質(一般是採 HDPE)及以低滲水性土壤構築一阻絕系統,以將滲出水阻絕,並加以收集處理的設施,以避免滲出水持續滲漏而污染土壤與地下水。也因此,「事業廢棄物貯存清除處理方法及及設施標準」第 19 條第 1 項第 6 款中說明,須依掩埋場周圍之地下水流向,於掩埋場上下游各設置一口以上監測井,以監測是否有滲出水滲漏而污染了地下水。

　　「事業廢棄物貯存清除處理方法及及設施標準」第 34 條中規定一般事業廢棄物若採衛生掩埋法處理時，該掩埋場之底層及周圍應以透水係數低於 10^{-7} cm/sec，並與廢棄物或其滲出液具相容性，厚度 60 cm 以上之砂質或泥質黏土或其他相當之材料做為基礎，及以透水係數低於 10^{-10} cm/sec，並與廢棄物或其滲出液具相容性，單位厚度 0.2 cm 以上之人造不透水材料做為基礎。「事業廢棄物貯存清除處理方法及及設施標準」第 38 條中則規定有害事業廢棄物若採封閉掩埋法處理時，則封閉掩埋場之周圍及底部設施，應以具有單軸抗壓強度 245 kg/cm^2 以上，厚度 15 cm 以上之混凝土或其他具有同等封閉能力之材料構築。而掩埋面積每超過 50 m^2 或掩埋容積超過 250 m^3 者，應予間隔，其隔牆及掩埋完成面以具有單軸抗壓強度 245 kg/cm^2、壁厚 10 cm 以上之混凝土或其他具同等封閉能力之材料構築。封閉掩埋場底層，應以透水係數低於 10^{-7} cm/sec，並與廢棄物或其滲出液具相容性，厚度 60 cm 以上之砂質或泥質黏土或其他相當之材料做為基礎，及以透水係數低於 10^{-10} cm/sec，並與廢棄物或其滲出液具相容性，單位厚度 0.2 cm 以上之人造不透水材料做為襯裡。「事業廢棄物貯存清除處理方法及及設施標準」第 38 條中也規定有害事業廢棄物若採封閉掩埋法處理時，封閉掩埋場也可以採另一替代作為，即以連續三層設施，阻絕滲出水的擴散。此連續三層的阻絕系統為掩埋場底層及周圍設施覆以透水係數低於 10^{-7} cm/sec、厚度 90 cm 之黏土，再覆以單位厚度 0.076 cm 以上雙層人造不透水材料為底層。中層須覆以透水係數大於 10^{-2} cm/sec、厚度 30 cm 以上之細砂、碎石或其他同等材料並設置滲出液偵測及收集設施，再覆以透水係數低於 10^{-7} cm/sec、厚度 30 cm 黏土層。此連續三層的阻絕系統主要是以堅固且具低透水性的底層為基礎，基礎層的上方則是設置高透水層（透水係數大於 10^{-2} cm/sec、厚度 30 cm 以上之細砂、碎石的收集設施），中層設置的主要目的是假設其上層的阻水層失效時，可以有效收集排除滲出水，避免滲出水持續往下入滲。而最上層仍是以阻絕滲出水擴散為目的（透水係數低於 10^{-7} cm/sec、厚度 30 cm 黏土層）。

　　「事業廢棄物貯存清除處理方法及及設施標準」第 39 條則規定有害事業廢棄物採封閉掩埋法處理，封場時對覆土則另有規定，以有效阻絕雨水入滲，減少滲出水量。封閉掩埋場終止使用時，應先覆以厚度 15 cm 砂質或泥質黏土，再覆蓋透水係數低於 10^{-10} cm/sec、單位厚度 0.2 cm 以上之人造不透水材料及厚度 60 cm 以上之砂質或泥質黏土，並予壓實。此覆土系統的主要目的是以雙重阻絕設施（透水係數低於 10^{-10} cm/sec 以及厚度 0.2 cm 以上之人造不透水材料），以有效的阻絕雨水入滲，以降低滲出水量，並降低貯存系統內的水位與總滲出水量，而降低滲出水的擴散傳輸潛勢。

　　對於一般廢棄物（家庭垃圾）而言，廢棄物採衛生掩埋處理時，一般廢棄物回收清除處理辦法」第 29 條則要求，掩埋場底層及周圍應以透水係數低於 10^{-7} cm/sec，並與廢棄物或其滲出水具相容性，厚度 60 cm 以上之黏土質、皀土或其他具相同阻水功能之地工材料組合做爲基礎，及以透水係數低於 10^{-10} cm/sec，並與廢棄物或其滲出水具有相容性，厚度 0.2 cm 以上之人造不透水材料做爲襯裡。衛生掩埋場終止使用時，應覆蓋厚度 50 cm 以上之砂質、泥質黏土、皀土或具相同阻水功能之地工材料組合等阻水材料，覆蓋砂石者，並予以壓實。壓實後，平坦面坡度爲 1% 以上，斜面坡度爲 30% 以下，並應綠化植被。衛生掩埋場封場時，最終覆土的主要目的也是有效的降低雨水入滲。「事業廢棄物貯存清除處理方法及及設施標準」第 32-1 條第 2 項第 2 款，對掩埋場的封場復育作業的規定中，要求掩埋場封場時須完成最終覆土、排水工程與植被復育，該條文的主要目的即是減少雨水入滲。

　　不論是一般廢棄物或是事業廢棄物，若是擬以掩埋法處理，其共同的關鍵是需有效的阻絕滲出水的滲漏，避免污染土壤與地下水。所以，掩埋場底層及周圍需以低透水係數的壓密土壤，以及以低透水性的人造不透水材料（主要是 HDPE）爲基礎，並設置滲出水收集處理系統，以有效阻絕圍堵滲出水的擴散傳輸。而掩埋場封場時則須完成最終覆土、排水工程與植被復育，即是減少雨水入滲，也因此降低了滲出水的產量與污染擴散潛勢。

參考文獻

1. BOR, Design Standard No. 13-Embankment Dams, U.S. Department of the Interior. (2014).

2. Chen, G. N., Cleall, P. J., Li, Y. C., Yu, Z. X., Ke, H. and Chen, Y. M., Decoupled advection-dispersion method for determining wall thickness of slurry trench cutoff walls. Int J Geomech, 18 (5) (2018)

3. D'Appolonia, D. J., Soil-bentonite slurry trench cutoffs[J]. Journal of the Geotechnical Engineering Division, ASCE, 106(4): 399-417 (1980).

4. Devlin, J. F. and Parker, B. L., Optimum hydraulic conductivity to limit contaminant flux through cutoff walls. Ground Water, 34 (4), 719-726 (1996).

5. Evans, J. C., Costa, M. J., and Cooley, B., The state-of-stress in soil-bentonite slurry trench cutoff walls[C]// Geoenvironment 2000: Characterization, Containment, Remediation, and Performance in Environmental Geotechnics, ASCE, Geotechnical Specialty Publication, New York, NY, 1173-1191 (1995).

6. Evans, J.C., Fang, H.Y., and Kugelman, I. J., Containment of hazardous materials with soil-bentonite slurry walls. Proc., 6th Nat. Conf. on Management of Uncontrolled Hazardous Waste Sites, Washington, D.C., 369-373 (1985a).

7. Evans, J. C., Fang, H.Y., and Kugelman, I. J., Organic Fluid Effects on the Permeability of Soil-Bentonite SlurryWalls, Proceedings of the National Conference on Hazardous Wastes and Environmental Emergencies, Cincinnati, OH, May, 267–271 (1995b).

8. Evans, J. C., Larrahondo, J. M. and Yeboah, N. N., Fate of bentonite in slag–cement–bentonite slurry trench cut-off walls for polluted sites. Environmental Geotechnics, 10(5):319-331 (2023).

9. Evans, J. C. and Opdyke, S. M., Strength, Permeability, and Compatibility of Slag-Cement-Bentonite Slurry Wall Mixtures for Constructing Vertical Barriers, Proceedings of the 5th International Conference on Environmental Geotechnics, Cardiff, Wales, June 26–30, Thomas Telford Publishing, UK. (2006)

10. Filz, G.M., Consolidation stresses in soil-bentonite back-filled trenches. Proc., 2nd

Int. Congress on Env. Geotechnics, M. Kamon, Ed., Osaka/Japan, 497-502 (1996).

11. Jefferis, S., Cement-bentonite slurry systems. Grouting and Deep Mixing, 1-24 (2012).

12. Joshi, K. Long-term engineering performance and in-situ assessment of cement-bentonite cut-off walls, PhD dissertation, University of Cambridge, (2009).

13. Joshi, K. Kechavarzi, C., Sutherland, K., Ng, M. Y. A., Soga, K. and Tedd, P., Laboratory and in situ tests for long-term hydraulic conductivity of a cement-bentonite cutoff wall. Journal of Geotechnical and Geoenvironmental Engineering, 136 (4), 562-572 (2010).

14. Koerner, R. M. Designing with Geosynthetics. 6th Edition. Xlibris Corporation, (2012)

15. Koerner, R. M., Halse, Y. H., and Lord, A. E., Long-term durability and aging of geomembrane. Waste Containment Systems: Construction, Regulation and Performance. ASCE, 106-134 (1990).

16. Koerner, R. M. and Guglielmetti J. L., Vertical barriers: geomembranes, Assessment of Barrier Containment Technologies, A Comprehensive Treatment for Environmental Remediation Applications, Rumer R. R., Mitchell J. K., Baltimore, Maryland, International Containment Technology Workshop, 95-118 (1995).

17. Li, Y. C., Cleall, P. J., Wen, Y. D., Chen, Y. M. and Pan Q., Stresses in soil-bentonite slurry trench cutoff walls. Géotechnique, 65 (10):843-850 (2015).

18. Li, Y. C., Tong, X., Chen, Y., Ke, H., Chen, Y. M., Wen, Y. D. and Pan, Q., Non-monotonic piezocone dissipation curves of backfills in a soil-bentonite slurry trench cutoff wall. Journal of Zhejiang University-Science A, 19(4):277-288 (2018).

19. Li, Y. C., Wei, L., Cleall, P. J. and Lan, J. W., Rankine theory based approach for stability analysis of slurry trenches. International Journal of Geomechanics-ASCE, 18 (11):06018029 (2018).

20. Manassero, M., Fratalocchi, E., Pasqualini, E., Claudia, S. and Verga, F., Containment with vetical cutoff walls. Proc. Geoenvironment – 2000, Geotechnical special publication 46, ASCE, New Orleans, 1142–1172 (1995).

21. Marchiori, A., Li, Y., and Evans, J. Design and Evaluation of IoT-Enabled Instrumentation for a Soil-Bentonite Slurry Trench Cutoff Wall. Infrastructures, 4, 5 (2019).

22. Michelangeli, A. Curtain Walls for Reclamation of Contaminated Soil, Conference of the Safe Landfill-Securing Landfill and Contaminated Sites with Plastics, SKZ (2007).

23. Millet, R. A. and Perez, J. Y. J., Current USA practice: Slurry wall specifications. Geotech Engng Div ASCE, V107, NGT8, Aug, P1041–1056 (1981).

24. Ogata, A. and Banks, R. B., A solution of the differential equation of longitudinal dispersion in porous media. U. S. Geological Survey Professional Paper 411-A 1961, A1-A9.

25. Opdyke, S. M. and Evans, J. C., Slag-cement-bentonite slurry walls. Journal of Geotechnical and Geoenvironmental Engineering, 131 (6), 673-681 (2005).

26. Ruffing, D. G., Evans, J. C. and Ryan, C. R., Strength and stress estimation in soil bentonite slurry trench cutoff walls using cone penetration test data. In Proceedings of the international foundations congress and equipment expo (eds M. Iskander, M. T. Suleiman, J. B. Anderson and D. F. Laefer), geotechnical special publication no. 256, pp. 2567–2576. Reston, VA, USA: American Society of Civil Engineers (2015).

27. Soga, K. Joshi, K. and Evans, J. C., In Cement bentonite cutoff walls for polluted sites, Coupled Phenomena in Environmental Geotechnics, Torino, Italy, Manassero, M.; Dominijanni, A.; Foti, S.; Musso, G., Eds. Taylor & Francis Group: Torino, Italy, pp 149-165 (2013).

28. Tong, X., Li, Y. C., Ke, H., Li, Y, and Pan, Q., In situ stress states and lateral deformations of soil-bentonite cutoff walls during consolidation process. Canadian Geotechnical Journal, 57(1):139-148 2020).

29. UKICE, Specification for the construction of slurry trench cut-off walls: As barriers to pollution migration, Thomas Telford, (1999).

30. USBOR, Design Standard No. 13-Embankment Dams, U.S. Department of the Interior (2014).

31. USEPA, Slurry Trench Construction for Pollution Migration Control, (1984).

32. USEPA, Design and Construction of RCRA/CERCLA Final Covers, (1991).

33. USEPA, Permeable Reactive Barrier Technologies for Contaminant Remediation, (1998).

34. USEPA, Evaluation of Subsurface Engineered Barriers at Waste Sites, (1998).

35. USEPA, Fact Sheet on Evapotranspiration Cover Systems for Waste Containment, (2011).

36. USEPA, Citizen's Guide to Cleanup Technologies Series 7 Vertical-- Engineered Barrier, (2012).

37. USEPA, Citizen's Guide to Capping, (2012).

38. van Genuchten, M. T. Alves, W. J., Analytical solutions of the one-dimensional convective-dispersive solute transport equation. Technical bulletin no. 1661 (1982).

39. Xanthakos, P. P., Slurry walls as structural systems. McGraw Hill: New York, (1994).

40. 錢學德，朱偉，徐浩青等，填埋場和污染場地防滲屏障設計與施工（上冊），2017，科學出版社。

41. 錢學德，朱偉，徐浩青等，填埋場和污染場地防滲屏障設計與施工（下冊），2017，科學出版社。

污染土壤固化與穩定化處理技術

吳培堯、宋倫國、張書奇、程淑芬

4.1 名詞定義

固化（solidification）及穩定化（stabilization）兩個學術名詞常用於不同科學領域，如材料、醫學、食品、電機、氣象、土木及環工等，本章所述及的固化及穩定化係指應用於環工領域，若未特別註明，尤指應用於土壤污染整治的處理方式。

4.1.1 固化技術

在污染土壤中加入固化劑（solidifying reagent），此固化劑與污染土壤反應及硬化，形成一固定形體（固化體），且具有下述效果：(1) 增加此固化體的抗壓強度（compression strength），及 (2) 減少此固化體的滲透性（permeability）。

此處固化劑係指會使污染土壤硬化成固化體之添加劑，是物理特性的展現，此添加劑可以是一種或多種物質（如水泥、石灰、飛灰及瀝青等），而不特別強調過程中是否有化學反應產生。

4.1.2 穩定化技術

在污染土壤中加入化學藥劑（chemical reagent）或熔融技術，與污染物、藥劑或土壤常見基本成分（如鐵、矽、錳、鋁等）產生化學作用，

使污染物在土壤中達到下述效果：(1) 降低污染物移動性（mobility），及 (2) 降低污染物毒性（toxicity）。

此處化學藥劑係指會與污染物產生化學作用的添加劑，此添加劑可以是一種或多種化合物（如石灰、飛灰、矽酸鹽、磷酸鹽、硫化物及螯合劑等），因其可使污染物形成穩定而不易釋出的狀態，亦常稱之為穩定劑（stabilizing reagent）。

4.2 固化法與穩定化法概述

4.2.1 固化法與穩定化法運用於廢棄物與土壤上的區別

固化及穩定化技術原本是運用在廢棄物處理的領域，因其具經濟性，故廣為使用。須注意的是，此類技術基本上僅限制或降低污染物的移動或降低其毒性，無法將污染物去除，故經處理後之廢棄物仍須做妥善的最終處置，以免污染環境。承襲廢棄物處理的經驗，此類技術現今也廣泛應用於污染土壤的處理上，然而兩者在本質上仍有所不同，如下所述：

一、廢棄物的基本成分多變，而土壤的基本成分為砂及土，故在技術的選用上，除了考量污染物的特性外，其基質不同所造成的影響亦須注意。

二、廢棄物的有害程度係以污染物毒性特性溶出（toxicity characteristic leaching）的高低來判定，經處理後的廢棄物須達到一定的處理標準，例如以 TCLP 評估，此標準仍以污染物毒性溶出為主要考量；而土壤的污染程度係以污染物總量的高低來判定，土壤經處理後因污染物的總量不變，故處理標準須另行建立。

4.2.2 固化法與穩定化法彼此在應用上的區別

　　雖然定義上有明顯的不同，但在廢棄物或土壤的應用上，因我們常將固化及穩定化技術混雜使用，故在稱謂上，有時難以就字面上了解其實際使用的技術。進一步的說，穩定化法比較能單獨實施，但有時爲求更佳效果也會添加固化劑，此時固化劑亦參與化學反應；至於固化法，因爲固化劑對污染物難有化學上的穩定效果，故實施上往往添加化學劑，以達到降低污染物移動的效果。綜合上述，因爲固化及穩定化技術常混雜使用，故在稱謂上，其眞正要表達的是該處理技術所欲達到的標準，有別於嚴格的學術名詞定義。應用上，當我們稱污染改善計畫擬採用固化法，其欲表達的是該計畫的驗收標準爲固化法的相關標準；同理，亦適用於穩定化法。

4.3 固化法規標準及建議

　　固化法應用於廢棄物處理上，在國內有完善的法規標準，即有害事業廢棄物經固化後須同時符合物理特性（單軸抗壓強度）及化學特性（毒性特性溶出程序溶出標準，TCLP）兩項要求，詳表 4-1。經處理後的有害事業廢棄物得以一般廢棄物的處置方式做最終處置，一般爲送至衛生掩埋場掩埋。國內土壤污染相關法規，對於污染土壤的定義，爲污染物在土壤中所佔的總量濃度超過管制標準值，而非毒性特性溶出濃度之高低。因此，固化法應用在污染土壤上，雖在污染物移動上有顯著的效果，亦即毒性溶出濃度大幅降低，但在法規要求的污染物總量濃度上，卻僅有因添加固化劑而造成的稀釋效果，即污染物的總質量不變，但濃度卻因添加固化劑被稀釋而降低。

■ 表 4-1

有害事業廢棄物採固化處理相關法規及標準

一、相關法規

法規名稱：事業廢棄物貯存清除處理方法及設施標準

修正日期：112.11.01

第 41 條

1. 經固化法處理後之固化物，採衛生掩埋法處理者，其固化物之單軸抗壓強度，應在十公斤／平方公分以上。

2. 有害事業廢棄物採固化法、穩定法或其他經中央主管機關公告之處理方法處理者，應採封閉掩埋法或衛生掩埋法處置。採衛生掩埋者，除第三十七條另有規定外，應符合有害事業廢棄物認定標準附表四之毒性特性溶出程序（TCLP）溶出標準，並應獨立分區掩埋管理。

二、相關標準

法規名稱：有害事業廢棄物認定標準

修正日期：109.02.21

毒性特性溶出程序（TCLP）溶出標準，詳如表 4-1 有害事業廢棄物採固化處理相關法規及標準（2/2）

分析項目	英文名稱	溶出試驗標準（毫克／公升）
一、農藥污染物		
（一）有機氯劑農藥	Organic Chloride pesticides	〇·五
（二）有機磷劑農藥	Organic Phosphorous pesticides	二·五
（三）氨基甲酸鹽農藥	Carbamates pesticides	二·五
二、有機性污染物		
（一）六氯苯	Hexachlorobenzene	〇·一三
（二）2,4- 二硝基甲苯	2,4-Dinitrotoluene	〇·一三
（三）氯乙烯	Vinyl chloride	〇·二
（四）苯	Benzene	〇·五
（五）四氯化碳	Carbon tetrachloride	〇·五

■ 表 4-1

有害事業廢棄物採固化處理相關法規及標準（續）		
（六）1,2- 二氯乙烷	1,2-Dichloroethane	○‧五
（七）六氯 -1,3- 丁二烯	Hexachlorobutadiene	○‧五
（八）三氯乙烯	Trichloroethylene	○‧五
（九）1,1- 二氯乙烯	1,1-Dichloroethylene	○‧七
（十）四氯乙烯	Tetrachloroethylene	○‧七
（十一）2-（2,4,5 三氯酚丙酸）	2-(2,4,5-TP) (Silvex)	一‧○
（十二）2,4,6- 三氯酚	2,4,6-Trichlorophenol	二‧○
（十三）硝基苯	Nitrobenzene	二‧○
（十四）六氯乙烷	Hexachloroethane	三‧○
（十五）吡啶	Pyridine	五‧○
（十六）氯仿	Chloroform	六‧○
（十七）1,4- 二氯苯	1,4-Dichlorobenzene	七‧五
（十八）2,4- 二氯苯氧乙酸	2,4-Dichlorphenoxyacetic Acid	一○‧○
（十九）苯	Chlorobenzene	一○○‧○
（二十）五氯酚	Pentachlorophenol	一○○‧○
（二十一）總甲酚	Cresol	二○○‧○
（二十二）丁酮	Methyl ethyl ketone	二○○‧○
（二十三）2,4,5- 三氯酚	2,4,5-Trichlorophenol	四○○‧○
三、有毒重金屬		
（一）汞及其化合物（總汞）	Mercury and Mercury compounds	○‧二
（二）鎘及其化合物（總鎘）	Cadmium and Cadmium compounds	一‧○
（三）硒及其化合物（總硒）	Selenium and Selenium compounds	一‧○
（四）六價鉻化合物	Hexavalent chromium	二‧五
（五）鉛及其他合物（總鉛）	Lead and Lead compounds	五‧○
（六）鉻及其化合物（總鉻）（不包含製造或使用動物皮革程序所產生之廢皮粉、皮屑及皮塊）	Chromium and Chromium compounds	五‧○

▊ 表 4-1

有害事業廢棄物採固化處理相關法規及標準（續）		
（七）砷及其化合物（總砷）	Arsenic and Arsenic compounds	五・○
（八）銀及其化合物（總銀）（僅限攝影沖洗及照相製版廢液）	Silver and Silver compounds	五・○
（九）銅及其化合物（總銅）（僅限廢觸媒、集塵灰、廢液、污泥、濾材、焚化飛灰或底渣）	Copper and Copper compounds	一五・○
（十）鋇及其化合物（總鋇）	Barium and Barium compounds	一○○・○

　　值得一提的是，經固化處理後之廢棄物，仍須送往衛生掩埋場掩埋。衛生掩埋場係一個受到控制的環境，在運作得宜下，廢棄物與世隔絕，所衍生的二次污染物（如滲出水），仍可得到妥善處理。同理，經固化處理後之污染土壤，可依據其所處現地的環境條件，訂定某種污染物溶出標準，真實呈現對環境的危害性與潛在風險，以取代污染物總量的概念。

4.4 技術簡介

4.4.1 固化機制

　　為能成功的將固化法應用於污染土壤處理，首先須了解相關的物理及化學機制，成功的固化應用，常出現以下一種或多種機制：

一、巨匣限（macroencapsulation）：污染土壤被匣限在一個較大的固化形體中，亦即污染土壤存在且固定於固化劑的孔隙，一旦固化體的形體受到破壞，污染物可能從固化體中釋出。

二、微匣限（microencapsulation）：污染土壤被匣限在一個微觀的固化
　　體晶格中，即使固化體受到破壞，污染物因被晶格限制住而不易釋
　　出，但若破壞程度加劇，暴露面積增加，污染物的釋出會隨之增加。

三、吸收（absortion）：添加的固化劑可吸收污染土壤中的水分，以達到
　　形成固形物的目的。

四、吸附（adsorption）：污染物與固化劑（或化學劑）產生化學鍵結並
　　被固定於固化體內，此作用包括凡德瓦爾力及氫鍵結所造成的表面現
　　象，為污染物不易被釋出的重要機制。

五、沉澱（precipitation）：污染物與固化劑（或化學劑）產生更穩定的
　　化合物沉澱並固定於固化體內，此類沉澱物多為氫氧化物、硫化物、
　　矽酸鹽、碳酸鹽及磷酸鹽等。

六、去毒（detoxification）：污染物與固化劑（或化學劑）反應後，污染
　　物從高毒性物質轉變成另一個無毒性（或毒性較低）物質的機制。最
　　常見的是於固化前，加入氯化亞鐵或硫酸亞鐵等還原劑，將高毒性的
　　六價鉻還原成低毒性的三價鉻。

4.4.2 穩定化機制

　　為有效的將穩定化法應用於污染土壤處理，首先須了解其基本機
制，成功的穩定化應用，常出現以下一種或多種機制：

一、氧化還原反應

　　氧化還原反應是在反應前後，藉由電荷的轉移，使得污染物質的氧化
數具有相應的升降變化的化學反應。這種反應可以拆解成兩個半反應，即
氧化反應和還原反應。此類反應都遵守電荷守恆，在氧化還原反應裡，氧
化與還原必然以等量電荷同時進行。氧化反應指還原劑失去電子，電價上
升；而還原反應是指氧化劑得到電子，電價下降。亦可由下列簡式表示：

還原劑 + 氧化劑 → 氧化產物（氧化數升高）+ 還原產物（氧化數降低）

　　一般來說，同一反應中還原產物的還原性比原還原劑弱，氧化產物的氧化性比原氧化劑弱。換言之，氧化劑得到電子，電價降低，會「消耗」自己的氧化能力將還原劑氧化，本身則被還原。而還原劑則失去電子，電價升高，會「消耗」自己的還原能力將氧化劑還原，本身則被氧化。

　　在氧化還原反應的表現，無機物的氧化還原反應表現為一種元素與其他元素化合比例發生了變化。有可變價態的金屬元素，其高價態離子一般有氧化性，低價態離子一般有還原性。如重鉻酸根（Cr(VI)）、鐵離子（Fe(III)）等是氧化劑，二價錫離子、二價釩離子等是還原劑。

二、高溫熔融

　　高溫熔融技術顧名思義，即是利用高達 1400～1600℃的高溫使欲處理之污染物質玻璃化，成為玻璃體之熔岩塊。由於此類產物具有相當穩定之化學特性，因此玻璃化的產物在環境中的溶出特性低，常被視為一種重金屬污染物的穩定化處理方法。

4.4.3 固化方法

　　固化法在應用上必須添加固化劑以達到物理強度需求（高抗壓強度及低滲透性），因待處理的污染物載體是土壤，故一般只要添加足量的固化劑，應都可達到此目的。至於要減少污染物的移動（滲出）及毒性，雖然添加固化劑亦有此效果，但一般需額外添加化學劑以達成目標。化學劑一般多於固化前先行加入，與污染土壤充分混合反應後，才進行固化程序。考量經濟性及效能性，固化法多應用在重金屬污染土壤，主要有水泥（cement）固化及石灰 / 飛灰（lime/fly ash）固化兩種，分別介紹如下。

一、水泥固化法

　　水泥固化法係以水泥做爲固化劑的固化方法，水泥爲整個處理過程中主要的添加劑，其餘添加劑（固化劑或化學藥劑）則視需要另行酌量添加。最常見的水泥是波特蘭水泥（Portland cement），波特蘭一名源自於英國波特蘭島出產與此水泥成分及外觀相似的岩石，此類水泥原料爲石灰石（含 $CaCO_3$）、黏土（含 SiO_2 及 Al_2O_3）及石膏（$CaSO_4$），水泥是水硬性膠結材料，加水後會發生水合（hydration）反應，形成 $CaO \cdot Al_2O_3 \cdot SiO_2 \cdot H_2O$ 晶狀結構，逐漸凝結及硬化。式（4-1）爲水泥水合反應的主要過程，其中反應最迅速的是 Al_2O_3，爲放熱反應且決定了水泥最初形體，再者是（SiO_2）的反應，會產生矽膠纖維，但過程緩慢，需較長的時間養生（curing）。此外，因大量的 $Ca(OH)_2$ 產生，致使固化物成鹼性（LaGrega, et al., 1994）。圖 4-1 爲重金屬污染物在水泥水合反應過程中的表現示意圖，重金屬在鹼性環境中易形成氫氧化物沉澱，因而侷限於固化體內（Christensen, et al., 1979）。

$$3CaO \cdot Al_2O_3 + 6H_2O \rightarrow 3CaO \cdot Al_2O_3 \cdot 6H_2O + Heat \qquad （4\text{-}1）$$

$$2(3CaO \cdot SiO_2) + 6H_2O \rightarrow 3CaO \cdot 2SiO_2 \cdot 3H_2O + 3Ca(OH)_2 \qquad （4\text{-}2）$$

$$2(2CaO \cdot SiO_2) + 4H_2O \rightarrow 3CaO \cdot 2SiO_2 \cdot 3H_2O + Ca(OH)_2 \qquad （4\text{-}3）$$

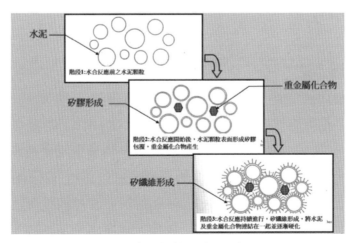

圖 4-1　水泥固化進程與污染關係物示意圖（Christensen *et al.*, 1979）

就固化配比而言，土壤（濕基）：水泥：水常用的範圍為 (1)：(0.1～0.3)：(0.1～0.3)，水泥量視所要求的固化效果而定，水量則視土壤本身的濕潤度、水泥量及工作度而定。有時為節省水泥用量，可於水合反應時添加其他固化劑（如飛灰），或添加化學藥劑（如無機類可溶性的碳酸鹽、矽酸鹽、磷酸鹽、硫化物或有機類的螯合劑等），形成更多及更穩定的重金屬化合物。

二、石灰／飛灰固化法

石灰／飛灰固化法係以石灰及飛灰兩種添加劑做為固化劑的固化方法，其餘添加劑（固化劑或化學藥劑）則視需要另行酌量添加。石灰（CaO）是由石灰石鍛燒而得，也是水泥中主要的成分，但非水硬性膠凝材料，具強鹼性，在固化的應用上甚少單獨使用。飛灰此處係指火山灰、水泥窯灰或煤灰，因含有 SiO_2 與 Al_2O_3，會與石灰拌水反應後產生似水泥般的硬性物質，學術上稱飛灰等此類含 SiO_2 與 Al_2O_3 的材料為波索蘭（Pozzolan）材料，此種類似水泥水合反應的過程則稱為波索蘭反應。

水泥固化法與石灰／飛灰固化法無論在材料基質、反應機制及效果上皆類似，本章以下對於固化之介紹皆以水泥固化為例，至於實際應用時，材料的經濟性及便利性往往為方法選用的主要考量。

4.4.4　穩定化方法

一、還原劑穩定法

對於土壤中常見的重金屬污染物中，六價鉻（Cr(VI)）屬於強氧化劑，六價鉻可藉由降低氧化價數成為三價鉻（Cr(III)）之產物，達成降低溶解度及生物毒性的目的。化學還原的原理是將地下水中較高毒性的六價鉻經還原劑的作用而轉化成低毒性的三價的氫氧化鉻（Cr(OH)₃），氫氧化鉻的水溶解度極低（pH 6 時約 0.05 ppb），很容易被含水層中的鐵或錳氧化物吸附固定，因而達到整治的效果。這種將地下水或土壤中的六價

鉻轉換成三價鉻的整治觀念已經是國外目前的主要整治方法。

二、高溫熔融法-紅磚

以污染土壤製作之磚產品為一般常見之紅磚，而紅磚的製造原料以黏土為主，亦可能添加少量泥岩、頁岩，或經濟部公告可直接再利用之淨水污泥等，因此，利用紅磚燒成窯處理污染土壤之方式，係以污染土壤替代原有部分黏土原料，經混合攪拌（調整含水率與黏土含量）、擠壓成磚坯後，先進入預熱段（烘乾窯）降低含水率，避免磚坯於燒製過程中破裂，再進入燒成段以 950～1,050℃之高溫燒製，經冷卻後產製紅磚產品。

三、高溫燒結法-水泥

污染土壤作為水泥原料之再利用，係將污染土壤取代部分原有製程添加之黏土源，摻配比例約 6～10%（依土壤性質調整），因此，在原料混合階段，土壤中之污染物質已經過適當之稀釋（至少 10 倍以上），隨後經水泥窯約 1,400～1,500℃之高溫，使重金屬等污染物質與石灰石、鐵原料等達到緻密化，產製水泥產品。

由於水泥窯之污染防治設備主要為處理製程中之粉塵逸散，因此，用於處理污染土壤時，對於無法於高溫過程中破壞之重金屬（如汞易揮發），或易揮發之有機物，恐無法藉由原有之空污防治設備有效收集處理，可能須增設廢氣收集處理等設備，含有此類污染物質之污染土壤若擬做為水泥原料進行再利用，則須評估其原有空污防治設備的適宜性，尤其是對重金屬物質的逸出控制。

四、高溫燒結法-骨材（陶粒）

臺灣以污染土壤製成骨材之再利用方式，類似製作水泥或紅磚之製造程序，皆以高溫（約 1,000～1,200℃）將污染物破壞，並以空氣污染防制系統收集廢氣後再行處理。臺灣此套設備即為處理淨水污泥、污染土壤等廢棄物而設置，其污染防治設備已妥善考量廢氣或易揮發氣體之收集，因

此可以處理石油類之污染土壤。

此外，因骨材須達到孔隙多且質輕之特性，原料須包含氧化矽（SiO_2）、氧化鋁（Al_2O_3）等易膨脹發泡之物質，因此，污染土壤係以摻配方式與原料混合後進行處理，而土壤中之污染物質亦透過適當之稀釋，即類似污染土壤作為水泥原料之再利用方式。

4.4.5 固化物特性

廢棄物或污染土壤固化的一個重要目的，是為了要維持固定的形體，同時降低污染物釋出的可能性，以下就污染土壤固化物的物理特性（形體特徵）及化學特性（污染物釋出）分別說明。

一、物理特性

一般從字面上常誤以為土壤固化物應如混凝土般的堅固，可達很高的物理強度，其實不然，雖都添加了水泥（或其他固化劑），但土壤固化物與混凝土的構成內容有基本的不同，如表 4-2 所示。混凝土由水泥、石（粗骨材）、砂（細骨材）加上水，拌合而成，其中水泥扮演膠結角色，而石及砂提供所需要的強度，品質可預期且穩定。一般土壤中含有少量的卵礫石，但粒徑不一且數量不足，對於固化物強度的貢獻有限，至於砂量

■ 表 4-2

典型混凝土與土壤固化物配比比較表			
	混凝土	土壤固化物	備註
成分	水泥：石：砂：水 = 1：2.8：2.2：0.5	水泥：土壤＊：水 = 1：5：1（or 0.2：1：0.2） ↓ 水泥：石：砂：土：水 = 1：0.5：3.5：1：1	土壤＊=（石：砂：土） = 0.1：0.7：0.2

註：1.＊為乾基

及土（比砂粒徑還小的粉土及黏土）量則太多，不利於強度上的表現，加上土壤中的雜質（污染物、雜物、腐植質等）多，以致土壤固化物的物理強度及可預期性都遠低於混凝土。

1. 抗壓強度

單軸抗壓強度（uniaxial compression test or unconfined compression test）係使用在凝聚性土壤無圍壓縮強度的試驗，採鑄模試體或鑽心試體皆可。試體為圓柱體，直徑與高度比一般採 1：2，亦即常見直徑 5 cm 及高度 10 cm 的小試體。固化物在品質管理上，一般採鑄模試體，土壤固化後立即鑄模，再於特定的養生日數（如二、三、七日等）後拆模測定，如圖 4-2 所示。在實場驗收上，則難免要用鑽心試體，於土壤固化物上直接鑽心採樣，再予以測定。

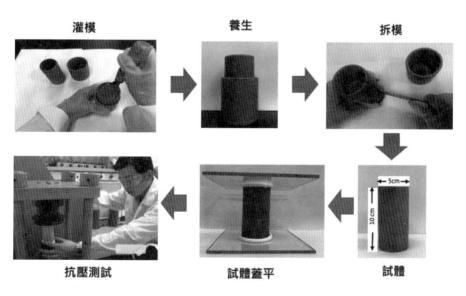

圖 4-2　固化物抗壓試體製作流程圖

土壤固化後抗壓強度的高低，取決於土壤本身的特性及水泥添加量，對土壤固化物抗壓強度有利的因素為：水泥添加量高、土壤含適當砂石比例與土壤含雜質少。應用在結構體上的混凝土，一般抗壓強度要高

於 210 kg/cm²（1 kg/cm² = 14.2 psi）。相對上，土壤固化物的抗壓強度約5～60 kg/cm²，對先天條件不佳的土壤，只能靠增加水泥量（或其他固化劑），以達到強化的目的。

2. 密度變化

密度在此係指總體密度（bulk density），為濕潤土壤重量與包含土壤氣、固及液態三相的總體積的比值。污染土壤一般位於地表的淺層，現地密度約 1.5～1.8 kg/m³，水泥密度約 1.5 kg/m³，土壤固化後的總體密度因加入的水泥量及水量而異，一般約 1.6～2.0 kg/m³，相較於土壤之原現地密度增量有限。以極端數值為例，原土壤現地密度 1.6 kg/m³，固化後密度 2.0 kg/m³，密度的增量為 25%。美國 EPA Superfund 技術評估文獻顯示（USEPA, 1990），採用特定化學藥劑之固化／穩定化法，總體密度會增加 25～41%，因其未揭露相關基本資料，此數據僅供參考。混凝土因添加粗骨材（石料固相密度 2.6 kg/m³），密度較高，約 2.2～2.4 kg/m³，非土壤固化後可達到的數值。

值得一提的是，若固化物長時間暴露於大氣中（如於地面上養生），部分未參與水泥水合反應之添加水會逐漸蒸發，以致整體質量及密度降低（因體積不變）。圖 4-3 為在實驗室中，特定土壤固化後，置於充分暴

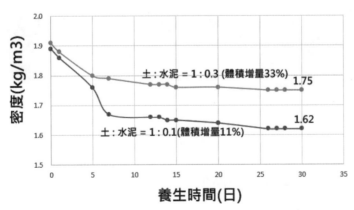

圖 4-3　實驗室中土壤固化物密度隨養生時間變化趨勢（可寧衛股份有限公司實驗室，2019）

露的環境裡養生，密度的變化趨勢圖。圖中顯示土壤加入 10% 或 30% 水泥，固化物的初始密度皆約 1.9，體積增量分別爲 11% 及 33%，水份逐漸蒸發後，密度分別趨近 1.62 及 1.75 kg/m^3。此現象是部分可逆的，實場中，若固化物最終所處的環境會常態性接觸到水，固化物仍會吸收水分，密度因而增加。

3. 質量變化

土壤固化後，整體質量的增加與添加的物料數量成正相關，以土壤（濕基）：水泥：水爲 1：0.2：0.2 的配比爲例，固化後的土壤整體質量增量爲 40%，此處並未考量若於暴露環境下養生時，所發生的水分蒸散。若土壤本身濕潤度適中（含水率 10～20%），固化時水泥及水的添加量各約爲土壤濕基的 10～30%，也就是整體質量可增加 20～60%。

4. 體積變化

固化的主要的目的之一，爲形成固定的形體，土壤於固化後時因添加固化劑及水，在質量及體積上勢必增加。美國 EPA Superfund 技術評估文獻顯示（USEPA, 1990, 1991），採用不同特定化學劑之固化／穩定化法，總體體積會分別增加 0～59% 及 20～50%。以下爲土壤固化體積增量的計算例：

固化配比土壤（濕基）：水泥：水 = 1：0.2：0.2

原土壤現地密度 = D1 = 1.8 kg/m^3
原土壤現地體積 = V1
原土壤現地質量 * = M1

土壤固化物密度 = D2 = 2.0 kg/m^3（爲計算需要而訂之假設值）
土壤固化物體積 = V2
土壤固化物質量 = M2 = (1 + 0.2 + 0.2)M1 = 1.4M1

$$D1 = 1.8 = M1 / V1 \rightarrow M1 = 1.8 \, V1$$

$$D2 = 2.0 = M2 / V2 = 1.4M1 / V2 = 1.4 \, (1.8V1)/ V2 \rightarrow$$

$$V2 = 1.4 \, (1.8V1)/ 2.0 = 1.26 \, V1$$

則固化物的體積增量為 26%。

二、化學特性

　　土壤經固化後雖能保持形體及降低滲透性，但仍無法完全限制污染物的移動。固化物因為形體已受限制，污染物離開固化物的途徑就只剩溶入液體並藉之流出而擴散。污染物離開固化物的步驟有二，一是先須由固態轉為液態（亦即溶解），二再藉由液體滲出。其中步驟一的溶解現象，屬固化物化學特性的表現，一般以 TCLP 測定。步驟二的污染物滲出現象又可分二種，一種是污染物藉由液體的水力梯度流出，另一種為污染物藉由自身的濃度梯度擴散而出。

　　在實務上，為達到對固化物中特定污染物 TCLP 的要求，化學劑的添加是常見的，表 4-3 為離地處理案例中，污染土壤經固化後所呈現出的效果。此處的化學藥劑為專利產品，含有多種的化學物質，對重金屬的穩定有顯著的效果。

■ 表 4-3

實場污染土壤離地固化配比及效果彙整表（可寧衛股份有限公司實驗室，2019）

場址業別	污染土壤品質			固化程序添加物				固化體品質			
	毒性特性溶出			固化劑	固化劑	化學劑	水	TCLP			抗壓強度 (10)
	鉛	銅	鎘	水泥	飛灰			鉛 (5)	銅 (15)	鎘 (1)	
	mg/L	mg/L	mg/L	%	%	%	%	mg/L	mg/L	mg/L	kg/cm2
家電製造業	98.4	---	---	20	20	1.0	30	72.8	---	---	8.5
				25	15	1.0	30	1.05	---	---	9.0
				25	20	1.5	30	1.21	---	---	11.8
				30	15	1.5	30	1.59	---	---	10.9
				30	20	2.0	30	2.29	---	---	16.6

■ 表 4-3

實場污染土壤離地固化配比及效果彙整表（可寧衛股份有限公司實驗室，2019）（續）

燃煤發電業	6.32	528	3.92	20	10	1.0	32	<1	144	ND	8.2
				20	10	2.0	32	<1	ND	ND	8.6
				25	10	1.0	33	<1	92	ND	15.2
				25	10	2.0	33	<1	ND	ND	17.4
廢五金回收業	50.1	31.0	2.60	20	0	1.8	15	1.06	1.00	0.12	15.4
				25	0	1.8	20	ND	ND	ND	19.9
				30	0	1.8	25	ND	ND	ND	20.8
軍備製造業	8.86	25.0	---	21	0	1.7	21	ND	0.095	---	21.9
				23	0	1.7	22	ND	0.065	---	22.8
				25	0	1.7	23	ND	ND	---	24.9

註：（　）內數值表示法規標準值。陰影表不符合法規標準值。「---」表示非標的污染物。

　　ND 表示低於檢測下限。鉛、銅、鎘的 TCLP 限值分別為 5、15、1 mg/L

4.4.6 燒結技術對於重金屬之改變-以紅磚製程為例

　　環保署（2018）「污染土壤離場特定再製產品製程技術與管理研析計畫」期末報告顯示，含有重金屬污染土壤製成紅磚產品後，土壤污染管制之重金屬污染物在紅磚製程前後最大的變化是溶出特性的改變。在研究中，將試驗情境分成 10 批次，每批次針對不同的重金屬以產業常用的重金屬化學品額外增加，以模擬污染土壤之關切重金屬污染物質在較高濃度的情形下，經過高溫燒結後的溶出特性變化。為了凸顯變化並且去除絕對濃度產生的偏差，採用歸一化的方式以溶出百分比進行比較。如圖 4-4，重金屬砷的溶出特性在有機酸（TCLP）的環境下，在紅磚製程後溶出行為增加，並且在模擬地下水溶出環境的向上流動滲濾試驗結果呈現持續增加的趨勢，這表示遭受砷污染的土壤不適合採用紅磚製程處理。

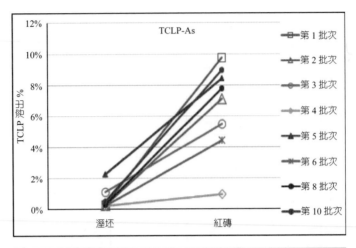

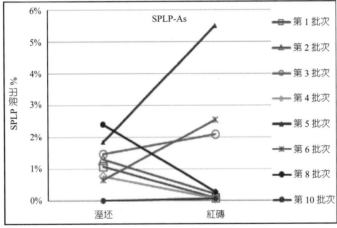

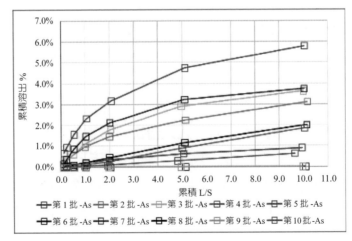

圖 4-4　紅磚製程處理含砷污染土之溶出特性改變（行政院環境保護署，2018）

其中，SPLP 為 Synthetic Precipitation Leaching Procedure 的簡稱，是為我國環境部公告之合成降水溶出程序，用來評估特定污染場址土壤、廢棄物及液態樣品受降水對於待測物溶出性或移動性之影響。

在相同的紅磚製程但是含有重金屬鎘、鉻、銅、鎳、鉛、鋅等的污染土，這些重金屬的溶出特性改變與砷的溶出特性改變不同。從環保署「105 年度污染土壤離場特定再製產品製程技術與管理研析計畫」期末報告可看出，經由紅磚製程後，在有機酸（TCLP）、無機酸（SPLP）環境及地下水（向上流動滲濾試驗）環境均呈現大幅穩定化的結果，如圖 4-5～圖 4-10 所示。

4.4.7 以電磁感應加熱固化重金屬污染土壤為例

本試驗以台中市大里地區之污染農地土壤為例，先進行採樣檢測分析農地土壤重金屬濃度，依照環檢所方法進行樣品消化之後，以 ICP-OES 進行檢測，其檢測結果與現行法規標準比較如表 4-4 所示。由此表可見，砷與鎘為 ND（低於偵測極限），其他重金屬除鎳之外，均有超過管制標準之情況。

就 TCLP 規範值而言，鉻、銅、汞、鉛與鋅均已經超標，而對農地及一般土地之土壤管制標準而言，銅、汞與鋅仍然超過管制標準，其中鋅超標 31.9 倍及銅超標 37.3 倍。田口試驗條件如表 4-5，已經完成模擬土壤與真實土壤之玻璃化後全萃取消化之檢測分析，模擬土壤為經過酸洗乾淨之石英砂 10.0 g 作為土壤樣品，並於每一模擬土壤樣品中加入最終濃度 40.0 mg/kg 之八種重金屬（Zn、Cu、Cd、Cr、Hg、Ni、Pb、As）。樣品的條件以升溫溫度、含水率、藥劑添加量與定溫延時 4 個條件做為變動因子，以田口試驗方法將土壤分成 9 個組別，進行三重覆（共 27 個樣品）實驗。

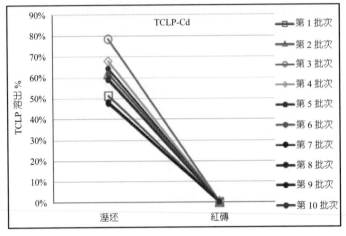

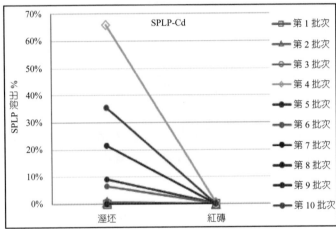

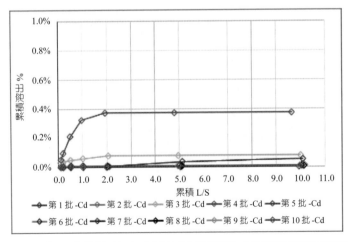

圖 4-5 紅磚製程處理含鎘污染土之溶出特性改變（行政院環境保護署，2018）

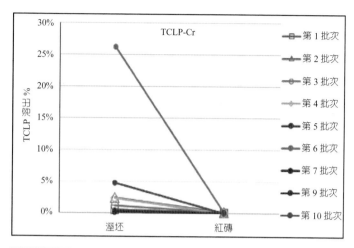

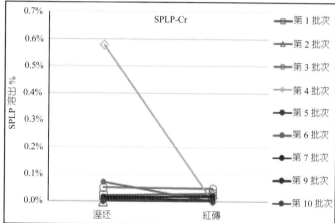

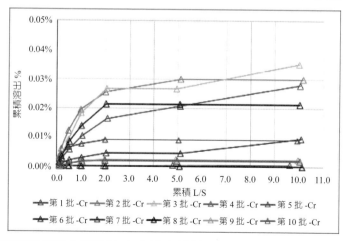

圖 4-6　紅磚製程處理含鉻污染土之溶出特性改變（行政院環境保護署，2018）

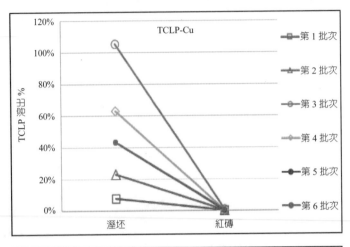

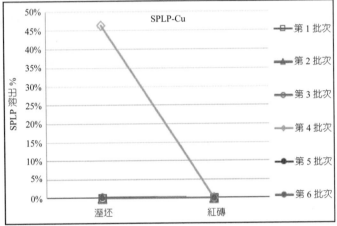

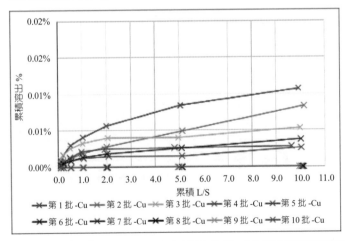

圖 4-7　紅磚製程處理含銅污染土之溶出特性改變（行政院環境保護署，2018）

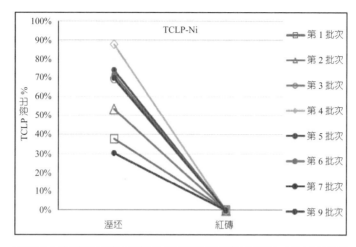

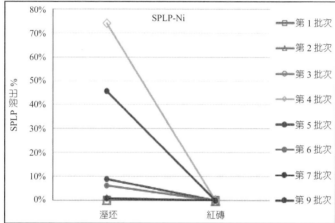

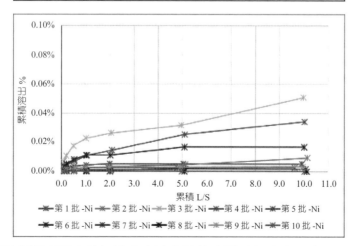

圖 4-8　紅磚製程處理含鎳污染土之溶出特性改變（行政院環境保護署，2018）

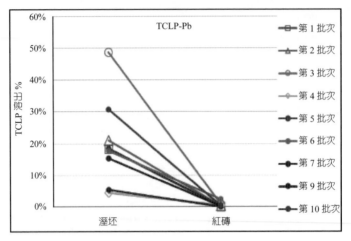

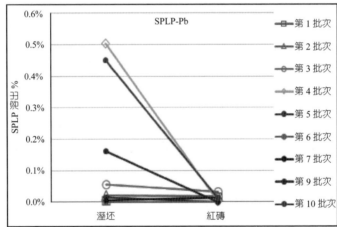

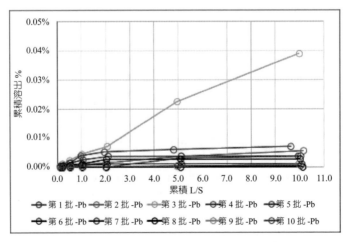

圖 4-9　紅磚製程處理含鉛污染土之溶出特性改變

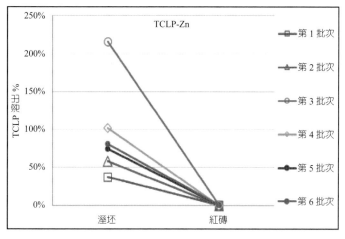

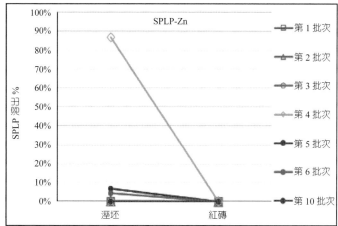

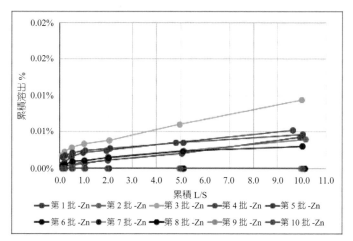

圖 4-10　紅磚製程處理含鋅污染土之溶出特性改變（行政院環境保護署，2018）

■ 表 4-4

污染農地土壤先期檢測結果								
項目	As	Cd	Cr	Cu	Hg	Ni	Pb	Zn
污染農地土壤（mg/kg）	ND	ND	11.9	7,458	33.8	15.3	17.3	19,169
TCLP 標準（mg/L）	5.0	1.0	5.0	15.0	0.20	無	5.0	無
農地管制標準（mg/kg）	60	5.0	250	200	5.0	200	500	600
一般土地管制標準（mg/kg）	60	20	250	400	20	200	2000	2000

註：ND 為消化液在 2 倍稀釋下，小於檢量線最低點（10 ppb）

■ 表 4-5

田口方法之控制因子條件				
組別	溫度（℃）	含水率（%）	添加量	時間（秒）
1	1200	0	（低）	60
2	1200	20	（中）	90
3	1200	40	（高）	120
4	1400	0	（中）	120
5	1400	20	（高）	60
6	1400	40	（低）	90
7	1600	0	（高）	90
8	1600	20	（低）	120
9	1600	40	（中）	60

　　模擬土壤玻璃化的試驗結果如表 4-6 所示。將結果依照田口統計方法進行因子反應圖之繪製，分析結果可發現在較理想之模擬土壤條件下，以溫度愈高愈佳，含水率與添加物加量愈高愈好，加熱延時愈久愈佳（圖 4-11）。依照田口統計之一半原則，其中顯著的控制因子為溫度與加熱延時，而最佳條件為溫度 1600℃、加熱延時 120 sec，含水率 40% 及添加物加量為高時之條件最佳；而且添加物對結果影響相對輕微，此結果表示是否添加玻璃化助劑對結果影響不大。

■ 表 4-6

<table>
<thead>
<tr><th colspan="9">模擬土壤玻璃化後的重金屬濃度檢測（單位 mg/kg）</th></tr>
<tr><th>組別</th><th>As</th><th>Cd</th><th>Cr</th><th>Cu</th><th>Hg</th><th>Ni</th><th>Pb</th><th>Zn</th></tr>
</thead>
<tbody>
<tr><td>BK</td><td>38.85</td><td>41.18</td><td>40.91</td><td>35.47</td><td>7.16</td><td>40.29</td><td>38.41</td><td>50.05</td></tr>
<tr><td>1</td><td>3.60</td><td>5.36</td><td>9.89</td><td>19.14</td><td>ND</td><td>14.46</td><td>ND</td><td>ND</td></tr>
<tr><td>2</td><td>3.10</td><td>ND</td><td>12.72</td><td>14.69</td><td>ND</td><td>15.72</td><td>ND</td><td>ND</td></tr>
<tr><td>3</td><td>2.14</td><td>ND</td><td>3.92</td><td>4.55</td><td>ND</td><td>6.01</td><td>ND</td><td>ND</td></tr>
<tr><td>4</td><td>5.75</td><td>ND</td><td>ND</td><td>ND</td><td>ND</td><td>ND</td><td>ND</td><td>ND</td></tr>
<tr><td>5</td><td>1.85</td><td>ND</td><td>6.55</td><td>ND</td><td>ND</td><td>5.38</td><td>ND</td><td>ND</td></tr>
<tr><td>6</td><td>nd</td><td>ND</td><td>12.23</td><td>ND</td><td>ND</td><td>ND</td><td>ND</td><td>ND</td></tr>
<tr><td>7</td><td>5.41</td><td>ND</td><td>4.72</td><td>ND</td><td>ND</td><td>ND</td><td>ND</td><td>ND</td></tr>
<tr><td>8</td><td>nd</td><td>ND</td><td>3.59</td><td>ND</td><td>ND</td><td>ND</td><td>ND</td><td>ND</td></tr>
<tr><td>9</td><td>nd</td><td>ND</td><td>ND</td><td>ND</td><td>ND</td><td>ND</td><td>ND</td><td>ND</td></tr>
</tbody>
</table>

註：ND 代表於 40 倍稀釋下檢測濃度低於最低可檢測濃度（10 ppb）

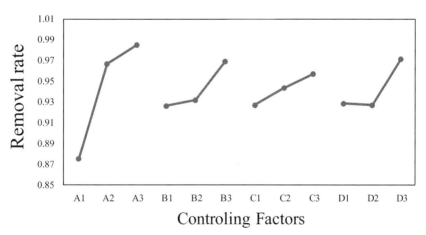

圖 4-11　模擬土壤玻璃化之因子反應圖（本文中未說明）

　　本研究現場實驗污染土壤進行玻璃化後的成品經過全萃取消化的檢測分析結果如表 4-7 所示，並與現行農地污染管制標準進行比較（見表 4-7）。其中，9 種玻璃化條件中僅有第 1 及第 3 組中之鋅超標（表 4-8），

■ 表 4-7

真實污染農地土壤玻璃化檢測結果

組別	As	Cd	Cr	Cu	Hg	Ni	Pb	Zn
BK	ND	ND	11.9	7,457.7	ND	15.3	17.3	19,169.3
1	0.6	ND	7.8	171.7	ND	9.5	214.4	5,890.8
2	ND	ND	8.1	69.7	ND	9.2	ND	233.3
3	ND	ND	11.7	56.7	ND	10.5	ND	633.5
4	ND	ND	ND	14.2	ND	3.8	ND	80.6
5	6.3	ND	21.4	36.5	ND	13.2	ND	478.2
6	ND	ND	ND	24.4	ND	3.9	ND	12.9
7	7.4	ND	23.9	47.2	ND	48.8	ND	406.0
8	ND	ND	ND	10.8	ND	18.1	ND	43.1
9	ND	ND	5.3	234.6	ND	8.1	18.8	417.9

■ 表 4-8

真實污染農地土壤玻璃化檢測與法規比較

組別	As	Cd	Cr	Cu	Hg	Ni	Pb	Zn
1	Y	Y	Y	N	Y	Y	Y	N
2	Y	Y	Y	Y	Y	Y	Y	Y
3	Y	Y	Y	Y	Y	Y	Y	N
4	Y	Y	Y	Y	Y	Y	Y	Y
5	Y	Y	Y	Y	Y	Y	Y	N
6	Y	Y	Y	Y	Y	Y	Y	Y
7	Y	Y	Y	Y	Y	Y	Y	Y
8	Y	Y	Y	Y	Y	Y	Y	Y
9	Y	Y	Y	N	Y	Y	Y	Y

註：Y 代表符合法規範，N 表示未通過。

詳究其處理條件，應屬定溫加熱延時影響較大，其次可能是添加物中具有含鋅之雜質所致。將結果依照田口統計方法對銅進行因子反應圖之繪製（見圖 4-12），可發現在眞實重金屬污染土壤條件下，對銅而言，以加熱溫度中等較佳，含水率也以中等（20%）較佳，添加物高加量似乎較佳，而加熱延時愈久愈佳且趨勢明確。依照田口統計之一半原則，其中顯著的控制因子爲溫度與添加物加量，最佳條件爲溫度 1400℃、加熱延時 120 sec，含水率 40% 及添加物加量爲中時之條件最佳，而各項因子似乎對結果均有相當大之影響，信噪比高代表其可信度高。

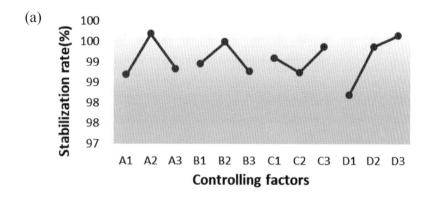

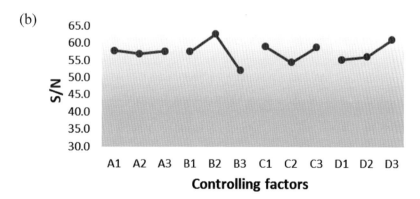

圖 4-12　眞實污染土壤玻璃化後銅之因子反應圖 (a) 及信噪比 (b)

　　比較兩種土壤之結果，可以確定加熱溫度是唯一在兩種測試中均認定爲顯著控制因子，故加熱溫度應爲 1400～1600℃較佳。其中添加物在

兩者中可由不顯著轉變為顯著控制因子，其理由極可能是因為石英砂中矽酸鹽比例相當高，而作為玻璃化材料，玻璃化原料之矽酸鹽應達 70% 以上，此條件在石英砂為基材時非常容易達到，故添加物之添加量影響不大。但因一般土壤中，矽酸鹽比例相對較低，故添加物多寡較為敏感。

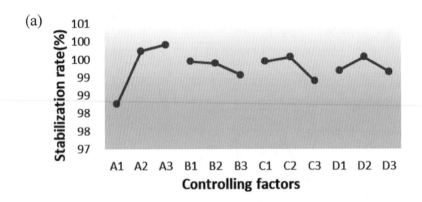

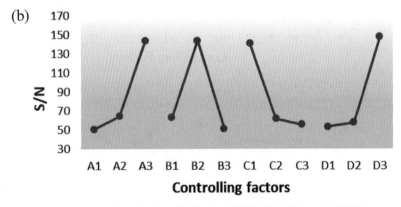

圖 4-13　真實污染土壤玻璃化後鋅之因子反應圖 (a) 及信噪比 (b)

　　將處理效果進一步加以比較，以 1 - C/C_0 為安定率（stabilization rate）進行計算，可知第 8 組之處理效果最佳（平均安定率為 99.9%），第 4 組及第 6 組分居第 2 及第 3（平均安定率為 95.9% 及 95.7%），但後二者之處理效果明顯較低。第 8 組之處理條件為 1600℃、含水率 20%、添加物濃度低及定溫時間為 120 sec，可見加熱溫度高及定溫時間較久之

情況下，即使含水率中等及添加物濃度不高均可以進行有效之玻璃化，針對工程師的操作而言，代表可無須調整含水率及可能無須添加玻璃化助劑，信噪比高代表其可信度高。

4.4.8 有機污染物的穩定化

　　環境中有機污染物包羅甚廣，如地下水中之氯化乙烯、氯化甲烷、氯化乙烷類；土壤中之石油系碳氫化合物、DDT、靈丹（Lindane）、多環芳香烴等；又如底泥中之多氯聯苯、戴奧辛、六氯苯等。要將有機污染物穩定化或是無害化，最直接之方法就是分解為二氧化碳、水及無機離子。以下將針對地下水中有機污染物、土壤及底泥中有機物之穩定化進行說明，此部分之說明將較著重於生物分解部分。

一、地下水整治工法說明

　　台灣地下水污染場址以氯化有機溶劑污染場址比例最高，約為佔30%，其中以氯化乙烯類佔絕大多數（行政院環境保護署，2018），且氯化乙烯類之三氯乙烯（trichloroethylene, TCE）與氯乙烯（vinyl chloride, VC）已經是確定人類致癌物質。且依文獻統計，通常氯化乙烯類污染場址之污染團面積較源頭面積大了許多，屬於所有污染場址中比例最高者，且是重質非水相液體（dense non-aqueous phase liquid, DNAPL），進入含水層後可持續向下污染整個含水層，導致污染水體龐大；復因場址中氯化乙烯類污染物濃度均在 10 mg/L 以下甚或低於 1.0 mg/L，使用化學氧化方法恐成本過高，故目前仍有許多場址以生物整治方式進行整治。生物整治方法不外乎自然衰減法（natural attenuation）、加入有效整治藥劑及調整現地條件之生物刺激法（biostimulation）、或是加入特殊菌種之生物添加法（bioaugmentation）三種主要方法。目前，大多仍以後兩者居多，市面上較常見之用於生物刺激之藥劑超過 10 種以上，特殊商品化用於生物添加法之菌群也超過 10 種以上（美加地區至少有 7 種，日本至少有 3

種）。這些整治方法不僅造成責任方（responsible party）之鉅額財務負擔（購買大量藥劑或是菌群以及時間延宕導致土地開發時程延後），也可能因為引進外來菌種造成微生物基因水平傳遞之生物安全風險。

　　一般氯化有機溶劑污染之地下水整治方法可分為物理化學整治與生物整治兩分類，但近十年有逐漸合流之趨勢。近年來有國際間有關 TCE 降解之發展相當迅速，雖然北美地區因為政府挹注土水研究經費幾乎枯竭之情況下，大型工程顧問公司仍在進行研發，且應用於模場整治與現地整治之轉換速度非常快，也早已經累積一大批純熟之現場工作人員，故技術在國際間尚能維持領先。近來國際間專業土壤地下水業界中較受矚目之研究為高解析度場址鑑定技術（high resolution site characterization, HRSC）、零價鐵相關應用、總體基因體學蛋白質體學應用（applications of metagenomics and metaproteomics）、電磁感應加溫處理、以樹木偵測污染源及污染歷史（phytodetection）；實務界較為突出之研究為酸性環境下高效率共代謝之生物整治技術、生物地質化學整治法（biogeochemical reductive dechlorination, BiRD）之現場大型整治、地下源頭污染之熱處理（Self-sustaining Treatment for Active Remediation, STAR）。目前國際間對於三氯乙烯污染整治主要方法主要有高級氧化法（如 persulfate 或 Fenton 法）、零價鐵還原法（zero valent iron, ZVI）或是乳化之零價鐵還原法（emulsified zero valent iron, EZVI）、生物地質化學法、生物強化法與生物刺激法。HRSC 部分，有些學者已經可以做到大約每公分間距之水文地質物理資料（如流速、水力傳導係數、孔隙率）、生物資料（微生物主要菌種及總菌數）、化學資料（如 pH 值、氧化還原電位等）均可詳實調查；零價鐵相關應用則是有國際知名之學者 Paul Tratenyek 已經開始進行弱電磁場下之奈米零價鐵之各項污染物降解反應（包括爆炸性物質）與硫化物共同作用及施用後之耐久性問題（longevity）等研究領域（Liang et al., 2014）；metagenomics 與 metaproteomics 為目前發展相當快速之研究領域。以下將針對目前國內較為常見之 TCE 污染之生物整治方法進行說明。

二、TCE好氧生物分解

　　一般好氧狀況下，TCE 無法經由好氧微生物直接降解，欲以生物好氧處理法整治受氯化有機物污染之土壤及地下水，大多採好氧共代謝之方式來降解污染物：但年來已有學者利用火雞垃圾堆肥、固定床反應器、進行直接好氧生物分解，證實在好氧情況下，TCE 也能順利降解（Baskaran and Rajamanickam, 2019; Gaza *et al.*, 2019），也有學者針對直接好氧生物降解 TCE 文獻進行回顧，應是自 2000 年起，即陸續有學者證實直接好氧生物分解應屬可行（Xing *et al.*, 2022）。

　　好氧共代謝則是利用與 TCE 相似之有機物作為基質（如甲苯、酚），提供給好氧微生物（如甲烷分解菌及苯環分解菌等）促使其產生單氧氧化酵素（methane monooxygenase, MMO）或雙氧氧化酵素（dioxygenase）（Roberts *et al.*, 1989），此種酵素較不具有專一性，於利用基質時亦可降解 TCE，使 TCE 形成較易分解之化合物而可再被一般微生物所利用，轉換成二氧化碳及水

　　研究學者指出甲苯、酚、甲烷皆可用來作為好氧共代謝所需之基質，有利於 TCE 之降解，其中以甲苯為基質之降解效率最佳。

三、TCE厭氧生物分解

　　以厭氧處理氯化有機污染物之方法為厭氧脫氯法，於厭氧環境下提供電子供給者，使其高氧化態之 PCE、TCE 接受電子進行還原脫氯反應將氯離子去除，其還原脫氯反應形成 *cis*-1,2-DCE、*trans*-1, 2-DCE 及 1, 1-DCE，繼而形成 VC 及乙烯（ethene），本部分建議參考本系列第三本專書（重質非水相液體（DNAPL）污染場址調查與整治，林財富，2023）（Fennell and Gossett, 1998; Leeson *et al.*, 2004; Maymo-Gatell *et al.*, 1997）。

　　但自然的土壤及地下水環境中常因缺乏大量之電子供應者來進行脫氯反應，使降解過程未能持續，導致脫氯不完全而產生比 TCE 更具毒性的氯乙烯產物累積於污染場址中，其中氯乙烯被國際癌症研究機構（IARC）

歸類為確定具人類致癌性之物質，因此如何提供足夠之電子供給者使高氯數之氯化有機溶劑進行完全脫氯反應成較不具毒性之化合物是重要之課題。於整治土壤及地下水之還原脫氯反應中作為電子供給者之物質，須考量物質之安全性、污染物降解反應效率常數、整治持續效果、傳輸距離等，這些因素直接反應於整治效果之成本與時間。Jinghua 等人指出以不同共代謝基質對於四氯乙烯降解，其降解之反應速率常數大小依序為 $K_{醋酸} > K_{乳酸} > K_{乙醇} > K_{甲醇}$，顯示醋酸有較高之反應速率常數（Jinghua *et al.*, 2007）。然而在醋酸、乳酸、甲醇、糖蜜、植物油等多種有助於還原脫氯反應進行之電子供給者中，以植物油具有緩慢釋氫之優點，有助於污染整治之持續性，且所需注入之劑量較為節省，相對成本較低 。但因植物油水溶性低，無法有效分散於水相中，必須加入界面活性劑形成乳化液後，方能穩定存在於水相中。

四、底泥整治工法概況

國內底泥整治技術發展及實場整治尚處於發展初期，國際上則有相當多場址已經進行大規模整治，其中較為常見者有浚渫法（dredging）、水域掩埋（confined disposal facility）、自然回復（natural recovery）、水下掩埋（confined aquatic disposal）、現址加蓋處理（in situ capping）及深海棄置（deep ocean dumping）。以下僅就目前較常見之自然回復法、浚渫法、活性碳添加法與底泥加蓋法進行說明。

自然回復法基本上與地下水污染之監測式自然衰減法（monitored natural attenuation）類似，主要是監測底泥中之污染物藉由自然界生物與非生物程序（如稀釋、擴散、吸附、光解、水解、生物降解等程序）是否可在合理時間範圍內達到整治目標之評估方法。若學理上可行，則可與當地主管機關進行研商受體風險、整治目標、整治時間與監測方式之後再進行自然衰減程序。

浚渫法（dredging）則是利用動力機械將污染底泥直接挖除，並且運送到中間處理廠處理後，再進行最終處置。中間處理可利用目前相當成熟

之廢棄物處理技術進行處理，最終處置也是應用廢棄物最終處置方式進行處理。浚渫法最為人所詬病者即為浚渫過程中可導致污染程度高之細小底泥顆粒再懸浮、遷移而擴散污染，其次則是因高污染之細小顆粒較難有效移除導致成效往往存疑。

活性碳添加法最主要的清除機制有賴活性碳對於非極性或是相對低極性物質之強吸附能力，能夠有效降低其生物可及性。活性碳添加法較適用於流速緩慢之河川、港灣或是停留時間長之湖泊，但對於一般國土較為狹小、河道較為狹窄且坡陡流急之底泥而言，則較不適用。

現址加蓋處理（in situ capping）為近十年來國外應用最廣之方法，即在污染底泥之上方鋪設加蓋物，希望能夠降低底泥的生物可利用性與遷移擴散程度，通常在河道寬廣且流速較緩之情形下較為適用，因加蓋物容易受到下方厭氧微生物產氣作用的影響而鼓起，或是受到洪水侵襲失去錨定而被破壞。但以台灣的河川多為河面狹窄，坡陡流急，且每年均有數次颱風及較高頻率之暴雨侵襲的氣候條件，底泥上方外加一層加蓋物可能並不適合。且近來有學者應用生命週期評析方法研究指出，雖然自然回復與天然有機物衍生活性碳在污染整治效果上可能不如煤炭衍生的活性碳，但就整體技術生命週期對環境之衝擊而言，煤炭衍生之活性碳顯然造成更大之環境負擔。

4.5 固化與穩定化的應用方式

如前所述，採取固化或穩定化處理程序，在設計時乃希望達到下列一項或多項功能，第一是藉由添加固化劑或化學藥劑以改進廢棄物的物理特性，使其更易於處理，例如吸收流動性液體。第二是藉由添加固化劑或化學藥劑以降低會發生污染物轉移或滲漏的固化體表面積。第三是添加固化劑或化學藥劑限制土壤中的污染物的溶解度，例如 pH 值的調整或吸收現象等。

水泥固化法與石灰／飛灰固化法的應用方式雷同，均須將污染土壤與

添加的固化劑及化學劑（選項）充分混合，其間須加入適當比例的水，以使化學劑先與土壤充分反應，再使固化劑完成水合反應。做法上可以將污染土壤挖除後採離地（ex-situ）處理，亦可採現地（in-situ）處理，即於現地注入固化劑及化學劑達到污染土壤固化的目的。以下就離地固化處理及現地固化處理，分別說明。

4.5.1 離地處理

挖除的污染土壤，可以於開挖現場（on-site）進行固化，即是現場固化處理；亦可離場（off-site）送至特定固化廠完成固化程序，即是離場處理，所採用的流程及設備一樣，差別只在執行固化處理的地點不同，相關流程詳圖 4-14，以下分別說明。

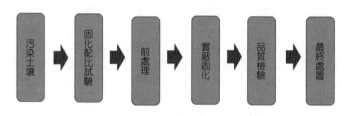

圖 4-14　污染土壤離地固化流程圖

一、固化配比試驗

污染土壤須先進行配比實驗，測試出該待處理的污染土壤的最佳配比，再據以完成實廠操作，主要的考量是希望在效果上、經濟上及體積增量上取得平衡。物料添加越多，在效果上當然越佳，但在經濟上及增量上相對不利。試驗設計時，會考量污染土壤的特性（土壤質地、污染物種類及濃度等），設定不同的配比，最後根據試驗結果選定最佳配比。一般最少測試三組，變動的參數可以是固化劑，也可以是化學藥劑。

二、前處理

　　土壤於現地挖除時往往含有大型石塊或雜質，此類物件必須於進入固化操作程序前，先行去除，以免造成設備故障，可採用機械設備篩除及人工檢拾並行方式，完成本項工作。

三、實廠固化

　　固化以批次式的操作方式較為常見，其程序如圖 4-15 所示，須說明的是，所有物料（土壤或添加物）皆須先計量，再進入固化程序。其步驟如下：

　　第一步是污染土壤以輸送帶進料，土壤較常以怪手送料，先輸送至緩衝／計量槽，再以定量批次方式，輸送至混鍊機。第二步是化學劑與水混合後再加入混鍊機中混拌（延時 5～10 秒），在實務上會添加比配比試驗時更多的水，以減少拌合上的困難（阻力）以及求得較佳的均勻度。化學藥劑則藉由水分添加方式，得以和土壤充分混合，而產生化學作用。若添加一種以上的化學藥劑，應視各劑添加的目的，決定先後次序。例如須添加地化學藥劑有還原劑及沉澱劑時，應先將還原劑混入水中，先行與土壤拌合反應後，再加入沉澱劑。

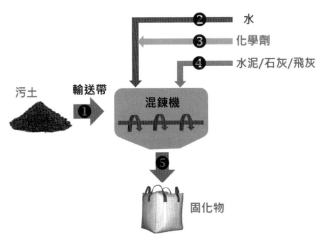

圖 4-15　固化操作程序示意圖

第三步是將固化劑加入混鍊機中（延時 30～50 秒），此時加入固化劑水泥，已完成水合反應。最後則是下方出料，出料方式採重力式，添加足夠的水份可增進出料的順暢性，一般以大型太空袋為盛裝容器，便於搬運及後續的固化體養生。

四、品質檢驗

為了確保固化成效穩定，可以每 100 公噸原污染土壤所產生的固化物為一母體，進行品質查驗，進行數組的抓樣或混樣檢測，檢測內容包括單軸抗壓強度及標的污染物的 TCLP 濃度。

五、最終處置

完成後的土壤固化物可回填於原地，或送至衛生掩埋場以掩埋處置。當土壤固化物總量濃度符合土壤污染管制標準或其污染物特性經評估適合回歸現地，可採用回填方式處置該土壤固化物。若土壤固化物經上述評估不適合現地回填，此時其污染物之毒性特性溶出濃度須至少符合一般廢棄物之定義標準（即非屬有害事業廢棄物），其最終去處則可選擇送至衛生掩埋場。

4.5.2　現地處理

污染土壤可不予挖除，直接於現地施作固化。此方式係使用專門的機具開鑿及鑽孔，將固化劑及／或化學劑注入污染土壤區域，並施以攪拌，以達到固化的目的，部分內容已於第三章中說明。

4.6　藥劑種類與作用

如前所述，固化時所添加的物料，如係為達成污染土壤硬化而維持固定型體的目的，稱為固化劑，另若添加的物料係希藉由化學反應，以達成

污染物形成穩定而不易釋出的狀態，則稱為化學藥劑或穩定劑。實務上，為達特定效果，往往同時運用，施作時必先添加化學藥劑，待足夠反應時間後，再添加固化劑。此處介紹固化法實作上常用的固化劑及同時搭配使用的化學劑。

4.6.1 固化劑

一、水泥

水泥（cement）是最常使用的固化劑，使用簡便且效果良好，有關水泥的成分及反應機制詳見 4.4.2 節。添加水泥的固化處理是以波特蘭水泥（Portland cement）為主要成份，配合溶解性矽酸鈉、飛灰、皂土等添加劑的使用，使得污染物（例如：重金屬）在水泥水合作用的環境下，形成難溶性的氫氧化物或碳酸鹽沉澱物，在水泥漿體中被包封、匣限，藉著水泥體的高 pH 值特性使此安定狀態得以維持。而水泥體硬化後所提供的結構強度和低滲透性，使污泥固化後具有結構完整性和低溶出的特性。

二、石灰

石灰（CaO）是由石灰石（$CaCO_3$）鍛燒而得，也是水泥中主要的成分，但非水硬性膠凝材料，具強鹼性，在固化的應用上甚少單獨使用。石灰系的固化處理是藉著如飛灰、石灰、水泥窯灰及熔礦爐爐渣等具波索蘭反應（Pozzolanic reaction）的物質，在適當的催化環境下進行波索蘭反應，將污染土壤中的污染物（例如：重金屬）吸附於所產生的膠體結晶中。但因波索蘭反應不似水泥水合作用，石灰系固化處理所能提供的結構強度，一般不如水泥系固化法，因而較少單獨使用。

三、飛灰

飛灰（fly ash）此處係指火山灰、水泥窯灰或煤灰，就取得的難易度而言，以煤灰為主。煤灰來自於燃煤電廠，燃煤經燃燒後，其中輕質不具

燃燒性的煤塵，經後端集塵設備收集而得，含有 SiO_2 與 Al_2O_3，本身不會起水泥化反應，但會與石灰拌水反應後產生似水泥般的硬性物質，學術上稱此類含 SiO_2 與 Al_2O_3 的材料爲波索蘭（Pozzolan）材料，此種類似水泥水合反應的過程則稱爲波索蘭反應。

四、爐石

爐石（slag）是金屬冶煉過程中的副產物，視其冶煉金屬標的不同及添加的原料不同，所產生的爐石成分亦不同。以煉鐵過程中時所產生之高爐石爲例，其成分含 CaO、SiO_2 與 Al_2O_3，與水泥類似，當固化劑時可單獨使用。若爐石的成分不具備單獨使用的條件，亦可以搭配上述其他固化劑混合使用。

4.6.2 化學劑

一、亞鐵離子

添加亞鐵離子係用以達成還原作用。亞鐵離子（Fe^{+2}）的使用以氯化亞鐵（$FeCl_2$）及硫酸亞鐵（$FeSO_4$）水溶液爲主，亞鐵離子具有強還原性，可將氧化態較高的六價鉻還原成三價鉻，所形成的三價鉻再另行添加其他化學劑（例如：硫化鈉），形成難解離的鉻化合物，藉以達到穩定效果。

二、硫化物

添加硫化物係用以達成沉澱作用。硫化物的使用以硫化鈉（Na_2S）水溶液爲主，硫化鈉溶於水中呈強鹼性，硫離子（S^{-2}）易與二價或三價金屬結合，形成解離度甚低的硫化物，如 CdS、PbS 及 Cr_2S_3 等。硫化鈉是常見的化學劑，用於穩定住土壤中的重金屬。

三、磷酸鹽

添加磷酸鹽係用以達成沉澱作用。磷酸鹽的使用以磷酸二氫鉀

（KH$_2$PO$_4$）及磷酸氫二銨（(NH$_4$)$_2$HPO$_4$）等水溶液為主，磷酸根離子易與重金屬離子形成金屬磷酸鹽沉澱，藉以達到穩定效果。

四、螯合劑

　　添加螯合劑係用以達成吸附及沉澱作用。螯合劑（chelating agent）的種類及用途甚多，此處係指應用於與重金屬結合，形成不易水解及穩定複合物（complex）的藥劑化合物。常用的重金屬螯合劑有乙二胺四丁酸（EDTA）、有機磷系及有機硫系等，有機磷系如羥基乙叉二膦酸（HEDP），有機硫系如二硫代氨基甲酸鹽（DTCR）和三巰基三嗪三鈉鹽（TMT），常為使用，但都價格昂貴（常威等人，2015）。

4.7 固化法案例介紹

4.7.1 重金屬固化處理案例

　　位於台灣南部地區的某土壤污染控制場址，占地面積約 11 公頃，早期為採汞電極法製程的鹼氯工廠，因土壤受汞污染嚴重，以致廢棄閒置多年。該廠於 2011 至 2014 年間，進行污染土壤挖除及離場處理，總計固化處理約 60,000 公噸污染土壤，固化物運送至固化物專屬掩埋場作最終處置。

　　本場址污染土壤中之汞總量可低自數十 ppm（mg/kg），高至數萬 ppm（mg/kg），其中低污染之土壤（汞總量 260 mg/kg 以下）數量龐大，達 60,000 公噸，而高污染之土壤（汞總量 260 mg/kg 以上）數量相對而言較少，約 1,000 公噸。數量較少之高污染土壤可經熱脫附處理，回收高濃度之汞以減少其在環境中之流佈，而低污染土壤則可經固化處理，降低汞之溶出後，送至衛生掩埋場做最終處置。（依事業廢棄物貯存清除處理方法及設施標準第 20 條第 8 項規定：含汞及其化合物：乾基每公斤濃度達二百六十毫克以上者，應回收元素汞，其殘渣之毒性特性溶出程序試

驗結果汞溶出量應低於 0.2 mg/L；乾基每公斤濃度低於 260 mg，以其他方式中間處理者，其殘渣之毒性特性溶出程序試驗結果應低於 0.025 mg/L）。

　　汞化合物存在之形式會受到 pH 值、氧化還原電位、氯、硫等因素影響，污染場址土壤中的汞除以元素汞形式存在外，尚可能以無機汞如氯化汞、氯化亞汞、氧化汞等或以有機汞如甲基汞等物種形式存在，而不同汞化合物對水及各類酸之溶解度差異甚大，故含汞總量與 TCLP 的檢驗值，往往不具線性結果，如表 4-11 所示。另固化配比試驗顯示，只要土壤含汞總量低，予以適當的配比，皆會有較佳的固化效果，達到法規的標準。可是一旦土壤含汞總量太高，則無法在現實可接受的配比下達到滿意的固化效果。因污染土壤中汞之總量與毒性特性溶出無對應關係，採固化處理時，應同時對污染土壤汞之總量與毒性特性溶出進行定量分析，再給予適當配比，以確保穩定之固化品質。污染場址採固化方法整治時，雖各批次土壤品質變異性大，實作時可不考慮汞化合物之形式，僅考慮汞濃度之不均的因素，固化前先進行土壤混拌以達均質化，確認土壤屬適合固化之污染濃度範圍，再以適當配比進行固化處理。

■ 表 4-11

案例污染土壤離地固化配比及效果彙整表（宋倫國等人，2008）						
場址業別	污染土壤品質		固化程序添加物			固化體品質
	汞		固化劑	化學劑	水	汞	抗壓強度 (10)
	總量	毒性特性溶出	水泥			毒性特性溶出（0.025）	
	mg/kg	mg/L	%	%	%	mg/L	kg/cm2
塑膠製造業	299	0.389	0	2.0	30	0.891	---
			15	2.0	30	0.0599	54.9
			20	2.0	30	0.0010	---
			20	3.0	40	0.0006	---
			30	2.0	40	<0.00002	---

■ 表 4-11

案例污染土壤離地固化配比及效果彙整表（宋倫國等人，2008）（續）

			0	2.0	30	0.436	---
	70.4	1.26	15	2.0	30	0.0015	60.6
			15	0	30	0.0091	59.9
			0	2.0	30	1.04	---
			15	0	30	0.741	61.9
	2,893	1.53	15	2.0	30	0.532	62.6
			20	2.0	30	1.04	---
			30	2.0	40	0.782	---
			30	3.0	40	0.787	---

註：1. ( ) 內數值表示法規標準值

2. 陰影表不符合法規標準值

4.7.2 重金屬六價鉻污染整治案例

美國加州 Turlock 的一處過去從事木材保存處理的場址，證實遭受六價鉻污染，估計場址內有 6000 磅（約 2730 kg）的鉻，先前已經以地下水「抽出處理」（pump & treat）的方法進行 7 年的整治工作，共抽除 3 萬 5 千噸的地下水，處理了約 3000 磅（約 1360 kg）的鉻，估計若繼續以抽出處理的方式整治，估計至少須再多 10 年的時間，才能達到整治標準。因此該場於 1998 年改以注入還原劑（$Na_2S_2O_5$）的方式進行整治，圖 4-16 為 1998 年添加還原劑之前的污染團分布（700 m×150 m），圖 4-17 為 1999 年添加還原劑之後的污染團分布圖，結果顯示在不到 2 年的時間，污染團已經顯著的大幅縮小。

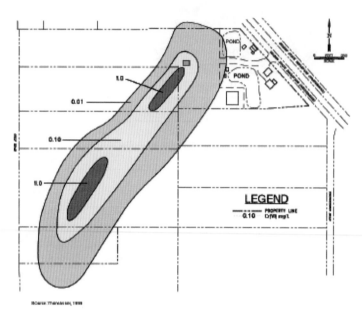

圖 4-16 美國加州 Turlock 受鉻污染場址於注入還原劑之前的六價鉻分布圖

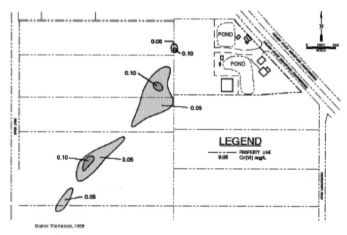

圖 4-17 美國加州 Turlock 受鉻污染場址於注入還原劑之後的六價鉻分布圖

4.7.3 以電磁感應加熱固化重金屬污染底泥案例

　　二仁溪中重金屬污染情況如表 4-12 所示，除砷、鎘及汞外，其餘均超出現行之「底泥品質指標之分類管理及用途限制辦法」之下限值。其中，尤以銅含量超出倍數最多，若以濃度而言，則是鋅之濃度最高。

■ 表 4-12

表 4-12　重金屬檢測結果（單位：mg/kg）

重金屬	五空橋	永寧橋	匯流處	平均濃度／上限	平均濃度／下限
砷（As）	ND	2.46	1.38	6%	17%
鎘（Cd）	ND	ND	ND	NA	NA
鉻（Cr）	208.68	347.71	354.56	130%	400%
銅（Cu）	77.73	436.16	445.70	204%	640%
汞（Hg）	ND	ND	ND	NA	NA
鎳（Ni）	58.59	160.39	162.89	159%	530%
鉛（Pb）	49.94	102.40	103.98	53%	178%
鋅（Zn）	281.06	825.91	888.51	173%	475%

一、電磁感應法進行真實二仁溪底泥玻璃化及其重金屬之毒性溶出研究

　　原本快速電磁感應加熱玻璃化在文獻中並無任何記載，但近期（Liu et al., 2021）已經發表成果。電磁感應加熱爲非常成熟之加熱方法，最常見之例子即是應用於家用電磁爐以及工業用之金屬表面處理，只要是具有鐵磁性之物體均可因感應生磁之磁極反轉之磁滯現象而快速加熱。針對小型線圈（直徑約 3.0 公分）內之鐵棒可在 1～2 分鐘內輕易熔融，亦即可於短時間內達到一般鑄鐵或鋼鐵之熔點 1150℃以上，作爲現址玻璃化應用應屬足夠。不同玻璃成分與加熱情況對現址玻璃化之適用性如表 4-13 所示，熔融石英玻璃之轉化溫度高達 1200℃，且所需石英砂純度必須相當高而較不適用於污染底泥；鈉鈣矽玻璃製法之轉化溫度計介於 500～600℃，預期可於 0.5～1 分鐘內輕易達到，既可快速完成玻璃化，又可大幅減少任何副產物產生之機會，其餘型式玻璃可能使用成本較高之金屬或是對環境有害之重金屬而不適用，故本計畫將應用鈉鈣矽玻璃製程進行現址玻璃化研究。首先乃針對二仁溪底泥中各項礦物質進行分析研究，底泥中去除水分後，碳酸鈣含量約 17.8%，鐵氧化物約 2.1%，錳氧化物約

0.03%，有機物可能佔 1.8%，而就土壤質地而言，矽粒與砂粒約佔 88.1%（凌，2004）；另外，針對二仁溪六個採樣點混合之底泥測定其有機物含量爲 0.65%，土壤質地以砂粒爲主，矽粒與砂粒約佔 95% 以上。由於非黏土礦物主要以矽酸鹽爲主與碳酸鹽礦物爲輔，依上述資料研判，進行現址玻璃化爲鈉鈣矽玻璃可能只需添加蘇打（Na_2O）、氧化鎂與少許氧化鋁即可，這些成分相對較爲無害。但在進行正式測試之前，宜先針對測試底泥進行元素分析，了解主要礦物成分以及有機成分多寡。本技術爲避免任何蒸氣爆炸之危險性，均假設現地底泥在玻璃化前可經過抽眞空與加熱過程，可有效去除水分後再進行玻璃化作業，亦即先經過類似現地烘乾之程序。因此，實驗室中測試時均先將底泥進行烘乾後再進行玻璃化試驗。有機物在隔離加熱過程中可直接蒸發收集處理或是氧化爲無機物。

　　首先進行加熱速率測試，由於二仁溪底泥中可能有可揮發性污染物，爲了避免操作過程中這些揮發性污染物逸散，試前所有測試底泥均於烘箱中經過至少 24 小時烘烤後才進行測試。最初 3 個樣品測試加熱條件如表 4-13 所。在測試加熱條件時，以石墨坩堝作爲加熱容器。

■ 表 4-13

玻璃種類	主要成分	轉化溫度（℃）	現址固化適用性
熔融石英玻璃	石英砂，SiO_2	1200	溫度壺高而耗能，且可能拉長反應時間。
鈉鈣矽玻璃	SiO_2：72% Na_2O：14.2% CaO：10.0% MgO：2.5%+ Al_2O_3：0.6%	500-600	成分單純，且加熱溫度低，較爲可行。

不同玻璃成分與加熱情況對現址玻璃化之適用性

表 4-13

不同玻璃成分與加熱情況對現址玻璃化之適用性（續）

鈉硼玻璃	SiO_2：81% B_2O_3：12% Na_2O：4.5% Al_2O_3：2.0%	--	耐熱、用作實驗室器皿、頭燈玻璃等。用料成本可能不適合現址固化。
鉛氧化玻璃	SiO_2：59% PbO：25% K_2O：12% Na_2O：2.0% ZnO：1.5% Al_2O_3：0.4%	--	高反射率，類似水晶。含重金屬鉛與鋅，不適合現址固化應用。
鋁矽玻璃	SiO_2：57% Al_2O_3：16% CaO：10% MgO：7.0% BaO：6.0% B_2O_3：4.0%	--	主要用作玻璃纖維。含金屬鋇，不適合現址固化應用。
氧化物玻璃	Al_2O_3：90%+ GeO_2：10%	--	高透明度，適用於光纖通訊。含金屬鍺，不適合現址固化應用

　　測試時以專業紅外線溫度計進行加熱物質表面溫度量測，經過三次測試後確定以 380 伏特電壓，65 安培電流，可在 65 秒內完成玻璃化，加熱溫度最高達 1450℃，在固定條件下，三次加熱之平均溫度隨時間變化之關係如圖 4-18 所示。電磁感應加熱主要是靠磁滯效應（magnetic hysteresis）與渦電流（eddy current）所驅動。磁滯效應必須感應磁場內之物質具有明顯磁矩方可，一般氧化鐵之居禮點（Curie Temperature）約在 600～700℃ 左右，所以當電流接通後在線圈內會產生強磁場，此時可

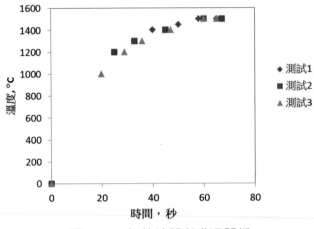

圖 4-18　加熱時間與升溫關係

見已經混合在底泥樣品中之鐵砂均豎立起來，但在溫度超過 600～700℃以上時，此現象即消失；在居禮點以上，鐵磁性物質之磁滯現象將消失，必須靠感應渦電流繼續加熱（以及部分石墨坩堝之電磁感應）加熱，但由圖 4-18 可見，在 700℃溫度上升非常快，也顯示的確在加入鐵砂之情況下藉由磁滯效應加熱的效率的確較高，若以對數模式進行模擬可得到 R^2 為 0.9903 之曲線方程式如下

$$T = 360.27 \times ln(t + 1) + 7.1218 \tag{4-2}$$

其中 T 為溫度，t 為時間。依此曲線方程式推估，達到 600℃與 700℃之時間分別需 3.40 與 4.72 秒，而加熱到 1400℃則需要 47.60 秒，兩者相差 10 倍以上，由於使用之電力相同，若能夠在 600～700℃以下即達成玻璃化，其成本將可降低相當多。此處將多次照相之結果呈現如圖 4-19 所示，記錄加熱至 1450℃之前期、中期與末期之情況，圖 4-19a 為 700℃以下，圖 4-19b 為 700℃以上之情形，圖 4-19c 為最終完成時移出坩堝之情形。圖 4-25 則是經玻璃化之底泥冷卻後之情況，圖中陶瓷坩堝中有如髮絲狀物質為刮勺在底泥尚未冷卻凝結時沾黏而拉出成形之絲狀玻

圖 4-19　電磁感應加熱玻璃化之前中後（a, b, c）情況

圖 4-20　玻璃化固化冷卻後之底泥

璃物質。依上述條件經完成 7 個條件之底泥固化之後，將樣品攜回實驗室依有害事業廢棄物之毒性溶出實驗，其毒性溶出實驗之重金屬測定後之前後濃度如圖 4-21 與表 4-14 所示。由圖 4-21 可見在增加鐵砂比例情況下，似乎各項重金屬之溶出濃度略有下降之趨勢，其中以鋅及鎳最爲明顯。由表 4-14 可見，除了鎘與汞在測試底泥中原本濃度即爲未檢出無法計算安定率之外，其餘各種重金屬之安定率在 97～100% 之間，且均未超出目前環境部所制定之「底泥品質指標之分類管理及用途限制辦法」之底泥品質指標標準；其中最高者爲鋅與鎳，但鋅僅達上限值之 6.1% 與下限值之16.7%（玻璃化前原本爲上限值之 1.73 倍與下限值之 4.75 倍）；鎳達上限值之 6.0% 與下限值之 20.1%（原本爲上限值之 1.59 倍與下限值之 5.30倍）。由此結果可見，在 1400～1450℃下玻璃化之底泥在重金屬污染部

分的確可以達到安定化之目的，即使留存於現地底泥中也可以符合目前法定之底泥品質指標之相關規定。

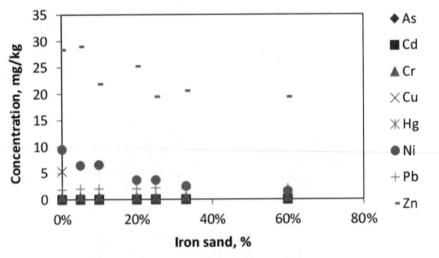

圖 4-21　經玻璃化之底泥毒性溶出實驗結果

■ 表 4-14

經玻璃化之底泥毒性溶出實驗結果（單位：mg/kg）									
重金屬	鐵砂比例							平均	安定率	符合法規
	0%	5%	10%	20%	25%	33%	60%			
砷（As）	ND	ND	ND	ND	ND	ND	ND	ND	NA	是
鎘（Cd）	ND	ND	ND	ND	ND	ND	ND	ND	NA	是
鉻（Cr）	0.41	0.43	0.47	0.36	0.34	0.44	0.34	0.4	99.9%	是
銅（Cu）	5.3	ND	ND	ND	ND	ND	ND	0.76	99.8%	是
汞（Hg）	ND	ND	ND	ND	ND	ND	ND	ND	NA	是
鎳（Ni）	9.46	6.43	6.55	3.65	3.65	2.49	1.5	4.82	97.0%	是
鉛（Pb）	1.80	1.98	2.01	2.00	2.12	1.96	1.98	1.98	98.1%	是
鋅（Zn）	28.34	28.98	21.9	25.22	19.46	20.57	19.38	23.41	97.4%	是

註：NA 是因為鎘與汞在原始樣品中濃度即為 ND，無法計算安定率，砷因沸點較低，可能於升（請確認是否有漏字）溫散，故不計算其安定率。

4.7.4 底泥中有機污染物模場試驗實施案例

有機物污染之土壤及底泥均可以物理化學或是生物分解方式進行穩定化，此處案例針對 (1) 底泥中之多氯聯苯及六氯苯與 (2) 土壤中之 DDT 及 Lindane 為例進行說明，並以二仁溪污染底泥模場試驗為例說明底泥中多氯聯苯及六氯苯之整治成果，另以新竹地區有機農場土壤中摻配 DDT 及 Lindane 之污染整治砂箱試驗成果進行說明。

一、底泥污染模場試驗場址說明

二仁溪流域之污染源有畜牧廢水、燃燒廢五金、電鍍、酸洗、廢油、皮革、印染等。除了重金屬之外，二仁溪底泥的 PCBs 含量因已經遠超我國之現行底泥品質指標下限值（0.09 mg/kg）約 5～50 倍，應以積極方式進行隔離與工程復育（環保署，2012）。戴奧辛在二仁溪底泥中之含量為 0.369～66.9 pg-TEQ/g，平均值為 17.8 pg-TEQ/g，在沒有顯著健康風險下，可以採監測式自然衰減方式（MNA）進行。重金屬濃度以三爺宮溪（台南市仁德區境內）沿岸之工廠廢水與台南灣裡地區之廢五金酸洗最為嚴重。此外，文獻中亦曾經指出二仁溪底泥中含有高量之多溴二苯醚與壬基苯酚等污染物（田，2008）。

二仁溪支流三爺宮溪流域工廠及人口密集，流域所經之地有八個主要污染區塊（圖 4-22）。主要污染源為電鍍業與金屬表面處理業之廢水，次要污染源為皮革業、印染業、水洗業、酸洗業之工業廢水；另外，粗估約有十萬人口之生活污水也排入三爺宮溪。其重金屬污染亦屬嚴重，此溪之底泥有明顯之偏黃與偏綠之顏色，初步研判是重金屬鉻及銅之污染非常嚴重所致。此外，本實驗場址為感潮河段，一天之內潮差可達 0.5～1.0 m（圖 4-23）。本試驗實際選定之模場試驗位置之考量因子為：(1) 底泥之粒徑分布適中，針對全部污染河段而言較具有代表性；(2) 底泥與河水中之氯離子與硫酸鹽離子濃度較適中，顯示為輕度之感潮河段，對全部污染河段而言較具有代表性；(3) 河水與底泥因污染嚴重，幾乎全年均處於厭

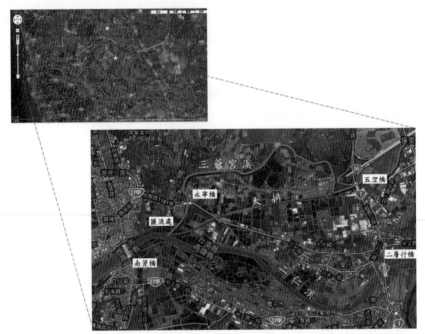

圖 4-22　二仁溪與三爺宮溪主要流域圖（摘錄自 Google.com 並加以標示）

圖 4-23　三爺宮溪永寧橋水位受潮水影響情況（張，2008）

氧狀態，針對厭氧與好氧狀態調控較為簡易。基於以上考量，選定匯流處為模場試驗場址。

　　本場址匯流處之水質及底泥背景資料顯示本區域水質 pH 屬中性偏鹼，多分布在 pH 值 7.4～8.2 之間；導電度均相當高，顯示離子濃度高，

是處於感潮河段之影響，似有隨季節變化之情形；溶氧部分，永寧橋與五空橋（平均值 2.0 mg/L）均較二層行橋與南荳橋（平均值 6.1 mg/L）為低，顯示三爺宮溪污染程度較高且偏厭氧。

生化需氧量部分，永寧橋與五空橋均較二層行橋與南荳橋為高，顯示有機污染物可能較多，且永寧橋與五空橋 BOD 似乎有季節性規律變化。由各項指標看來，近三年來，無論是二仁溪或是三爺宮溪，污染尚無明顯降低情況。以底泥粒徑分布而言，三爺宮溪永寧橋附近之底泥屬於較少坋土顆粒與黏土顆粒者，其中黏土顆粒最高者為南荳橋一帶，其次為三爺宮溪與二仁溪匯流處（如圖 4-24 所示）。

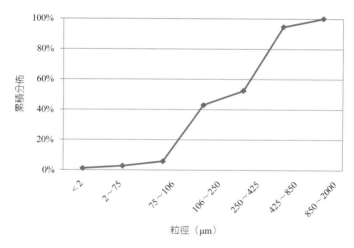

圖 4-24 二仁溪底泥粒徑分布情形

二、底泥污染整治技術說明

此模場試驗採用現地相反轉乳化與生物還原脫氯技術（*in situ* phase inversion emulsification and biological reductive dechlorination, ISPIE/BiRD），其操作原理如圖 4-25 所示，此乳化液是由非離子型界面活性劑、大豆油與水所組成，其特性是在相反轉溫度（phase inversion temperature, PIT）以下呈現油在水中（oil in water, O/W）乳化液，加熱至 PIT 以上即呈現水在油中（water in oil, W/O）之乳化液，再經過降溫

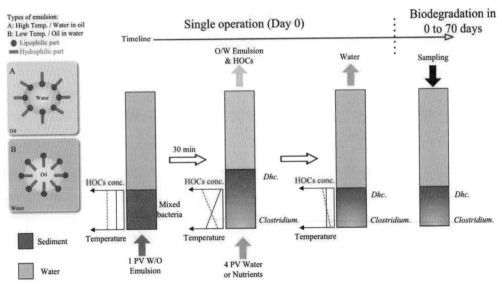

圖 4-25　ISPIE 施作前中後之預期優勢菌群分布示意圖

至 PIT 以下，則可形成較原先 O/W 乳化液中之油顆粒更小之奈米乳化液，有利於穿過底泥中之孔隙。ISPIE 操作是將這種溫度高於 PIT 之熱 W/O 乳化液從充滿底泥的管柱底部注入，底部的底泥將經歷一段時間的高溫，而產氫菌為一種內孢子菌，可經高溫來進行篩選培養（Madigan *et al.*, 2019）。因此，底部底泥將具有主要由產氫菌和其他內孢子生成菌組成，上層底泥則是以脫鹵菌及其他菌群為主。注入熱 W/O 乳化液將具有與持久性有機污染物（persistent organic pollutants, POPs）相似的傳輸行為，並且將增加油相與疏水性污染物之間的接觸機率（Saleh *et al.*, 2007）。

較高的溫度還可以增加這些 POPs 在不同相之間的質傳（Di *et al.*, 2002）。保溫 30 min 後，注入室溫之清水以促成乳化液相反轉成為 O/W 乳化液，且推動細小油顆粒向上移動，可以去除底部的大部分 POPs（Chang *et al.*, 2014; Chang *et al.*, 2017）。上方底泥中的 POPs 濃度可能仍然稍高，但是在此部分底泥中脫氯菌群可能成為主要的優勢菌群。然後，這個經過 ISPIE 處理之大約 30 cm 厚的底泥變成具有不同分層優勢菌

群之生物活性覆蓋材料。而 BiRD 則是在 ISPIE 操作結束後，利用下層較為富集（enriched）之產氫菌將利用殘餘基質（即殘餘之乳化液）進行氫氣生產，產生溶解於水中之氫，並向上擴散到上方底泥，脫氯菌群可將其用作為電子供給者，將 POPs 當作電子接受者而有效還原脫氯。

經過現地加入高溫之水在油中乳化液將造成孔隙水中之氣體遭到加熱形成氣泡，而將表層底泥浮動造成輕微擾動之情況，且因上層水柱影響而迅速降溫，下層底泥因受較長間之高溫接觸達到微生物熱篩之效果，產氫之內孢子生成菌（如 *Clostridia* 屬之菌群）將成為優勢菌，上層迅速降溫結果將無熱篩效果而僅有略微增溫之效果，而絕大多數已知之厭氧還原脫鹵菌群最適宜生長溫度均在 35～37℃ 之間，也因增溫效果成為上層底泥中主要優勢菌。下方產氫菌可利用殘餘之乳化液進行產氫，上層之厭氧還原脫鹵菌群則可有效利用氫氣作為電子供給者將尚未完全移除之含氯 HOCs 繼續分解去除；在稍微加壓壓實之後，可使已經蓬鬆之底泥回復為較緻密之情況，由下方為擾動底泥向上傳輸之污染物通量受到阻隔與生物分解之屏障，避免直接接觸上部水體以及表層底棲生物。

三、實施方式

本試驗總共設置了風化（weathered, W）與新鮮添加（fresh, F）2 種不同的實驗條件（表 4-15）並且每種試驗分為 4 組，即 BK（背景控制組），NR 為底泥經 ISPIE 並進行自然回復監測，BS 為底泥經 ISPIE 並進行生物刺激，BA 為底泥經 ISPIE 並進行生物擴增。對於 NR 組，在經過 ISPIE 處理後未進行任何干預；而 BS 組，根據先前實驗室研究得出的最佳參數組合添加營養鹽；對於 BA 組，除了營養鹽外，還加入了實驗室中預先馴養好的分解菌群（Chang *et al.*, 2019）。

■ 表 4-15

	每組的測試條件（Chang et al., 2019）			
組別	污染物添加	ISPIE	營養鹽添加	馴養微生物添加
WBK	No	No	No	No
WNR	No	Yes	No	No
WBS	No	Yes	Yes	No
WBA	No	Yes	Yes	Yes
FBK	Yes	No	No	No
FNR	Yes	Yes	No	No
FBS	Yes	Yes	Yes	No
FBA	Yes	Yes	Yes	Yes

四、實驗成果

1. ISPIE操作

　　對於 ISPIE 操作，從裝有二仁溪底泥的管柱底部注入熱的 W/O 乳化液，並保溫 30 min 後，再加入 4.0 PV 室溫之冷水（BS 與 BA 組之最後 1.0 PV 為營養鹽或是營養鹽及微生物）。回收後，對每根管柱取樣及檢測分析，分析結果如圖 4-26。在圖 4-26a 中，對於風化的 Aroclor 1254，每組上下層之間沒有明顯差異。但是對於新鮮添加 Aroclor 1254 組，管柱的上半部（U）的 C/C_0 較管柱下半部（L）低；如 FBA 組，FBAU 之 C/C_0 明顯低於 FBAL。對於圖 4-26b，也有類似趨勢，但風化 HCB 數據較不一致，此可能與風化之 HCB 分布不均勻所致。從圖 4-26 可知，Aroclor 1254 的殘留濃度比 HCB 的殘留濃度似乎更加均勻。可能的原因是 Aroclor 1254 中有超過 150 種同源物（congeners），故可消除此種分布不均的影響。

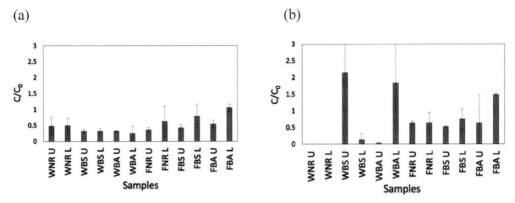

圖 4-26 風化和新鮮添加的 Aroclor 1254 (a) 以及風化和新鮮添加的 HCB(b) 之 ISPIE 後結果（Chang et al., 2019）

　　自 1990 年代以來，界面活性劑溶液和乳化液已用於土壤和含水層污染的整治，例如在實驗室規模的管柱中萃取四氯乙烯（Fountain *et al.*, 1991），通過在水中使用不同的界面活性劑溶液回收非水相液體（Martel and Gélinas, 1996），以及溶劑／界面活性劑輔助的土壤洗滌或界面活性劑輔助的土壤洗滌（Chu and Kwan, 2003）。近幾年，也有應用 O/W 植物油奈米乳化液、水包油包水（W/O/W）雙重乳化液和高油量 O/W 乳化液進行了回收去除測試，結果證明均有增強去除底泥中 POPs 的可行性（Chang *et al.*, 2014; Chang *et al.*, 2017）。而此現場之模場試驗結果表明，熱的 W/O 乳化液在回收去除風化的 POPs 之效果比去除新鮮添加的 POPs 的效果似乎更佳。

2. BiRD結果

　　進行 ISPIE 操作時，所有管柱均插入外管中，並定期進行採樣，結果如圖 4-27 所示。由圖 4-27a 可見，除了 WBSU 之外，其他管柱中的 Aroclor 1254 均呈下降趨勢，並且分為兩個階段，一個階段發生在前兩週，另一階段發生在第 42 至 70 天之間。與此同時，幾乎所有階段除了 WBSU 以外的其他管柱，去除效果均優於背景 BK 組，從 Aroclor 1254 結果可看出，進行 ISPIE 後的 NR、BS 和 BA 三種方法比背景空白組更

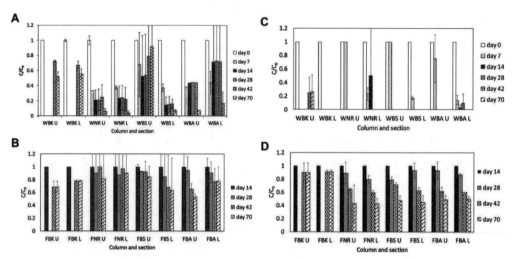

圖 4-27　風化的 Aroclor 1254 (a)，新鮮添加的 Aroclor 1254 (b)，風化的 HCB (c) 和新鮮添加的 HCB (d) 的生物降解（C/C_0）（Chang et al., 2019）

佳。對於新鮮添加的 Aroclor 1254（圖 4-27b），自然回復組顯示最低去除率（或最高 C/C_0），這與圖 4-27a 中的風化 PCB 組中觀察到的結果完全相反。背景組（FBKU 和 FBKL）顯出與其他組幾乎相同去除率。與風化的 Aroclor 1254 最終去除率相比，新鮮添加的 Aroclor 1254 的去除率遠低於風化組。這些結果顯示，ISPIE/BiRD 更適合去除風化的 Aroclor 1254。在圖 4-27c 中，風化的 HCB 的生物降解結果，背景組（WBKU 和 WBKL）的去除速度最慢，所有其他組的最終濃度降至 ND 或非常低。新鮮添加組 HCB 的濃度也顯示與新鮮添加 Aroclor 1254 類似的趨勢，其中 FBKU 和 FBKL 的去除率仍是最低（圖 4-27d）。所有其他趨勢都顯示出高度相似，最終 C/C_0 更低。綜言之，底泥中的新鮮添加 HCB（即場址剛剛受到污染），相較於剛受到 Aroclor 1254 污染者，去除率較佳。與相關文獻比較如表 4-16 所示，本研究測試了厭氧甲烷生成菌群降解 2,3,4,5,6-五氯聯苯的能力，最終去除了該同源物約 85% 的和約 50% 的總多氯聯苯（Natarajan *et al.*, 1998）。Quensen *et al.*（1990）測試了 PCB 污染底泥中的厭氧微生物對四種商業 PCB 產品 Aroclor 1242、1248、1254 和 1260

的脫氯作用。微生物可以在 8 週內除去 63% 的 Aroclor 1254 的間位氯和對位氯，但對鄰位氯則為 0%。Chang *et al.*（2001）則測試了台灣基隆河底泥中 2,3,5,6- 四氯聯苯，2,3,4,5- 四氯聯苯和 2,3,4,5,6- 五氯聯苯的生物降解。

■ 表 4-16

在 PCBs 和 HCB 上不同底泥整治方法之效能比較（Chang et al., 2019）

污染物	時間（週數）	實驗設置	去除率	資料來源
2,3,4,5,6-penta-chlorobiphenyl	12	Lab batch study/Fresh	～ 85%	Natarajan et al. (1998)
Aroclor 1254	8	Lab batch study/Fresh	< 63%	Quensen et al. (1990)
2,3,5,6-CB; 2,3,4,5-CB; 2,3,4,5,6-CB	10	Lab batch study/Fresh	100% for 2,3,4,5-CB 100% for 2,3,4,5,6-CB 60-80% for 2,3,5,6-CB	Chang et al. (2001)
Aroclor 1254	50	Lab batch study/Fresh	58-63% for meta- and para-Cl apparent removal of ortho-Cl	Pakdeesusuk et al. (2003)
Aroclor 1254	17	Lab batch study/Fresh	25%	Kaya et al. (2018)
HCB	20	Lab batch study/Fresh	47.6%-59.4%	Hirano et al. (2007)
HCB	5	Lab batch study/Fresh	100%	Zhou et al. (2015)
Aroclor 1254	10	Field microcosm/Weathered	≥ 98%	Chang et al. (2019)
HCB	10	Field microcosm/Weathered	100%	Chang et al. (2019)

在 70 天內，完全去除了 2,3,4,5- 四氯聯苯和 2,3,4,5,6- 五氯聯苯（降解產物並未再加以鑑識），但去除了 2,3,5,6- 四氯聯苯單獨的單一化合物和混合物中之移除率分別約為 60% 和 80%。Pakdeesusuk *et al.*（2003）測

試了 Aroclor 1254 的生物降解作用，發現脫氯作用主要發生在間位和對位（58～63% 的去除率）。因此，在這項研究中，結合殘留乳化液和熱篩微生物的 BiRD 可達成超過去除 98% 底泥中風化 PCBs 之成效。Hirano et al.（2007）報導了在實驗室批次研究中所進行的 HCB 在模擬河道底泥中的生物降解，結果顯示在 20 週結束時，HCB 的最終去除率為 47.6%～59.4%。Zhou et al.（2015）從污染底泥中培養了降解 HCB 的混合培養物，並在 5 週內觀察到接近 100% 的 HCB 去除。另一項研究表明，通過採用生物電化學系統可去除 78% 之 HCB（Wang et al., 2018）。以上所有研究均在實驗室進行批次研究，但本研究是在現地之模場試驗，在 10 週內實現了風化 HCB 的完全去除。

3. ISPIE/BiRD 的總去除率

圖 4-28 顯示不同試驗條件下 Aroclor 1254 的總去除率，即 $1 - (C_{final}/C_0)$。圖 4-28a 中顯示，WNR、WBS 與 WBA 之去除率均顯著優於背景之 WBK 組，WBK 組在 70 天中也能夠達到近 40% 之高去除率，可能與取得底泥並進行攪拌均勻時略為曝氣而影響厭氧分解有關，WNR 與 WBA 去除率均超過 98%，且明顯優於 WBS 組之上層底泥去除率，以 ISPIE 操作時，WBS 之上下層去除率並無顯著差異，但在總去除率中顯出明顯差異，可能是因為在下層底泥中也有極佳之非屬中溫菌之脫氯菌群，且添加之營養鹽可能並非上層菌群所能夠有效利用者。圖 4-28b 中顯示，新鮮添加 Aroclor 1254 之各組總去除率無明顯差異，但明顯低於風化 Aroclor 1254 中各對應組別，其中僅 FNR 與 FBA 之上下層間有明顯差異，且上層去除率優於下層。圖 4-28c 中顯示風化之 HCB 各組除背景之 WBA 組外，均可達到近 100% 去除率。

圖 4-28d 顯示出新鮮添加 HCB 各組之總去除率均低於風化 HCB 之各對應組別，且 FBK 明顯低於其他各組，而 FNR、FBS 與 FBA 間總去除率相近，這表明對於新鮮添加的 HCB（如新污染場址），工程干預絕對比沒有干預要好。在所有四個 HCB 組別中，上半部似乎顯示出比下半部

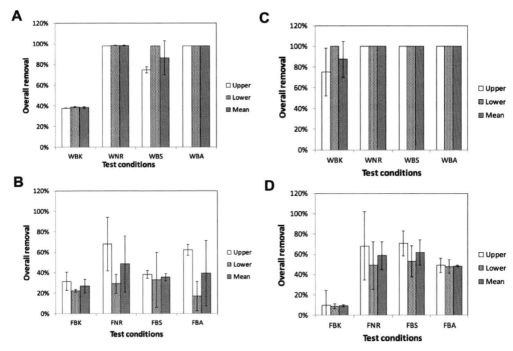

圖 4-28 風化的 Aroclor 1254(a)，新鮮添加 Aroclor 1254(b)，風化的 HCB(c) 和新
鮮添加 HCB(d) 的總去除率（$1 - C_{final}/C_0$）（Chang et al., 2019）

更好的去除效果。這種趨勢與新鮮添加的 Aroclor 1254 組（圖 4-28b）中
觀察到的趨勢吻合，並支持最初的設計假說。比較 Aroclor 1254 和 HCB
中 WBK 的去除（圖 4.7.4-8a 和 c），風化的 HCB 的去除效果明顯優於
Aroclor 1254 的風化。有兩個合理的原因，一種是 HCB 被高度氧化（在
苯環上的六個碳上完全氯化），比大多數 Aroclor 1254 的 PCB 同源物更
佳的電子接受者（Alvarez and Illman, 2006）；另一原因是高 K_{OW} 的高氯
化多氯聯苯同源物可能顯著影響其生物可及性（bioavailability）。以往
界面活性劑溶液或乳化液已應用到土壤和地下水污染的整治（Crane and
Scott, 2012; Wang et al., 2013），但很少應用在河川底泥中，並且大部分
實驗室研究城果無法在現地場址再現。ISPIE/BiRD 已在現地模場試驗中
測試成功，顯示此技術在大規模實場整治中具有高度可行性。

4.7.5 DDT與Lindane污染土壤砂箱試驗

一、土壤管柱ISPIE實驗

爲了確認在土壤中進行 ISPIE 對兩種 Lindane 與 DDT 之回收去除效果，故另外進行管柱中單次 ISPIE 操作之實驗，發現 DDT 之去除效果遠較 lindane 爲佳（見圖 4-29a），此處將之前底泥中 HCB 與 Aroclor 1254 之 ISPIE 回收去除率也納入，可繪製出如圖 4-29b 之統計迴歸圖，R^2 可達 0.90 以上，所以 log Kow 可能是左右回收率差異之主要因素。

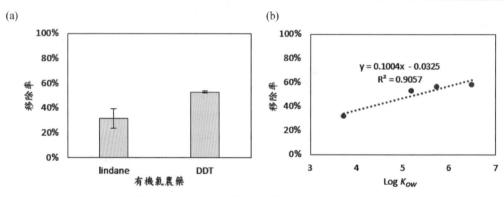

圖 4-29　土壤中 ISPIE 單次操作回收結果（Chang et al., 2021）

二、砂箱BiRD實驗

爲了更接近眞實生物整治的情況，乃在砂箱中進行 BiRD 實驗。砂箱實驗爲接續批次田口實驗，以個別之最佳條件（DDT 爲含水率 25%、有機質 0.1%、乳化液 1.0%、pH 值 7.0，Lindane 爲含水率 25%、有機質 0.1%、乳化液 1.0%、pH 值 8.5）對 DDT 與 Lindane 兩污染物分別進行砂箱實驗，於第 0 日、第 7 日、第 14 日、第 28 日與第 42 日進行採樣分析與菌相分析其結果如表 4-17 所示。於第 42 日之結果顯示：D1 之降解效果最佳，有 99.94% 之去除率，D2（僅添加乳化液但無馴養菌）與 D1 相似，去除率爲 99.93%，其次爲 D3（僅添加馴養菌）爲 94.81% 之去除率，而降解效果顯著較低者爲 D4，其去除率爲 80.97%。綜上所言，添加乳化

液組別比未添加組別之去除率高，代表添加乳化液可有效回收且提高對DDT 之去除效率。

■ 表 4-17

Lindane 與 DDT 之砂箱實驗結果

Group	Amendment		$R_{Lindane}$ (%)*	R_{DDT}(%)*
	Microorganism	Emulsion		
L1/D1	Yes	Yes	84.04±0.28	99.94±0.10
L2/D2	No	Yes	87.30±5.94	99.93±0.09
L3/D3	Yes	No	86.47±3.79	94.81±3.19
L4/D4	No	No	92.26±0.33	80.97±5.30

註：＊R 代表去除率

　　此部分結果顯示添加乳化液之效果（99.94±0.01%）較未添加乳化液者似乎顯著較佳（87.89±9.79%），而有添加馴養菌群（97.37±3.62%）與無添加馴養菌群則無明顯差異（90.45±13.41%）。由此可見，添加乳化液對後續生物降解結果似乎有顯著影響。DDT 降解部分與文獻結果比較如表 4-18，目前模擬 ISPIE/BiRD 在土壤中測試之結果顯示應屬優於以往之技術（Chang *et al*., 2021; Hay and Focht, 2000; Kuhad *et al*., 2004; Yim *et al*., 2008b）。

■ 表 4-18

DDT 之砂箱實驗結果與文獻結果比較

Format	Culture	好氧／厭氧	Removal (time)	References
Batch test	*Eubacterium limosum*	Anaerobic	95% (20 d)	Yim *et al*. (2008a)
Batch test	*Bacillus* sp.	Aerobic	～98% ($C_0 = 0.071$ mg/l) (5 d)	Kuhad *et al*. (2004)

■ 表 4-18

DDT 之砂箱實驗結果與文獻結果比較（續）

Batch test	*Pseudomonas acidovorans* M3GY	Aerobic	86%	Hay and Focht (2000)
Batch test	*Stenotrophomonas* sp. DDT-1	Aerobic	20% (C_0 = 10 mg/L) (21 d) 80% (C_0 = 1 mg/L) (21 d)	Yim et al. (2008a)
Batch test	Mixed culture (river sediment)	Anaerobic	85% (14 d)	Chang *et al.* (2021)
Column test	Mixed culture (river sediment)	NA	35% (single ISPIE,～1.0 hr)	Chang *et al.* (2021)
Sandbox test	Mixed culture (sediment + soil)	Both	90% (14 d), 99.94% (28 d)	Chang *et al.* (2021)

參考文獻

Alvarez, P. J. J. and Illman, W. A. Bioremediation and Natural Attenuation, John Wiley & Sons, Inc., Hoboken, NJ (2006).

Baskaran, D. and Rajamanickam, R. Aerobic biodegradation of trichloroethylene by consortium microorganism from turkey litter compost. Journal of Environmental Chemical Engineering 7(4), 103260 (2019).

Christensen,D. C. and Wakamiya,W., A Solid Future for Solidification/Fixation Processes,Toxic and Hazardous Waste Disposal, Vol. 4, R. Pojasek, ed., Ann Arbor Science Publishers, Inc, Ann Arbor, MI. pp.75～89 (1979).

Chang, B. V., Liu, W. G. and Yuan, S. Y. Microbial dechlorination of three PCB congeners in river sediment. Chemosphere 45(6), 849-856 (2001).

Chang, S.-C., Chiang, P.-Y., Yu, Y.-H., Chen, T.-W., Luo, Y.-S., Tsai, L.-C. and Yu, K.-C. Soybean oil nanoemulsion and magnetite nanoparticle as remediation enhancers for river sediment: from lab to field. Journal of Soil and Groundwater Remediation 1(2), 141-163 (2014).

Chang, S.-C., Wang, W.-T., Chen, Y.-J., Chen, T.-W., Chiang, P.-Y. and Lo, Y.-S. Emulsion-enhanced recovery and biodegradation of decabrominated diphenyl ether in river sediments. Journal of Soils and Sediments 17(4), 1197-1207 (2017).

Chang, S.-C., Wu, M.-H. and Chen, T.-W. Emulsion-enhanced remediation of lindane and DDT in soils. Journal of Soils and Sediments 21(1), 469-486 (2021).

Chang, S.-C., Yeh, C.-W., Lee, S.-K., Chen, T.-W. and Tsai, L.-C. Efficient remediation of river sediments contaminated by polychlorinated biphenyls and hexachlorobenzene by coupling in situ phase-inversion emulsification and biological reductive dechlorination. International Biodeterioration & Biodegradation 140, 133-143 (2019).

Chu, W. and Kwan, C. Y. Remediation of contaminated soil by a solvent/surfactant system. Chemosphere 53(1), 9-15 (2003).

Crane, R. A. and Scott, T. B. Nanoscale zero-valent iron: future prospects for an emerging water treatment technology. Journal of Hazardous Materials 211-212, 112-125 (2012).

Di, P., Chang, D. P. Y. and Dwyer, H. A.. Modeling of polychlorinated biphenyl removal from contaminated soil using steam. Environmental Science & Technology 36(8), 1845-1850 (2002).

Fountain, J. C., Klimek, A., Beikirch, M. G. and Middleton, T. M. The use of surfactants for in situ extraction of organic pollutants from a contaminated aquifer. Journal of Hazardous Materials 28(3), 295-311 (1991).

Gaza, S., Schmidt, K. R., Weigold, P., Heidinger, M. and Tiehm, A. Aerobic metabolic trichloroethene biodegradation under field-relevant conditions. Water Research 151, 343-348 (2019).

Hay, A. G. and Focht, D. D. Transformation of 1,1-dichloro-2,2-(4-chlorophenyl)ethane (DDD) by Ralstonia eutropha strain A5. FEMS Microbiology Ecology 31(3), 249-253 (2000).

Hirano, T., Ishida, T., Oh, K. and Sudo, R. Biodegradation of chlordane and hexachlorobenzenes in river sediment. Chemosphere 67(3), 428-434 (2007).

Kao, C. M., Chen, S. C. and Su, M. C. Laboratory Column Studies for Evaluating a Barrier System for Providing Oxygen and Substrate for TCE biodegradation, Chemosphere, 44, pp. 925-934 (2001).

Kaya, D., Imamoglu, I., Sanin, F. D. and Sowers, K. R. A comparative evaluation of anaerobic dechlorination of PCB-118 and Aroclor 1254 in sediment microcosms from three PCB-impacted environments. Journal of Hazardous Materials, 341, 328-335 (2018).

Kuhad, R. C., Johri, A. K., Singh, A. and Ward, O. P. Applied Bioremediation and Phytoremediation. Singh, A. and Ward, O.P. (eds), pp. 35-54, Springer Berlin Heidelberg, Berlin, Heidelberg (2004).

Liang, L., Guan, X., Shi, Z., Li, J., Wu, Y. and Tratnyek, P. G. Coupled Effects of Aging and Weak Magnetic Fields on Sequestration of Selenite by Zero-Valent Iron. Environmental Science & Technology 48(11), 6326-6334 (2014).

Little, C. D., Palumbo, A.V., Herbes, S. E., Lidstrom, M. E., Tyndall, R. L. and Gilmer, P. J. Trichloroethylene biodegradation by a methane-oxidizing bacterium. Appl Environ Microbiol 54(4), 951 (1988).

Liu, Y.-T., Chang, S.-C., Wang, H.-Y., Chen, H.-W. and Chen, T.-W. A Feasibility Study on Rapid In-Situ Vitrification of Contaminated Sediment Using Induction Heating. 土壤及地下水污染整治 6(1), 29-50 (2021).

Madigan, M. T., Bender, K. S., Buckley, D. H., W. M., S. and Stahl, D. A. Brock biology of microorganisms, Pearson Education Limited, London (2019).

Martel, R. and Gélinas, P.J. Surfactant solutions developed for NAPL recovery in contaminated aquifers. Groundwater 34(1), 143-154 (1996).

Natarajan, M. R., Wu, W.-M., Wang, H., Bhatnagar, L. and Jain, M. K. Dechlorination of spiked PCBs in lake sediment by anaerobic microbial granules. Water Research 32(10), 3013-3020 (1998).

Pakdeesusuk, U., Freedman, D. L., Lee, C. M. and Coates, J. T. Reductive dechlorination of polychlorinated biphenyls in sediment from the Twelve Mile Creek arm of Lake Hartwell, South Carolina, USA. Environmental Toxicology and Chemistry 22(6), 1214-1220 (2003).

Quensen, J. F., III, Boyd, S. A. and Tiedje, J. M. Dechlorination of four commercial polychlorinated biphenyl mixtures (Aroclors) by anaerobic microorganisms from sediments. Appl. Environ. Microbiol. 56(8), 2360-2369 (1990).

Roberts, P. V., Semprini, L., Hopkins, G. D., Gibic-Galic, D. and McCarty, P. L. In situ aquifer restoration of chlorinated aliphatics by methanotrophic bacteria. (Journal Article) (1989).

Raavi-Shirazi, F. and John N. Veenstra.Development of a Biological Permeable Barrier to Remove 2,4,6-Trichlorophenol from Groundwater using Immobilized Cells. Water Environment Research, 72:4, pp.460-468 (2000).

ITRC, Permeable Reactive Barriers: Lessons Learned/New Directions (2005).

Janssen, D., Oppentocht, J. E., and Poelarends, G.J. Microbial Dehalogenation, Current Opinion in Biotechnology, 12, pp. 254-258 (2001).

LaGrega, M. D., Buckingham, P. L. and Evans, J. C., Hazardous Waste Management McGraw-Hill, Inc., pp. 651～655 (1994).

Saleh, N., Sirk, K., Liu, Y., Phenrat, T., Dufour, B., Matyjaszewski, K., Tilton, R. D. and Lowry, G.V. Surface modifications enhance nanoiron transport and NAPL targeting in saturated porous media. Environmental Engineering Science 24(1), 45-57 (2007).

USEPA, Soliditech, Inc. Solidification/Stabilization Process Applications Analysis Report," EPA/540/A5-89/005, September (1990).

USEPA, "Chemfix Technologies, Inc. Solidification/Stabilization Process Applications Analysis Report," EPA/540/A5-89/011,May (1991).

USEPA, In Situ Treatment of Soil and Groundwater Contaminated with Chromium, EPA/625/R-00/005 (2000).

USEPA,Field Applications of In Situ Remediation Technologies: Permeable Reactive Barriers, Office of Solid Waste and Emergency Response, Washington DC (2002).Wang, H., Cao, X., Li, L., Fang, Z. and Li, X. Augmenting atrazine and hexachlorobenzene degradation under different soil redox conditions in a bioelectrochemistry system and an analysis of the relevant microorganisms. Ecotoxicology and Environmental Safety 147, 735-741 (2018).

Wang, W.H., Hoag, G.E., Collins, J.B. and Naidu, R. Evaluation of surfactant-enhanced in situ chemical oxidation (S-ISCO) in contaminated soil. Water, Air, & Soil Pollution

224(12), 1713 (2013).

Xing, Z., Su, X., Zhang, X., Zhang, L. and Zhao, T. Direct aerobic oxidation (DAO) of chlorinated aliphatic hydrocarbons: A review of key DAO bacteria, biometabolic pathways and in-situ bioremediation potential. Environment International 162, 107165 (2022).

Yim, Y.-J., Seo, J., Kang, S.-I., Ahn, J.-H. and Hur, H.-G. Reductive Dechlorination of Methoxychlor and DDT by Human Intestinal Bacterium Eubacterium limosum Under Anaerobic Conditions. Archives of Environmental Contamination and Toxicology 54(3), 406-411 (2008a).

Yim, Y. J., Seo, J., Kang, S. I., Ahn, J. H. and Hur, H. G. Reductive dechlorination of methoxychlor and DDT by human intestinal bacterium Eubacterium limosum under anaerobic conditions. Arch. Environ. Contam. Toxicol. 54(3), 406 (2008b).

Zhou, X., Zhang, C., Zhang, D., Awata, T., Xiao, Z., Yang, Q. and Katayama, A. Polyphasic characterization of an anaerobic hexachlorobenzene-dechlorinating microbial consortium with a wide dechlorination spectrum for chlorobenzenes. Journal of Bioscience and Bioengineering 120(1), 62-68 (2015).

可寧衛股份有限公司實驗室，台灣高雄市岡山區中山南路308號（2019）

余光昌and凌彗 ，生物淋溶處理河川底泥時PAH之釋出，嘉南藥理科技大學，台南，台灣，（2004）。

宋倫國，高開綸，黃武璋，「汞污染土壤固化處理可行性研究」，中華民國環境工程學會，土壤與地下水研討會，（2008）。

常威，蔣旭光，邱琪麗，池涌，嚴建華，「螯合劑與水泥協同穩定垃圾焚燒飛灰中的重金屬」，中國環境工程學報，第9卷，第12期，（2015）。

黃智，林睿哲，林財富，陳彥旻，謝峰銘，洪聖修，林淑滿，「生物反應式透水阻牆整治工法應用研究-材質開發與模場驗證期末報告」，財團法人中興工程顧問社，（2006）。

黃智，林財富，陳彥旻，劉俊延，洪旭文，生物性緩釋材之開發與應用，財團法人中興工程顧問社環境工程研究中心，（2008）。

凌彗紋，以生物淋溶法處理受重金屬污染之河川底泥過程中底泥物化因子的變化。碩士論文，嘉南藥理科技大學，台南，台灣，（2004）。

行政院環境保護署，105年度污染土壤離場特定再製產品製程技術與管理研析計畫
（EPA-105-GA11-03-A290），（2018）。

現地圍封後之污染土壤固化及穩定化之溶出與擴散機制

倪春發、陳瑞昇、杜永昌、林賢宗

5.1 污染傳輸機制

由於污染物在水環境系統會受到天然或人為所造成的各種物理、化學、和／或生物過程影響，而造成水質的改變或轉化成其它污染物，因此了解且能模擬上述的各種過程為水質管理與減緩污染的核心工作。任何減緩污染計畫、污染清除操作或控制措施，都需要能預測在這些相對應的整治或控制活動下污染物之宿命與傳輸（fate and transport）行為。

地下水污染傳輸數學模式為真實現地系統簡化下的理想表示，藉由控制體積（control volume）的質量守恆（mass balance）概念並納入各種現象關係以描述地下水系統中的物理及化學與生物過程（processes）。地下水污染傳輸數學模式為預測並了解污染物移動的時間與空間分布之有效工具，對於相關地下水污染的調查、預防與整治方案的選擇與設計皆扮演重要的關鍵角色。且地下水污染傳輸模式所預測的污染物動態，亦為地下水污染健康風險評估（health risk assessment）的基礎（Vanderborght and Vereecken, 2007）

常見之非水相液體（non-aqueous phase liquid, NAPL）污染物於地下環境中傳輸的概念模式〔以重質非水相液體（dence non-aqueous phase liquid, DNAPL）為例〕，通常污染物洩漏發生之後，污染物會因為重力而向地下深處移動，這些高濃度的 DNAPL 會隨著地下水流方向而改

變，並且可能蓄積在某些緻密地層的上方而形成污染池（pool）。對輕質非水相液體（light non-aqueous phase liquid, LNAPL）而言則會因為密度比水小而停留在水位面上隨著地下水位的變動而移動。

　　污染物在地下環境中，會有吸附、脫附、溶解與揮發的作用同時發生，並且在氣相、溶解相與液相之間轉移，在通氣層或溶解於地下水中的污染物會揮發而進入土壤孔隙中，進而傳輸至地表或進入建物當中，這樣的情形被稱為土壤氣體入侵。而在含水層中的污染物，則是會有吸脫附、溶解的情形發生。溶解態的污染物則隨著地下水流動方向移動，而有延散與擴散的情況一直到無污染濃度（環境部，2019）。

5.2 覆蓋層

5.2.1 影響覆蓋層效能的特徵、事件及過程

　　覆蓋層在較大尺度的自然系統中是個需要被重視，並且在設計時必須要考慮其對整體系統影響的工程結構。瞭解覆蓋層的相關物理機制並利用數值分析對其分析可以幫助工程師們設計一個更完善並能達到預定目標的系統。幾個主要作用於覆蓋層的過程描述如下：

一、水文循環

　　覆蓋層的主要目的為將入滲至下方廢棄物的水量，或是將進入大氣的氣體量最小化。如圖 5-1 所示，水的源頭來自落在覆蓋層之上的降水，接著根據覆蓋層的坡度、土壤特性、含水特性以及降雨的強度和時間長短，便發生積水或地表的逕流。其中沒有流走的雨水將會積存於覆蓋層的低窪處，或是入滲至覆蓋層的表層。接著入滲至覆蓋層的水將會開始蒸發，蒸發速率將取決於表土的植被狀況、土壤特性、表土溫度、土壤與水的相對含水量以及太陽的輻射強度。其餘沒有變成逕流或是蒸發的降水將繼續儲存於覆蓋層中，或者當覆蓋層的水量超出其儲存能力時，水將繼續入滲至覆蓋層內部。

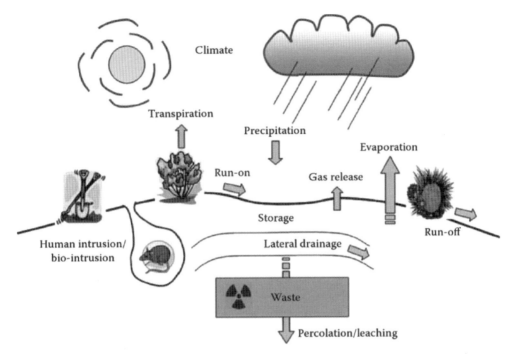

圖 5-1　作用於長效期覆蓋層的特徵、事件或是過程（Chien *et al.*, 2005）

　　污染物的蒸氣有可能經由移流或是擴散的方式穿透覆蓋層，其移流的速率將根據覆蓋層的氣相傳導係數或是覆蓋層兩側的氣壓梯度大小，氣壓的變化將會增加污染物蒸氣藉由移流進入大氣的量。蒸氣的擴散源頭來自覆蓋層兩側的氣相濃度梯度，而擴散係數的大小則取決於土壤特性、含水量或是污染物的分子重量。一般而言，擴散會在地底下有個固定的發生邊界，其深度取決於表層地形、植披以及風的狀況（Thibodeaux, 1981）。

　　入滲進覆蓋層的水或是傳輸進覆蓋層的污染物仍會受到人類、生物入侵或是其他自然事件的影響，並且造成入滲率的現實量測值與推估量之間的差異，如圖 5-2 所示。生物在覆蓋層中挖掘的地洞或是通道將會加速水或是污染蒸氣在覆蓋層中的移動速率。自然事件像是地震、龍捲風、水災或溶雪亦將對覆蓋層產生破壞性的影響。即使如同第一章所言，針對這些事件或是過程所產生的不確定性進行完善的處理，其潛在影響與造成的後果仍非常明顯並需要被好好重視。

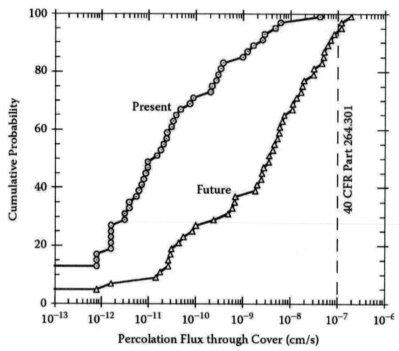

圖 5-2　穿過覆蓋層的滲漏水量於現況和未來的累計機率分布（Ho, 2001）

二、覆蓋層的各層與其特性

　　在多數的案例中，廢棄物上的覆蓋層很少只由一種土壤組成，一般覆蓋層會用特定方式將不同的土壤，進行層狀堆疊以達成所需的效能。本節將會概述覆蓋層中每一層的設計功能與其目的。

1. 表層 - 由於脫水和乾燥的影響，可能需要將任何表面土壤的厚度前十幾公分視爲特別的土壤區域，本區通常具有相對表層下土壤還要高的水力傳導係數。若在數值模式中需要模擬覆蓋系統的入滲現象，本區將會產生非常重要的影響。

2. 植被層 - 覆蓋層通常會包含一個植被生長層，在許多狀況下，植被可以作爲決定覆蓋層效能的關鍵。根據質量守恆計算，實際蒸發散的總合永遠小於其理論勢能蒸發散量，這表示在近地表的過程中，水的存在與否將影響蒸發散的過程，而且沒被植被蒸散掉的水也會因爲蒸發作用而消失。換句話說，即使植被不存在，實際的蒸發散量也會與有植

被的情況差不多。但是當需要考慮地層下較深部水的時候，尤其是因為土壤逐漸乾燥，蒸發作用主導整個地表作用的時候，蒸散作用便會變得很重要。植被在邊坡覆蓋物的穩定上也有很大的作用，尤其在控制邊坡侵蝕時更為重要。

3. 毛細作用阻斷層 - 由於在負壓下，兩種材質會有不同的含水量，此層通常由相鄰的礫石和細緻材料組成。毛細破壞層有許多的用處，當放在壓密層下時，此層可以降低由壓密層的入滲；當放在壓密層上時，由於水分很難沿著乾的粗顆粒材料向上，此層可以減少壓密層因蒸發而乾掉。在此類忽略向上液相流的設計條件下，若以模式進行分析，應使用包含耦合水與蒸氣流的模式來評估蒸氣通量對阻隔層乾燥過程的影響。

4. 阻隔層 - 阻隔層通常由壓密且低滲透的細粒土壤所組成。阻隔層不應該直接放在表層，不然就會受到強烈的乾燥、脫水或是反覆的高低溫凍融所影響。通常阻隔層會放在礫石層上方以產生毛細作用阻斷效應，並會放在植被生長層的下方；但通常會選擇植被生長層的植物種類，以免植物根系擴展到阻隔層造成阻隔層破壞。當長效期阻隔層的效能不明且無法精確地預測時，在此層使用緊密且級配良好的材質，可提供較長的入滲水遲滯時間，發揮較佳的保護效能。

5. 儲存層 - 儲存層通常由鬆散的良好級配材料組成。由於有較高的水力傳導係數，此層能讓水容易入滲，且容易藉由蒸發或植物根部吸收而移出。在多數的設計場址中，儲存層的厚度在功能評估上變成了一個關鍵問題，儲存層的覆蓋厚度必須足夠，能讓近地表的乾燥與濕潤的過程不影響其下的廢棄物，同時還要能承受長時間的地表沖蝕作用。若覆蓋層被設計用來限制氣體的流量，則此層必須在長期乾燥期間，仍持續保有近飽和狀態的區域，此儲存層須能保護其下較深部的近飽和阻隔層。長期儲存層的效能會因為較粗的礫石材料的崩裂而被影響，造成傳導係數的降低而影響效能。

5.2.2 實務上模擬覆蓋層效能的模式

土壤層中的水分移動通常考慮三個主要界面特性，其中包含有土壤與大氣的交界、近地表非飽和層、與更深的飽和區域。過去的地下水模擬主要關注於飽和區域，但卻因為非飽和區與土壤大氣的交界面很少被考慮到，造成分析自然系統時會產生質量不守恆。過去數十年在非飽和土壤分析技術的演進，讓飽和／非飽和層的技術有顯著的發展，配合電腦分析技術的硬體功能提升，分析的主題可考慮覆蓋層甚至是儲存層及其周圍更廣、更複雜的熱力、水力、力學及化學（thermal-hydrological-mechanical-chemical, THMC）耦合問題。熱力 - 水力 - 力學 - 化學過程與其交互作用，會因場址條件的不同，而有不同程度的複雜性。現地圍封場址因為圍封設計材料、儲存廢棄物、水及附近原生土壤特性等，可能產生滲漏或地下水流動，此一水體的加入，可能讓圍封場址內的廢棄物與水產生水、熱與化學作用，進而有化學污染物溶出。在場址附近的力學行為主要是考慮場址的力學破壞行為，例如覆蓋層的不均勻沉陷破壞、上方外加荷載造成破壞等，都可能讓既有的覆蓋層失去保護功能，進而讓地面水體或空氣進入覆蓋層下的圍封廢棄物。本專書章節內容中，先不考慮因力學破壞行為涉及的覆蓋層分析問題。

此節將介紹一些常用的分析與預測覆蓋層效能模式，此類模式主要為數值模式。因為在實務上的分析通常面臨較複雜的場址幾何形狀，以及較複雜的圍封材料與覆蓋層分布，選用有輸出入介面與成果繪圖功能的數值模式，多數可因應此一需求。表 5-1 列出幾個常用模式的求解概念、以及一些關鍵功能和數值解法技術。以下章節，僅挑選幾個代表性模式如美國環保署水平衡解析模式 HELP、數值模式如 FEMWATER 系列模式、HYDRUS 系列模式、MODFLOW 與 MT3DMS 模式、以及 TOUGH 系列模式進行說明，其他模式的相關理論與數值方法，使用手冊等，可透過網路資訊獲得。

表 5-1　常用模式總覽

模式名稱	數值方法[1]	熱傳[2] (T)		水流[3] (H)		傳輸[4] (C)			耦合方式	參考資料／網頁
	方法	Cd	Cv	Sf	Us	Ad	Ds	Re		
FEFLOW	FEM	✓		✓	✓	✓	✓	✓	THC	http://www.mikepoweredbydhi.com/products/feflow
FEMWATER/ HYDROGEOCHEM	FEM	✓	✓	✓	✓	✓	✓	✓	THC	(Lin et al., 1997, Yeh et al., 2004)
HydroGeoSphere	FEM	✓	✓	✓	✓	✓	✓	✓	THC	(Therrien et al., 2010; Brunner and Simmons, 2012)
HYDRUS series	FEM	✓	✓	✓	✓	✓	✓		THC	(Šimůnek et al., 2005)
MODFLOW+ MT3DMS	FDM			✓		✓	✓		HC	(Harbaugh et al., 2000; Harbaugh, 2005), (Zheng, 1990, Zheng and Bennett, 2002)
PHREEQC	FDM	✓	✓	✓	✓	✓	✓	✓	THC	(Parkhurst and Appelo, 1999)
TOUGH-series	IFDM	✓	✓	✓	✓	✓	✓	✓	THC	(Pruess et al., 1999)
HELP	WB			✓			.		H	(Schroeder et al., 1994)

1. 數值方法 FEM：有限元素法（Finite element method）；FDM：有限差分法（Finite difference method）；IFDM：積分有限差分法（Integral finite difference method）；WB：水平衡法

2. 熱傳分析 Cd：熱傳導（Conduction）；Cv：熱對流（Convection）

3. 水流分析 Sf：飽和水流（Saturated flow）；Us：非飽和水流（Unsaturated flow）

4. 傳輸分析 Ad：移流傳輸（Advection）；Ds：延散傳輸（Dispersion）；Re：化學反應傳輸（Reaction）

一、FEMWATER系列模式

　　有限元素法（Finite Element Method, FEM）爲許多數值分析方法的一種，其數值法是利用積分方式，將分析區域網格化，由網格關係與權重，建立一代數方程系統，將分析區域離散成有限個元素。由於內插函數之選擇可隨問題所需精度而調整，故能求解複雜之幾何模型或是邊界條件。模式已廣泛應用於地下水與污染傳輸分析模型中。FEMWATER（Three-Dimensional Finite Element Model of Water Flow Through Saturated- Unsaturated Media）（Lin, *et al*., 1997 ）是以 FEM 爲數值方法的地下水模式，其模式爲開放源，以 FORTRAN 程式語言撰寫，能模擬三維的飽和與非飽和土壤水分移動與密度流污染傳輸。FEMWATER 經常被應用於模擬飽和或非飽和土層中之地下水流、污染物傳輸及海水入侵等問題，是目前被廣泛使用的地下水模式之一。

　　FEMWATER 所採用的水流控制方程式係由理查方程式（Richards equation）演變而來，爲一個根據流體質量守恆及非飽和層水分變化，並可以描述飽和－非飽和之土壤介質中，壓力水頭分布的方程式。FEMWATER 模式中所需輸入的土壤特性參數有飽和與非飽和土壤特性參數兩種，其中非飽和土壤特性參數包含有土壤吸力（或張力）對土壤含水量之關係、與相對水力傳導係數之關係和含水當量數種參數。一般地下水的問題中考慮非飽和土壤的水力傳導係數與土壤含水量（或土壤毛細張力水頭、土壤水份吸力）呈現線性的關係。FEMWATER 目前在模式的前處理與後處理工具可使用方便的地下水模擬系統（Groundwater Modeling System, GMS），GMS 爲一商業化的模式輸出入工具軟體，除了整合 FEMWATER 模式外，其他開放源模式如美國地質調查所的 MODFLOW 及美國環保署的 MT3DMS 等，也包括在 GMS 介面軟體內。

二、HYDRUS系列模式

　　HYDRUS 用於模擬一至三維水流、熱傳輸以及在可變飽和土壤中具連續一階衰變反應性質的溶質運動。HYDRUS 使用理查方程式（Richards

equation）來模擬可變的飽和流，並使用基於 Fickian 的移流延散方程來
進行熱和溶質傳輸的模擬。其中水流方程式結合了一個源匯項來處理植物
根系對水分的吸收、熱傳導方程式考慮了與流動水的傳導和對流引起的傳
輸、溶質傳輸方程式考慮了液相中的移流 - 延散傳輸以及氣相中的擴散。
傳輸方程式還包括固相和液相之間的非線性非平衡反應、液相和氣相之間
的線性平衡反應、零階生成和兩個一階降解的反應（一個獨立於其他溶
質，另一個提供一階衰變反應鏈中所涉及溶質之間的耦合）。

　　HYDRUS 使用者介面包括前處理和輸出結果的圖形展示，前處理包
括通過線、弧和曲線指定任意連續形狀的水流區域，離散化區域邊界，然
後自動生成非結構性的有限元素網格。輸出結果的圖形包括簡單的二維
x-y 圖、流場及濃度等值圖、速度向量以及等值線的動畫等，可以輕鬆獲
取沿任何橫截面或邊界的圖形，界面的一小部分還包括部分的土壤水力學
特性。

三、MODFLOW與MT3DMS

　　MODFLOW（modular three-dimensional groundwater flow model）
模式為美國地質調查所（U.S. Geological Survey）之三維地下水數值模
式，用以模擬地下水在含水層流動的現象。MODFLOW 採用體心式有
限差分法（block-centered finite-difference approach）進行地下水流控制
方程式之求解計算，能模擬如侷限受壓含水層、非侷限受壓含水層、受
壓侷限 - 非受壓侷限含水層，以及半侷限受壓層等許多類型的含水層。
MODFLOW 之網格以格網表示，其描述為列（row）、行（column）及
層（layer），需輸入數據包括含水層形式、網格大小、邊界條件、水文
地質參數、初始條件、模擬時間、及求解方法等。自 1988 年發展以來，
MODFLOW 便以模組化做為設計目的，並以此概念將不同類型的模組
（modules）分類組合成許多的套件（packages）。使用者能依照自身需
求，決定模式中取用的套件以進行各種水文地質條件下水流模式模擬，如
井抽 / 注水、大範圍抽水（rational withdraw）、蒸發散與河流之效應等。

MT3D 模式全名爲 Modular 3-Dimensional Transport，MS 則代表 Multi-Species（Zheng and Wang, 1999）。MT3DMS 爲包括特性法（method of characteristics）、質點追蹤演算法（particle tracking algorithm），及有限差分方法等數值方法，處理數值問題的三維地下水溶質傳輸模式，用於模擬污染物在異向性（anisotropic）、異質性（heterogeneous）、層狀（layered）含水層中的濃度變化。MT3DMS 可以模擬污染物在含水層中的移流（advection）、延散（dispersion）、吸附（sorption）、及衰減（decay）等影響污染物濃度變化的機制。其中，吸附限於平衡狀態下的線性或非線性作用，衰減爲一階不可逆的放射性衰變（radioactive decay）或生物降解（biodegradation）。MT3DMS 假設濃度場的變化不會顯著的影響地下水流場，因此任何使用體心式有限差分法的水流模式，均可以搭配 MT3DMS 進行污染物傳輸模擬，如 MODFLOW。MT3DMS 所需輸入的數據，除了水流模式之輸出結果外，還包括設定各網格的初始濃度、污染物來源（sink/source）的流入率、求解方法、延散係數、及化學作用參數等，目前，MODFLOW 及 MT3DMS 模式也包括在 GMS 介面軟體內。

四、TOUGH系列模式

TOUGH（Transport of Unsaturated Groundwater and Heat）是一個用於計算多孔隙和裂隙介質中氣體、水和熱傳輸的數值模擬模式（Pruess, 1991），其系列模式包括 TOUGH2、iTOUGH、TOUGHREACT 等，各模式均使用 TOUGH2 爲基礎的數值方法開發。其中，iTOUGH 可進行參數反推估及不確定性分析；TOUGHREACT 則在 TOUGH2 的基礎上，加上化學反應傳輸功能，可進行複雜的化學反應分析。TOUGH2 模式中使用集成的有限差分方法同時解決了氣體、水和熱的質量和能量平衡計算。TOUGH2 的積分有限差分公式允許使用非均勻網格去表示不規則的場域，該程式最初是爲了處理和熱流相關的問題，然而現今已廣泛應用於非飽和與飽和多相流的各種領域問題上。例如 Ho 和 Webb（1998）使用

TOUGH2 來模擬垃圾掩埋場覆蓋層中，異質性對於毛細阻隔牆效能的影響，並使用多相方法描述氣相和液相的運動、潛熱和顯熱的傳輸以及液相和氣相之間的相變問題，並可以分別對氣相的水蒸氣和氣體進行追蹤與模擬。根據達西定律，液相和氣相可在壓力、黏性和重力作用下發生，並利用相對滲透率函數表示相之間的干擾。

TOUGH2 已經開發有許多不同的類型，包括對附加物種進行附加功能的模擬、對擾動的大氣邊界條件進行模擬以及反向的模擬。其中模式參數、初始條件和邊界條件寫在能被模式讀取的文字檔案中。TOUGH2 的原始碼以標準 FORTRAN 編寫，以讀取文件檔案讀取模式參數、數值解法、初始條件和邊界條件，提供對附加物種進行附加功能的模擬，以及對擾動的大氣邊界條件進行模擬以及反向的模擬等。TOUGH2 僅由第三方軟體執行後處理能力，如 RockWare 公司的 PetraSim 即為使用 TOUGH2 之介面軟體，方便使用者給定輸出輸入參數。

五、HELP模式

HELP（Hydrologic Evaluation of Landfill Performance）垃圾掩埋場水文評估模式是美國陸軍工兵團為了環保署所發展的模式，目前版本是 2020 年發表的第四版本（USEPA, 2020）。

HELP 模式包含了地下水流路徑的水平衡模式，該模式能模擬覆蓋層與掩埋場系統中的線性行為。當使用此模式進行阻隔層的垂直流與廢棄物層（假設單位水力梯度）與排水層中的水平流（使用 Boussinesq 方程解析解）時，此模式被視為擬二維模式。本模式可提供每天的時間間距作為計算時距，並追蹤土壤的含水量變化以及表層的儲集變化（Peyton and Schroeder, 1993）。HELP 考慮降雨與雪的入滲並且計算植被、地表蒸發與表面儲集所攔截的量。蒸發散的模擬是基於時間和蒸發能量的平方根，植被的種類與狀況也被考慮在計算之中。HELP 的操作介面是以 MS Excel 作為基礎，以表格式的設計作為使用者溝通介面。

5.2.3　覆蓋層模擬的關鍵議題與工作需求

對覆蓋層的性能模擬，除了模式本身外，仍有很多技術細節須納入考慮，包括數據需求、數據的來源以及對模式和模式使用方法的正確控制。此外，模式的率定、驗證等，須包括在整個調查與設計過程中，才能正確量化圍封場址在設計條件下的效能。本節將討論這些相關議題與工作需求，以及模擬在設計覆蓋層中的作用。

一、模式的目的

對模式之可行性存在一些誤解，因為對模式分析專業的理解程度不同，在模式的分析中，使所有利害關係者能理解，並同意使用該模式的目的非常重要。許多人認為，如果這些模式預測是結合目前所理解的基本物理原理所寫出的複雜程式碼產生的，那麼答案必須是正確的。但實際上，模式輸出是對系統某些行為的科學解釋，因為參考資料與模式本身所包括的物理機制並不一定完整，因此，僅能解釋某些特定行為。

在模擬長時間下（即數十年至數百年）覆蓋層防止表層水滲入廢棄物區的潛力時，由於系統的物理屬性中有大量不受控制的變量（例如：天氣條件、穴居動物、根系生長）與土壤異質性，以及對土壤中水流物理機制缺乏精確的了解（例如：遲滯效應和土壤特性曲線經驗關係式），因此無法長時間準確地預測滲透率。在覆蓋層效能評估模擬目標中，重點應該是在證明覆蓋系統能在一定範圍的潛在條件下，將覆蓋層的滲透率限制在可接受的水平。這一目標，自然而然地也包括在模式分析中，引入機率模式進行分析。

二、模擬數據需求（data needs）

模擬覆蓋層特性所需的資料取決於所使用的模式，最簡單的模式如水平衡分析方法，因為考慮場址附近水平衡系統的水體輸入與輸出，要求每月的氣候數據如降水、平均溫度、熱指數和日照時間，另外還需要土壤類

型和覆蓋層坡度以估計逕流。更全面的水平衡模式（如 HELP）可能採用更複雜的覆蓋層配置，因此需要指定不同的覆蓋層厚度。模式還包括更詳細的地表狀況，因此需要更多的氣候數據和土壤特性，其中包括有日降水量、日平均溫度、日太陽蒸發量、最大葉面積指數、生長期和蒸發區深度（Peyton and Schroeder, 1993）等。所需的土壤性質包括孔隙率、田間含水量、凋萎點、水力傳導係數。

　　數值模式中，需仰賴大量的現地資料蒐集與分析；其中，分析模式扮演著重要的量化評估角色。在水文、地質與化學資料備齊的條件下，可使用數學模式對流場及傳輸行為進行量化分析，作為污染源及路徑評估、預測與整治策略研擬的參考依據（Zheng and Wang, 1999; Ni *et al.*, 2009）。數學模式需透過求解一組或多組可反映物理及化學機制的控制（或稱統御）方程式，透過電腦程式或圖形的解析，去近似現地實際的物理及化學機制。FEMWATER、HYDRUS 系列模式是通過求解理查方程式（Richards equation）來模擬非飽和水流，使用理查方程式模擬非飽和水流需要水力傳導係數與含水量與張力壓間的函數關係作為模擬參數，而這些通常由經驗關係如 van Genuchten（1980）或 Fredlund 和 Xing（1994）來表示。覆蓋系統中每個唯一的土壤層都需要這些參數，若是探討複層覆土，則每一項覆蓋材質均需要飽和水力傳導係數與孔隙率。根據不同模式的需求，其他參數如 van Genuchten 關係式中的空氣進入壓力水頭，殘餘飽和含水量、土壤中的垂直和水平飽和傳導係數以及異向性參數等，也是視各個模式的需求來決定。

　　部分程式如 TOUGH 系列模式及 HYDRUS 系列模式等，也利用求解熱傳輸方程進行蒸發和水蒸氣傳輸的分析，因此這些模式額外提供熱在氣相和液相下傳輸有關的土壤特性參數。一般而言，此類模式所需的參數包括熱傳導係數、比熱容、汽化潛熱、表面張力以及描述在流動條件下氣體與液體間相互作用的參數（例如相對滲透率等）。

三、模式使用

　　數值模式是應用常規工程技術無法處理，或者進行規劃評估時，以數學方程式來量化求解的工具。典型的電腦模式具有數千行程式碼，很容易因人為疏忽而導致不可預期的分析錯誤，當模式的最終使用者可以使用原始程式碼進行更改和編譯時，將產生只能解決特定問題的模式版本，並且，原始模式的原始驗證可能不適用於此稍作更改的模式版本。因此監管機構應考慮開發一套標準的基準案例，讓模式開發者能依此基準進行程式碼的驗證與修改。即使程式碼只作小部分的修改，所有的基準案例測試都必須得到解析，以確保沒有引入不當的錯誤。基準案例測試包括使用固定的材料屬性與在最基本的條件下，使用一些簡單的穩態和暫態滲流問題，驗證程式碼的數值解。

　　對於複雜的問題如水流與傳輸模式的耦合問題，應該提供更高級的基準案例測試，所有輸入數據（包括材料屬性）都將列在基準案例文件中當作所需的結果，如果新模式不能執行基本的基準測試，則不能用於現場設計。此外，針對數值模式的基準案例，亦可包含模式在不同計算網格條件下的結果比較，此一不同網格或參數變動條件下的模式分析成果，可以提供模式作為場址設計應用分析時，模式使用上的操作原則，避免模式使用於現地條件時，忽略了數值方法引入的分析誤差。最後要考慮的一點是，應該要建立一組具經驗的測試人員，能建立基準案例，測試並可以在引入新的以及更高階的物理方法後，以進行審查和更新測試的結果解讀。

四、模式率定與驗證

　　數值模式的率定與驗證是模擬過程中的關鍵，查看模式時要問的關鍵問題是求解的方程式為何、方程式應用了哪些假設以及該方程式如何求解？無論是數值模式或解析模式，其目的都是透過求解控制方程式來反映控制方程式中的物理機制與行為。因此，控制方程式的形式，已經隱含了必要的假設條件，複雜的控制方程式，可以涵蓋較複雜的物理機制。相對地，簡化的控制方程式如多數的解析解或半解析解模式使用的控制方程

式，必然對應某些限制條件如土壤材料均質、理想邊界、均勻流場等。當模式使用者了解結合到數值模式中的理論與物理原理後，他們應該確信該組方程的數值解是正確的。方程的數值解的正確性，通常由模式開發人員在模式執行的驗證階段解決。

模式的率定與驗證是模式使用者在對特定問題時，必須面對的重要議題。通常一個模式的開發，不必然針對特定問題，可能是具有廣泛的通用性，例如前節提到的 FEMWATER 系列模式、HYDRUS 系列模式、MODFLOW 與 MT3DMS 模式、以及 TOUGH 系列等模式，可以應用的範圍非常廣泛，屬於通用型的模式。模式分析的使用者拿到模式時，應該要先評估並確認模式使用的控制方程式能符合場址所要分析的目標；亦即，在特定場址中，要評估的問題與機制是涵蓋在模式的控制方程式中。當使用的模式決定後，模式的率定與驗證就可針對場址條件與所蒐集的觀測資料進行。模式的率定是為了確認使用的模式可以正確反應現地場址的物理機制；因此，通常會有部分場址的觀測資料引入，以進行模式率定。透過此一率定過程，修正、調整模式參數以符合模式輸出結果與觀測資料擬合。

模式的驗證通常採用參與率定之外的另一組觀測數據進行，此一過程是為了量化率定後的模式是否能重現特定場址的輸入與輸出物理機制。模式驗證的量化可以使用不同的評估標準，量化方法是透過觀測數據與模式模擬結果的比對進行，例如觀測資料與模擬結果比對的總誤差、最大及最小誤差、平均誤差、均方根誤差等。然而，因為無法直接控制或監視所有主要的模式參數，無法單獨使用現場數據來驗證模式。例如如果有模式想使用站點數據進行驗證，該站點數據可測量降水、逕流、蓄水量的變化和底部排水通量，但實際的表面蒸發量和蒸散作用並未測量，則測量結果與計算結果之間的差異來源就無法確定。因此，模式使用時需有一定的認知，這率定或驗證後的模式可能是包含了部分未知參數的綜合反應結果。因此在使用率定及驗證後的模式進行預測時，此一不確定性須納入考慮。

5.2.4 模式使用所面臨的挑戰

　　模式開發人員與模式使用者面臨許多挑戰，這些挑戰包括模擬系統中具有隨時間變化的特性和變化的過程，以及地層異質性在模擬中所發生的作用。

一、隨時間變化的材料特性和變化的過程

　　進行模擬覆蓋層性能時會面臨的主要挑戰是氣候、植被和土壤性質會隨著時間改變，所有覆蓋層性能模式都需要大量的氣候數據，包括降水、溫度和太陽輻射以確定入滲量和蒸散量。儘管許多地方都有歷史數據，但是估計這些變量極端值的方法目前還不完善，尤其是在面臨極端氣候條件下的降雨與乾旱，可能的條件不一定在既有的觀測數據中出現過。

　　在地表和氣候過程的影響下，覆蓋層的物理退化是常見的現象。植被變化會影響逕流量和蒸散作用，在覆蓋層上種植灌木和樹木會導致根部滲透到覆蓋層中，並形成高滲透性的水滲透路徑。穴居生物同樣可以穿過覆蓋層並形成高傳導係數的通道，而沖蝕和沈陷會明顯影響覆蓋層的阻水能力，凍融循環或乾燥則會導致覆蓋層上的黏土層破裂（例如 Albrecht and Benson, 2001），導致覆蓋層的水力傳導係數增加，從而大幅地增加了水的滲透或蒸汽逸散。Albrecht and Benson（2001）發現黏土的水力傳導係數在乾燥後會增加約 500 倍，而且隨後的再飽和並沒有完全消除乾燥引起的裂縫，此一快速通道會因為時間及地表作用，累積其裂縫深度。儘管覆蓋層模式可以預測覆蓋層中的土壤水分含量，但能模擬因乾燥或凍融造成覆蓋層水力特性變化的可靠模式仍在研究發展中。

　　許多覆蓋層預期可以提供數十年或幾個世紀的環境保護。但長時間下覆蓋層穩定性、土壤和地工膜的性能穩定性的變化則仍未曾被研究。此外長期氣候變化以及極端事件（例如地震、洪水、颱風或龍捲風）的發生和影響亦仍無法準確預測。

二、異質性的作用

　　估算通過覆蓋層流量的模式中，最常用的假設爲覆蓋系統中每一層的水力和熱力特性具有均質性，實際情況中的局部異質性卻可能是造成覆蓋系統中入滲量顯著變化的原因，這些異質性可能來自於結構不當（例如接縫處洩漏、壓實不當）或時間變化。當前尚不具備預測局部異質性及其對流量影響的能力，例如預先知道乾燥造成黏土阻隔牆中發生裂紋並導致流量的增加；然而預測裂縫形成、裂縫密度、裂縫開裂和隨後再潤濕而引起的水力傳導係數變化與通過該層流量變化的能力則仍在發展中。此類的分析，涉及不同尺度（亦即，裂縫尺度至圍封場址尺度）的分析模擬，除了模式的分析技術外，現地的量測調查技術亦是一重要瓶頸需要突破。對於場址性能評估而言，局部的弱化面是控制覆蓋系統滲漏量的關鍵，技術上處理這類局部的弱化面是利用各層的總平均特性（或以代表性參數，representative parameters），來代表示這些局部的弱化面流動特性以簡化分析工作。

5.3 圍封溶出擴散與設計

　　垂直和水平屏障均可用來減少地下水污染物傳輸的擴散範圍，最常見的垂直屏障是地下滲透性反應牆（PRB）或截流牆，而水平屏障包括人工工程屏障（floor）和自然地質構造屏障，例如滯水層（aquitards）和隔水層（aquicludes）等。

5.3.1 垂直屏障

　　用垂直屏障來遏制受污染地下水的截流牆，有三種主要類型爲：土壤膨潤土牆（SB）、水泥膨潤土牆（CB）、複合泥漿牆（CSW）（本書第三章）。SB 截流牆的建造方式是將膨潤土漿料和挖掘溝渠的混合物，回填在挖掘的溝渠中取代原生土壤。CB 截流牆的建造方式是用水泥和膨潤

土漿的混合物來保持挖掘溝渠的穩定性，然後用混合物形成阻截牆，以阻絕污染擴散。CSW 截流牆的建造方式是在施工過程中，沿溝渠中心線將地工膜插入泥漿中來建構 CSW。在大多數涉及控制受污染地下水擴散的應用中，會將低滲透性地質構造（如滯水層或隔水層）置入垂直截流牆，形成天然水平屏障，以阻擋污染物在污染區內的水平遷移。

5.3.2 水平屏障

如果合適的滯水層或隔水層位置太深，則可能需要在污染區下方建造一個水平屏障。基於現有的技術，常見建造水平屏障的方式是滲透灌漿和噴射灌漿，滲透灌漿是將低黏度泥漿材料，經由一系列重疊的注入井注入地面下。建造基底屏障時，需將灌漿材料完全穿透土壤，並保持在固定位置，直至凝固完成。至於噴射灌漿，在高壓（超過 300 atm）下，將單一流體（泥漿）、兩種流體（泥漿／空氣）或三種液體（泥漿／空氣／水）在地下經由小孔（直徑 1 至 2 mm）注入土壤中，用以沖蝕或切割地下土壤，同時混合注入的泥漿，從而形成均勻的圓柱狀阻隔層（Kauschinger et al., 1992; Tausch, 1992）。噴射灌漿幾乎適用於所有土壤條件，從黏土到礫石都有相關的應用例（Kauschinger *et al.*, 1992）。

噴射灌漿技術可在規則的網格上鑽孔，以形成相互滲透的灌漿盤系統，從而在廢棄物下方形成水平屏障。在此應用中，將鑽井孔鑽入到所需的深度，然後插入噴射灌漿注入器，注入器配有高壓噴射切割噴嘴，在所需深度下旋轉此儀器切出圓盤形孔。在切割過程中升起噴射儀器，以形成所需厚度的圓盤。噴射灌漿也可來形成傾斜的屏障（Dwyer *et al.*, 1997），在此情況下，屏障是由兩排相連的垂直和傾斜的波特蘭灌漿柱組成，形成一個 V 形槽，污染物位於其中。水泥 V 型槽的內部可以襯墊低黏度、耐化學腐蝕的聚合物，形成對污染物移動擴散的二次屏障，這種方法的優點是不必鑽穿污染物。另一種可能的方法是，使用水平定向鑽井，在污染物下形成屏障（Sass *et al.*, 1997）。儘管尚未廣泛應用，

但該技術潛在地克服了垂直或傾斜鑽井的缺點（Katzman, 1996; Anon, 2000）。

5.3.3　垂直和水平屏障效能評估模式

　　鑑於規範性設計方法的局限性，根據阻絕所需的性能而採取的設計方法可能更有效的遏制污染的擴散。在根據性能所需而採取設計中，並沒有明確的規範可以依循，藉以設計阻絕系統的各個屬性或元素。取而代之的是，設計中只要能顯示阻絕系統將滿足總體目標所需，即已足夠。總體目標可能只是將目標污染物的濃度保持在低於風險標準的水準〔例如：飲用水最大污染物水準（Maximum Contaminant, MCL）〕，參考污染源的下游評估點（point of compliance, POC）（例如：線狀圍欄、監測井）或暴露點（point of exposure, POE）（例如：飲用水井）。因應此一目的，污染傳輸模式的預測，將只是評估垂直和水平屏障效能的關鍵工具。本節將介紹截流牆效能評估的分析工具，此介紹將專注於水溶相的污染物擴散阻絕效能，以做爲將來開發設計標準或研發傳輸模式，用於評估阻絕效能提供初步的基礎。

5.3.4　污染傳輸過程

　　大多數的截流牆主要應用在地質環境的控制，就污染場址而言，截流牆則是用來遏制溶解相污染物在地下水中的污染傳輸擴散。因此，本節的討論範圍僅限於溶解性物質遷移的過程。

一、水溶相物質的傳輸

　　水溶相污染物在多孔介質中的傳輸，受物理、化學和生物機制的控制。控制可混溶污染物傳輸的主要物理現象是移流（advection）、延散（dispersion）與小尺度擴散（diffusion）。在相對較低流速的情況下，

主要控制傳輸過程的是延散現象，例如通過黏土屏障所產生的擴散現象（Rowe and Booker, 1987; Shackelford, 1988 & 1989）。然而，在相對較高流速的情況下，移流和延散現象占主導地位，例如污染物傳輸過程中，通過粗顆粒含水層時即是以移流和延散現象為主。諸如吸附、放射性物質的衰變、沉澱、水解和生物降解之類的現象通常被認為是衰減現象，水溶相污染物會被這些機制所削減或去除。但是，在某些情況下，其中一些衰減過程可能無法有效減少污染物的潛在影響。例如，初始污染物的放射性衰變會產生副產物，這些副產物也可能構成潛在不利的環境影響。吸附機制也有類似的情境，先前被吸附到土壤的污染物在外在濃度降低時會再脫附，或是先前沉澱的污染物的再溶解，這些現象均會對環境造成負面的影響。通常在實際應用中，僅將移流、擴散和延散的物理現象，以及吸附和放射性衰變的化學現象納入模式的模擬之中。儘管目前的研究已有非常多的模式原型開發，且包含複雜的化學現象（例如：氧化／還原、沉澱、水解、複合以及生物降解等），但這些模式多具有技術或應用門檻，仍少應用於實際案例（國家研究委員會，1990）。因此，本節所提及模式的發展主要涉及對具有吸附和放射性衰變的移流、延散和／或擴散模式。

對於涉及地下圍封屏障的應用，傳統上用一維移流 - 延散傳輸方程來描述水溶性溶質的運移。其中，溶質的總通量 J 為對流、延散和擴散通量的總和：

$$J = J_a + J_d + J_m = q_h C - \theta D^* \frac{\partial C}{\partial x} = \theta v_s C - \theta D \frac{\partial C}{\partial x} \tag{5-1}$$

其中，J_a 是移流通量，J_d 是擴散通量，J_m 是機械延散通量，q_h（$q_h = k_h i_h$，其中 i_h = 水力梯度）是液體通量，C 是溶質濃度，θ 是體積含水量，在飽和介質下條件中等於孔隙率（n）。對於一維污染傳輸，流體動力學延散係數 D 可以表示如下（Freeze and Cherry, 1979, Shackelford, 1993）：

$$D = D^* + D_m = D^* + \alpha_L v_s \tag{5-2}$$

D^* 是有效擴散係數，D_m 是機械擴散係數，$v_s (v_s = q_h)$ 是滲流速度，D 是流體動力延散係數。其中，α_L 是多孔介質在傳輸方向上的縱向（longitudinal）延散度（dispersivity）。對於通過低滲透性截流牆之傳輸，滲流速度 v_s 通常非常低，故機械延散通常可以忽略不計。考慮在代表性的基本體積（REV）內保持質量守恆，溶質通過多孔介質傳輸的時變控制方程如下：

$$\frac{\partial(\theta R_d C)}{\partial t} = -\nabla \cdot J + S \tag{5-3}$$

其中，R_d 是無因次的遲滯係數，它考慮溶質到固相的線性瞬間可逆吸附，而 S 是其化學或生物反應的一般源（> 0）/ 匯（< 0）。例如，一個化學物種的一階衰減可以用一個匯項來表示（van Genuchten and Alves, 1982）如下：

$$S = -\theta \Lambda C \tag{5-4}$$

其中 Λ 是總衰減常數 $[\text{T}^{-1}]$（Rabideau and Khan-delwal, 1998a），如下所示：

$$\Lambda = \lambda_w + \lambda_s (R_d - 1) \tag{5-5}$$

其中，λ_w 是水溶液中污染物一階衰減的衰減常數（decay constant），而 λ_s 是固相上污染物一階衰減的衰減常數。對於不被吸附的溶質，$R_d = 1$，對於會被吸附的溶質，$R_d > 1$。對於線性吸附，遲滯係數可寫成：

$$R_d = 1 + \frac{\rho_d}{\theta} K_d \tag{5-6}$$

其中，ρ_d 是土壤的乾密度，K_d 是分布係數，它與溶質吸附濃度的變化與平衡時液相溶質濃度的變化相關。對於有機污染物，分布係數通常與有機碳分配係數 K_{oc} 相關，如下所示：

$$K_d = K_{oc} \cdot f_{oc} \tag{5-7}$$

其中，f_{oc} 是土壤中有機碳的質量分率。總衰減常數在特殊條件下，可採用幾種簡化形式。例如，對於非吸附性溶質（即 $R_d = 1$）或僅在水相中發生衰減的溶質（即，$\lambda_s = 0$），$\varLambda = \lambda_w$，而水相和固相的衰減率相同的情況（即，$\lambda_w = \lambda_s = \lambda$），$\varLambda = \lambda R_d$。

一般的假設是土壤的多孔介質是均質、等向性和剛性（不可變形）的，水是不可壓縮的以及液體通量是穩態的（即 $v_s =$ 常數）。方程式（5-1）到（5-6）的組合可推導得到以下控制一維水溶性的移流 - 延散傳輸方程式（Advection Dispersion Reaction Equation, ADRE）：

$$R_d \frac{\partial C}{\partial t} = D \frac{\partial^2 C}{\partial x^2} - v_s \frac{\partial C}{\partial x} - \varLambda C \tag{5-8}$$

公式（5-8）通常以無因次形式呈現：

$$\frac{\partial C^*}{\partial t^*} = \frac{\partial^2 C^*}{\partial x^{*2}} - Pe \frac{\partial C^*}{\partial x^*} - \varLambda^* C^* \tag{5-9}$$

其中：

$$C^* = \frac{C}{C_0}; t^* = \frac{tD}{R_d L^2}; x^* = \frac{x}{L}; Pe = \frac{v_s L}{D}; \varLambda^* = \frac{\varLambda L^2}{D} \tag{5-10}$$

其中 L 是阻絕屏障的厚度（圖 5-3）。

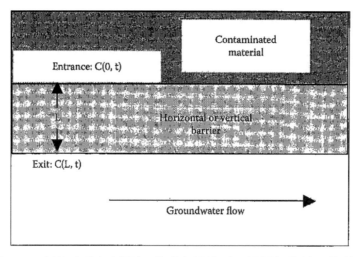

圖 5-3　水平（垂直剖面）或垂直屏障（平面圖）的邊界條件。

　　方程式（5-9）的求解及其應用，首先需要先設定初始和邊界條件。考慮如圖 5-3 所示的條件，可以將其視爲水平屏障的垂直橫截面或垂直牆的平面圖，此系統中完整的傳輸方程式解需要以二維（或三維）的方式描述。然而，一種非常常見的方法是只考慮通過屏障的一維污染傳輸，並選擇趨近於實際狀況的邊界條件。這些邊界條件包括屏障內部的入流邊界條件和屏障外部的出流邊界條件。最常用的入流邊界條件是第一類邊界條件（Dirichlet boundary condition），即在入口處（x = 0）的濃度設爲不隨時間改變的恒定濃度：

$$C(0, t) = C_0 \tag{5-11}$$

　　van Genuchten and Alves（1982）也提出了邊界條件，即入流邊界濃度呈指數衰減。第三類邊界條件（Robin boundary condition）指定遠離邊界的移流和延散通量的總和是恆定的，即時間上恆定的流體速度和污染物濃度的乘積：

$$v C_0 = v C_0(0,t) - D \frac{\partial C}{\partial t} \tag{5-12}$$

這些邊界條件適用於典型的實驗室尺度下以移流為主的傳輸，但對於在低滲透性屏障下所造成低流速的情況下，內邊界無法給出準確的流量預測（Rabideau and Khandelwal, 1998a）。若考慮方程式求解過程中，能包括低滲透性屏障下所造成低流速的情況，遷就於控制方程式的既有特性（式 5-8），已考慮均質、等向、延散係數值固定等特性，可在材料交界面給定流通量守恆的限制條件以確保分析模式計算結果的正確性。

在一般污染傳輸模式應用中，最常見的出口邊界條件是，第一類型的半無限邊界條件：

$$C(\infty, t) = 0 \tag{5-13}$$

或第二類型的半無限邊界條件（Neumann boundary condition）：

$$\frac{\partial C(\infty,t)}{\partial x} = 0 \tag{5-14}$$

在使用半無限邊界條件時，意味著在屏障一側的含水層材料屬性和垂直於屏障的流動沒有變化。然而，在許多情況下，例如地下水流動於襯墊下方或平行於垂直屏障時，離開屏障的污染物則會被稀釋，因而降低出口邊界的濃度，增加濃度梯度和擴散通量。在這些情況下，任何類型的半無限出口邊界條件都不適合，因為會低估通過屏障的污染物通量。

如果含水層的流速相對於穿過屏障的污染物通量是快速的，則屏障 - 含水層交界的污染物濃度將接近於零，這時第一類型邊界條件可能適用：

$$C(L, t) = 0 \tag{5-15}$$

Rowe and Booker（1985a）曾訂定了邊界條件，該條件說明了在屏障

阻絕層 - 含水層界面上清除污染物的比率，該比率為地下水速度、擴散係數、屏障阻絕層寬度和含水層深度的函數。方程式（5-15）代表了一個更保守的假設，因為它使通量最大化。當傳輸以移流為主導時，有時可以在屏障阻絕層 - 含水層界面上使用第二類型邊界條件，亦即，給定一濃度梯度邊界條件。該應用（第二類型邊界條件）則不適於擴散現象顯著的系統，因為第二類型邊界條件假定跨越邊界的擴散可忽略不計（Rabideau 和 Khandelwal, 1998a）。

二、溶質聯合傳輸

　　儘管對水力傳導係數低的人為建構土壤阻絕屏障所進行之污染傳輸分析，通常是基於如上所述的移流 - 延散傳輸理論，但移流 - 延散理論只是代表了一般複合通量傳輸理論的特例，因為複合項（例如：化學滲透）被視為可以忽略不計（Yeung, 1990; Shackelford, 1997）。雖然移流 - 延散理論被認為可適用於粗顆粒土壤（例如：含水層），但對含豐富黏土的土壤阻絕屏障而言，使用移流 - 延散理論是不合適的。因為很多實驗室研究結果顯示，某些黏土具有充當為阻水膜的能力，可以限制帶電溶質（即離子）的傳輸（Kemper and Rollins, 1966; Olsen, 1969; Kemper and Quirk, 1972; Fritz and Marine, 1983; Malusis, 2001; Malusis and Shackelford, 2002a）。這種限制溶質傳輸的性能也會導致化學滲透，或液體流動以回應溶質濃度梯度的變化，但不論是化學滲透或液體流動的方向卻可能與溶質擴散的方向相反（Olsen, 1969; Mitchell *et al.*, 1973; Olsen, 1985; Barbour, 1986; Barbour and Fredlund, 1989; Neuzil, 2000）。

　　幾種解釋土壤阻水膜行為的溶質傳輸模式已經開發完成（Bresler, 1973; Greenberg et al., 1973; Barbour and Fredlund, 1989; Yeung, 1990; Yeung and Mitchell, 1993; Malusis and Shackelford, 2002b）。在所有這些模式中，阻水膜行為都由化學滲透效率係數 ω，或反射係數 σ 來表示，其範圍從 0（$\omega = \sigma = 0$，無阻水）到 1（$\omega = \sigma = 1$）完全限制溶質通過的理想阻水膜（Staverman, 1952; Kemper and Rollins, 1966; Olsen *et al.*, 1990;

Keijzer *et al.*, 1997）。表現出阻水膜行為的黏土通常僅限制部分溶質通過（即，$0 < \omega, \sigma < 1$），因此被認為是非理想的阻水膜。

在沒有電流的情況下，化學物質的總複合通量 J_i 的一般式（忽略掉機械延散）可以寫成以下形式（Shackelford et al., 2001）：

$$J_j = J_{ha,j} + J_{\pi,j} + J_{d,j} = (1-\omega)q_h C_j + q_\pi C_j - n D^* \frac{\partial C_j}{\partial x} \quad （5\text{-}16）$$

其中，$J_{ha,j}$ 是溶質的超微過濾對流通量，J_i 是溶質的移流通量，$J_{\pi,j}$ 是溶質的化學滲透逆移流通量，$J_{d,j}$ 是溶質的擴散通量，q_π 是化學滲透液通量。由於土壤阻水膜的行為（即，$j_{ha,j} = (1 - 0)j_{a,j}$]，超微過濾移流質量通量為傳統的移流傳輸量減少了（$1-\omega$）倍。係數（$1-\omega$）在物理意義上，代表超微過濾過程中，溶劑受水力梯度影響下穿過阻水膜時，溶質會從溶液中濾出。化學滲透逆移流通量是由於化學滲透液通量與擴散方向相反（即，從低溶質濃度到高溶質濃度）而引起的溶質的傳輸。

化學滲透液通量 q_π 可以表示為（Malusis and Shackelford, 2002c）：

$$q_\pi = \frac{\omega K_h}{\gamma_w} \frac{\partial \pi}{\partial x} \quad （5\text{-}17）$$

其中 γ_w 是水的單位重，π 是化學滲透壓。對於稀釋的化學溶液，根據 van't Hoff 表達式可以得知化學滲透壓 π 與溶質濃度有關（Tinoco *et al.*, 1995）：

$$\pi = RT \sum_{i=1}^{N} C_i \quad （5\text{-}18）$$

其中，R 為通用氣體常數 [8.143 J/mol・K]，T 為絕對溫度 [°K]，N 為溶質的總數。因此，總和項為溶液中所有化學物種的濃度，包括物種 j。如果溶液包含完全解離二元鹽的陽離子和陰離子（例如氯化鈉），則化學滲透壓可以表示為：

$$\pi = RT(C_a + C_c) \tag{5-19}$$

其中，C_a 和 C_c 分別是鹽類陰離子和鹽陽離子的濃度。Fritz（1986）指出，van't Hoff 方程式仍適用於單價鹽（如氯化鈉、氯化鉀）的濃度高達 1.0 M 時。對於瞬間傳輸，將總複合溶質通量方程式（方程式（5-16））代入連續方程式（方程式（5-1）），得到以下結果：

$$R_{dj}\frac{\partial C_j}{\partial t} = (\omega-1)v_s\frac{\partial C_j}{\partial x} - v_\pi\frac{\partial C_j}{\partial x} - C_j\frac{\partial v_\pi}{\partial x} + D^*\frac{\partial^2 C_j}{\partial x^2} + \frac{\partial D^*}{\partial x}\frac{\partial C_j}{\partial x} - \theta\Lambda C \tag{5-20}$$

其中 v_π 是與化學滲透液體通量 q_π 有關的速度，或

$$v_\pi = \frac{q_\pi}{\theta} = \left(\frac{\omega K_h}{\theta g \rho_w}\right)RT\sum_{i=1}^{N}\frac{\partial C_i}{\partial x} \tag{5-21}$$

方程式（5-20）必須針對溶液中的每種化學物種分別編寫。這些方程式是非線性的，需要用數值分析方法（例如：有限差分、有限元素）來求解在截流牆內任何時間點溶質的濃度分布。此外，由公式（5-18）得知溶質的傳輸取決於系統中其他溶質的存在，因此必須結合以下反覆運算求解方法，並必須滿足系統內所有點上的電中性約束：

$$\sum_{i=1}^{N}C_i Z_i = 0 \tag{5-22}$$

其中，C_i 以摩爾濃度表示，Z_i 是溶質 i 的離子電荷。Malusis and Shackelford（2002c）提供了有關複合溶質傳輸方程式解的更多資料。

三、模擬水流通過阻絕屏障

模擬水流通過阻絕屏障的最簡單方法是應用達西定律，將水流假設為一維穩定的飽和流。如果已知跨過阻絕屏障的水頭差，則此方法很簡

單，可以應用於單層或多層阻絕屏障。在無法確定水頭差異的情況下，通常將阻絕屏障模擬爲大型系統中的一部分，如垃圾掩埋場或地下系統。爲了預測在複雜水文地質環境下，所安裝的垂直阻絕屏障的洩漏率，可以採用各種數值模式，其中最常用的是 MODFLOW（McDonald and Harbaugh, 1988）。必須特別注意的是離散網格的問題，因爲與整個模擬系統的大小相比，阻絕屏障的尺寸通常較小，而且在阻絕屏障設施附近可能會出現很大的水力梯度變化和地下水流方向的變化。當在水平和垂直阻絕屏障中使用地工薄膜時，地下水污染傳輸的主要方式是經由通過裂縫的快速流體流動來傳輸。Foose *et al.*（2001）使用 MODFLOW 檢驗了幾種分析模式的複合襯墊材料的滲漏率。提出現有的解析解模式存在缺陷，並針對各種不同條件提出了一系列修改這些解決辦法的建議（Giroud, 1992; Rowe, 1998）。

四、解析解模式

　　Shackelford（1988 and 1989）基於系統一維化的概念，確定了設計低滲透性牆的三種可能方案（圖 5-4）：(a) 純擴散；(b) 移流擴散；(c) 移流與擴散不同向。純擴散方案代表了極端情況。擴散傳輸情況通常在通過水力傳導係數（K）$\leq 10^{-7}$（cm/sec）的相對較薄阻絕屏障設施（< 1 m）時顯著發生；而通過 $K \leq 5 \times 10^{-8}$ cm/sec 的薄屏障時最顯著（Shackelford, 1988 and 1989）。當阻絕屏障內部的水位超過外部的水位時，將發生移流擴散情況。當屏障靠污染物一側的水位被拉低時，引起向內流動並減少污染物的向外通量，就會發生移流與擴散不同向情況。

　　在圖 5-3 和圖 5-4 所示的情況下，可用多種不同解析解模式來預測一維污染物的傳輸。選擇適當的模式，牽涉到選擇適當穩定或時變狀態起始條件以及邊界條件。進行分析以評估阻絕屏障靠含水層側的污染物濃度，或污染物通過阻絕屏障的通量與屏障厚度、跨過牆的水位洩降、相關的孔隙水流速度和有效擴散係數（皆跟土壤類型有關）、屏障的吸附能力等的函數關係。

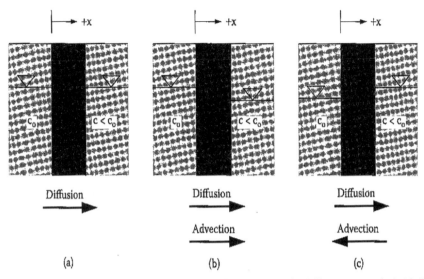

圖 5-4　低滲透性牆的設計方案：(a) 純擴散，(b) 移流擴散，(c) 移流與擴散不同向。（Shackelford, 1989）

在具有恆定的入口濃度邊界條件與固定的零濃度出口邊界條件，且沒有衰減的情況下，Rubin and Abideau（2000）舉例說明了 Peclet 數（Pe）對通過一維屏障的穩定狀態通量的影響。當屏障 - 含水層介面處的濃度為零時，通過阻絕屏障的通量 F 為

$$F = \theta\left(v_s C - D\frac{\partial C}{\partial x}\right) \tag{5-23}$$

在無因次的形式下，此公式變為：

$$F^* = \frac{FL}{\theta D\, C_0} = Pe\, C^* - \frac{\partial C^*}{\partial x} \tag{5-24}$$

因此，無因次通量 F^* 僅是穩定狀態下對流 - 延散通量與穩定狀態下延散通量的比率。當污染物通過阻絕屏障傳輸時，若也同時發生衰減，無因次通量為（Rabideau and Khandelwal, 1998a）：

$$F^* = \frac{\exp(\frac{Pe}{2})\sqrt{Pe^2 + 4\,\Lambda^*}}{2\sinh(\sqrt{Pe^2 + 4\,\Lambda^*}\,/2)} \tag{5-25}$$

對於無衰減的情況（Rubin and Rabideau, 2000），此公式簡化爲：

$$F^* = \frac{Pe}{1 - \exp(-Pe)} \tag{5-26}$$

考慮採用一個 1 m 厚的阻絕屏障，其水力傳導係數爲 10^{-9} m/sec，孔隙率爲 0.4，有效擴散係數爲 10^{-10} m²/sec。假設機械延散可忽略不計，則 Pe 值爲 Δh，其中 Δh 是跨越阻絕屏障的水頭差。

對於會衰變的污染源（即有限污染源），設計應採用時變分析方式。在許多情況下，估算通量隨時間的增加速率，或在含水層與阻絕屏障界面達到臨界濃度所需的時間，則需靠時變條件的解。很多不同種類的解法已被用來作阻絕屏障的時變條件分析。在一維污染傳輸具第一類入流邊界條件和第一類半無限邊界條件的情境下，許多解析解法都是根據 Ogata Banks 的解法（Shackelford, 1989; Acar and Haider, 1990）。Rabideau and Khandelwal（1998a）爲第一類入流邊界條件與理想出流邊界條件，以及各種其他邊界條件的組合提供了時變條件的解。第一類入流邊界條件和出流邊界條件的組合，再次會導致在屏障出口端質量通量的最保守估計。相較之下，其解比基於第三類型入流邊界條件和零梯度出流邊界條件下，模式所估計的通量率大約低 20 倍。

當地下水流低於水平屏障或平行於垂直屏障時的影響很重要，且理想的出流邊界條件被認爲過於保守時，則可以使用將與屏障相鄰的含水層模擬爲混合區的模式。Rowe and Booker（1985a）將方程式（5-8）與有限質量入流邊界條件合併，應用於穿過阻絕屏障層的一維傳輸。他們假設了一個完全混合的含水層，且假設其在屏障下方的深度和滲透速度爲已知，用以推導了一個拉普拉斯轉換解，再用數值反拉普拉斯轉換去轉換該解。Manassero and Shackelford（1994）用類似的概念模式，提出了一個穩定

狀態的解，但用恒定的入流濃度做爲邊界條件。Rabideau and Khandelwal（1998a）建立了類似於 Rowe and Booker（1985a）的時變模式（具有數值反拉普拉斯轉換程序），並提出混合區流速範圍從理想的沖洗邊界條件到半無限邊界條件。由於橫向垂直延散係數可能很小（與分子擴散同等級），因此用一維解來定義合適的混合區域是一個懸而未決的問題。

　　如果需要用更高的精度來預測通過阻絕屏障的污染傳輸，則應使用多維模式。在這種情況下，Rowe and Booker（1985b, 1986）推導了拉普拉斯轉換解，用於通過各種阻絕屏障 - 含水層配置之污染傳輸，包括一系統具有以降序排列的四種土層，由黏土層、沙層、第二層黏土、到較低的沙層。但是，與一維分析模式和類似分析模式一樣，沙層中的傳輸被假定爲一維，並且在垂直方向上污染物與地下水完全混合。

　　在許多情況下，水平和垂直的阻絕屏障都可以包括地工膜。無機污染物在通過完整的地工膜時，其擴散速率可忽略不計，而有機化合物通過地工膜時則很容易擴散（Foose et al., 2001）。Foose et al.（2001）提出了簡化的解析解，可用於水溶相溶質傳輸過程中，通過結合地工膜和土壤層的複合襯墊的模擬。但是，由於地工膜具有存在缺陷的可能性，特別是在接縫處更容易有缺陷，使模擬污染物通過包含地工膜的建築固體廢棄物（construction solid waste, CSW）的傳輸變得複雜。在不明瞭地工膜中缺陷確切位置下，去估計污染通量率是很困難的，但對於實際預測污染通量進入自然環境是必要的。Foose et al.（2002）使用有限差分數值模式，來評估地工膜的缺陷對污染傳輸的影響，並證明了接縫處的缺陷對通過複合土工合成黏土襯墊層傳輸的重要性。

5.3.5 模式的限制

　　阻絕屏障性能模擬的主要限制是在難以確定所輸入參數的合理性，難以處理測量精度和不確定性，以及隨時間變化的屬性。模式在模擬黏土中聯合污染傳輸和地工膜效應方面的能力也因此而受到限制。

聯合污染傳輸和地工膜效應方面的能力也因此而受到限制。

一、輸入參數和測量精度

考慮到可靠性的風險分析和正確的阻絕屏障模擬的重要性，對輸入參數進行可靠性評估的重要性顯而易見。事實上，對這些參數的評估，尤其是低滲透性材料的評估，並不常得到足夠的重視。為了獲得可靠的結果，低滲透性材料測試的準確性和測試完成之後的適當說明與解讀至關重要。

與壓實黏土一樣，泥漿截流牆（Slurry Cutoff Walls, SCOWs）的水泥-膨潤土（cement-bentonite, CB）和土壤-膨潤土（soil-bentonite, SB）混合物的基本參數是指 (1) 水力傳導係數，(2) 吸附和擴散，以及 (3) 相容性。影響 CB 混合物的水力傳導係數的主要因素是固體含量，固化時間，圍壓和應力-應變行為。在常見 CB 混合物的基本組成中，水力傳導係數可能從 10^{-8} 到 10^{-9} m/sec 之間變化（一個級次等級的變化），使用添加劑可使這些值再降低另一個級次（De Paoli et al., 1991）。

圍壓歷程是影響 CB 混合物的水力傳導率的重要因素（Manassero et al.,1995）。如果在較短的固化時間下施加圍壓，其對降低水力傳導係數最為有效，儘管在 50 天後，由於有效應力的增加，也可能觀察到水力傳導係數的進一步降低。對於在 28 天固化樣品上施加 0.1 到 10 MPa 的圍壓，水力傳導係數則在 5×10^{-8} m/sec 到 5×10^{-10} m/sec 之間變化（Manassero et al., 1995）。

由於周圍地面運動可能引起的應力和應變，應力-應變行為會影響 SCOW 的現地水力傳導係數。根據 Manassero et al.（1995）分析結果，觀察到在軸差應力下，圍壓的程度可以決定不同種類的混合行為，不同類型的混合行為是脆性軟化、脆性硬化、延性軟化和延性硬化，後者最有利於保持較低的水力傳導係數。根據初步的實驗結果（Manasser et al., 1995），為了要獲得令人滿意的應力-應變行為，提供給（SCOW）CB 回填混合物的最小有效限制應力應大於 0.8 qg，其中 q 為 CB 混合物的無側限抗壓強度。

關於 CB 混合物和由 SCOW 所含的化合物之間的物理化學相互作用的一些資訊，可在以下文獻中查詢：如 Finsterwalder and Spirres (1990), Muller-Kirchenbauer *et al.* (1991), Gouvenot and Bouchelaghem (1993), Ziegler *et al.* (1993), Jessberger (1994), and Mitchell *et al.* (1996)。即使典型 CB 混合物的總孔隙率可以比壓實黏土襯墊層（Compacted clay liners, CCL）大 2 到 10 倍，擴散參數大小也與壓實黏土襯墊的相同參數相當（大約 10^{-10} m²/sec 次方等級）。從初步的實驗結果來看，CB 混合物對某些有機污染物和溶液中陰離子的吸附能力似乎相當有效（Fratalocchi *et al.*, 1996）。這可能是由於孔隙空間中鹼性的環境所致。但是，需要進一步驗證這些結果。

就相容性問題而言，水泥似乎發揮了基本作用，因爲膨潤土的基本作用（即穩定水泥懸浮液）在第一個固化階段就已完全完成。電子掃描顯微鏡在固化後的觀察結果顯示，膨潤土顆粒被水化水泥完全包裹，該水化水泥具有固化混合物固體結構的作用。至少在短期內，低水力傳導係數和高圍壓條件都傾向於降低混合物對化學侵蝕的敏感性。Jefferis（1992）和 Tedd *et al.*（1993）研究結果表明，從長期來看，只有強酸和／或硫酸鹽才能對 CB 混合物造成問題。至於針對相容性評估的實驗測試，Manassero *et al.*（1995）提供了進一步的資料。就進一步發展方面而言，需要進行更多的研究來評估溫度影響和乾燥問題，這些問題對於 SCOW 混合物尤其重要。

SB 泥漿溝渠截流牆的水力傳導係數可小於 10^{-9} m/sec。SB 回填中的應力狀態可能會對使用中的水力傳導係數產生很大影響。此外，被污染的滲透物可以增加阻絕屏障土壤的水力傳導係數，但是當土壤處於高受限應力下時，其效果就不那麼顯著。

爲了測量水力傳導係數，可以在實驗室進行或在現地測試。在實驗室進行測試的主要困難是，難以獲得未受干擾的樣品。實際上，由於回填物的軟稠度，在施工後很難鑽入牆壁。當封閉區域內地下水位降低時，可導致多孔土壤的重力排水。由於受重力排水的影響，以及可能向下層滯水層

滲漏，因此很難解釋大尺度抽水試驗的試驗結果。

二、隨時間變化的屬性和過程

　　阻絕屏障材料的性能往往隨著屏障材料的老化而隨時間變化。Fratalocchi（1996）對 CB 混合物的固化時間效應和固體含量進行了全面的實驗。水力傳導係數隨時間而降低的趨勢符合以下類型的指數方程：

$$K = K_r \left(\frac{t}{t_r}\right)^{-\alpha}$$

（5-27）

　　其中，K 和 K_r 分別是在時間 t 和 t_r 時的水力傳導係數，α 是水力傳導係數隨時間降低的係數。最佳符合 α 參數的函數也與水泥與水的比例有關。對於其他類型的水泥和／或膨潤土，Manassero（1996）建議單獨量測。

　　SB 與 SCOW 水力傳導係數隨時間的降低率通常比 CB 混合物要快。由於排水路徑短，SB 混合物的大部分固結過程在幾個月內發生，在此之後，水力傳導係數的降低可以忽略不計。另一方面，從長期特性來看，由於與所含污染物造成的相容性問題，會導致導水力傳導係數的增加。

三、複合污染傳輸的影響

　　如圖 5-4 所示，垂直截流牆通常被用來防止或最小化混合溶液污染團在地下含水層中的擴散。在沒有抽水的情況下，會在整個牆壁上造成水力梯度，使移流污染物通量 J_a 與擴散通量 J_d（即正移流）（圖 5-4a）通常沿著相同的方向發生。因此，如果沒有在污染物源的區域內主動抽水以逆轉水力梯度，從而導致移流通量與擴散方向相反（即負移流）（圖 5-4b）發生，則無法防止污染團的貫穿，貫穿阻絕牆的屏障。在這種情況下，如果擴散通量大於相對的移流通量，則可以防止污染物的貫穿。

　　如果牆壁內的土壤表現出地工膜的行為（即，$\omega > 0$），則從低濃度到高濃度（即：從牆壁的受體側到污染源側）的液體化學滲透通量，無論

水力梯度的方向如何，將導致逆向移流污染通量 J_π，即反 J_d 方向。如前所述，回應水力梯度的移流污染通量會因超微過濾而降低係數 $(1-\omega)$。因此，截流牆內的地工膜行為可提供額外的保護，以防止污染物的貫穿，如果需以抽水建立反水力梯度的需要時，也可以減少抽水處理的處理量。聯合的溶質通量方程式（方程式（5-20））顯示，地工膜行為的潛在效益的重要性，是取決於土壤化學滲透效率係數 ω 的大小。

四、黏土中的地工膜行為

地工膜效應（例如，超微過濾，化學滲透）是由於帶電的溶質（離子）受到相鄰黏土顆粒的雙擴散層的延伸的影響，而進入孔隙空間產生的靜電排斥作用（例如，Hanshaw and Coplen, 1973; Marine and Fritz, 1981; Fritz and Marine, 1983; Fritz, 1986; Keijzer et al., 1997）。如前所述，完全限制離子遷移的地工膜，於是呈現出等於 1 的化學滲透效率係數（即 $\omega = 1$），被認為是理想的地工膜。在這種情況下，相鄰顆粒的雙擴散層會在土壤孔隙間部分重疊，沒有多餘空間用於污染傳輸。但是，黏土膜的 ω 值通常落在 $0 < \omega < 1$ 的範圍內，因為孔隙的變化範圍相當於雙擴散層的厚度，因此，並非所有的孔隙都具有限制性（Kemper and Rollins, 1966; Olsen, 1969; Bresler, 1973; Barbour, 1989; Barbour and Fredlund, 1989; Mitchell, 1993; Keijzer et al., 1997）。因此，溶質限制的程度和由此產生的 ω 值，受物理和化學因素的組合影響，包括土壤上的應力狀態，土壤中黏土礦物的類型和數量，以及溶質的類型和濃度（Kemper and Rollins, 1966; Bresler, 1973; Olsen et al., 1990; Mitchell. 1993）。通常，ω 隨著應力的增加（孔隙率降低），高活性黏土礦物的數量增加，以及溶質的原子價和濃度降低而增加。

鹽類濃度和離子價會影響 ω 值，若與使用氯化鉀溶液進行膨潤土的地工合成黏土襯墊層（geosynthetic clay liners，GCL。也稱為膨潤土襯墊層）樣品的測試測試的結果顯示，ω 幾乎可以在整個範圍 $0 < \omega < 1$ 之間變化。於固定的孔隙率（n）下，ω 的值隨著土壤中平均鹽濃度的增加和

原子價的降低（Ca^{2+} 與 Na^+ 或 K^+）而增加。這兩種趨勢都與預期的行為一致，因為隨著孔隙水中離子濃度和陽離子價的增加，土壤孔隙中相鄰黏土顆粒的雙擴散層厚度減小（Mitchell, 1993）。

前述的結果建議，在含有可觀數量的鈉膨潤土的黏土中，地工膜的行為可能很重要。由於在這些應用中通常要求低水力傳導係數（例如，< 10^{-7} cm/sec），鈉膨潤土通常是垂直土壤截流牆中用於廢物遏阻的主要黏土礦物。因此，在對截流牆的廢物遏阻性能進行預測評估時，可能需要考慮地工膜的效應。

5.3.6 滲透性反應牆概念

在過去的近二十年，滲透性反應牆（permeable reactive barrier, PRB）技術在美國與歐洲已被證實為可長期且能快速的降低地下水中的關切化學物質（chemicals of concern, COCs）的濃度達好幾個十的次方（order）的具成本效益的永續地下水污染整治方法。滲透性反應牆屬於被動的現地（passive in situ）整治技術，且可以處理不同類別的污染物，而且通常可降低地下水關切化學物質濃度達到使其低於偵測極限（Naidu et al., 2015）。滲透性反應牆的目的不是要去處理大區域受污染的地下水含水層，而是當受污染的地下水流動離開污染源區時去處理關切化學物質的溶解相污染團（plume）。滲透性反應牆是根據簡單且非常直接的阻隔牆概念，在溶解相污染團的地下水流下游藉由反應性材料（reactive material）建置於地表下一個垂直的長方體的處理牆（Wilkin et al., 2014），滲透性反應牆的設計成比周遭含水層的地質材料有更好的透水性，如此地下水的流動不會因為滲透性反應牆的建置，而改變相關的水文地質特性。

當污染的地下水流動經過滲透性反應牆時，關切化學物質可與滲透性反應牆內的反應性材料發生吸附（adsorption）、沉澱（precipitation）、氧化還原（redox）與降解（degradation）等各種反應，因此滲透性反應

牆可以攔阻或移除地下水中的關切化學物質，使地下水中的關切化學物質轉化成無害的生成產物或物質，再由滲透性反應牆流出。滲透性反應牆的優點為它屬於現地（*in situ*）整治技術，且可以處理不同類別的污染物，而且通常可降低地下水關切化學物質濃度達到使其低於偵測極限（Naidu *et al.*, 2015）。

一、滲透性反應牆的材料

用來建置於滲透性反應牆的反應性材料會隨著關切化學物質的類型與濃度高低、關切化學物質的質量與與地下水的組成而改變。可行性研究（feasibility study）對滲透性反應牆設計的成功與否至為重要，這些設計參數包括反應性材料的選擇、所需停留時間（required residence time）的估算與計算反應區厚度（reaction thickness）。零價鐵（zero-valent iron, ZVI）是最常見的反應性材料，零價鐵通常在地下水中會產生較低的氧化還原電位（redox potential），導致無機（金屬類）與有機污染物的沉澱或移除。利用零價鐵（ZVI (Fe^0) 或 Fe^{2+}）所建構的滲透性反應牆在美國與歐洲成功的用來移除包括含氯有機溶劑（chlorinated solvent）、重金屬（heavy metal）與放射性核種（radionuclide）等各類污染物。在滲透性反應牆最常見的機制為氧化還原與吸附反應。

除了零價鐵材料外，文獻也顯示其它型式的反應性材料也可用來使用於滲透性反應牆用來移除地下水中的無機物與有機物，這些可能的反應性材料包括可去除有機物污染物的材料（例如：顆粒性活性碳（granular activated carbon, GAC））、表面活性劑改性沸石（surfactant-modified zeolite, SMZ）或金屬氧化物（metal oxide）等。滲透性反應牆可另參考重質非水相液體（DNAPL）污染場址調查與整治（林，2023）

二、滲透性反應牆數學模式

設計滲透性反應牆系統最重要的參數是滲透性反應牆厚度，滲透性反應牆厚度為水文地質、污染物特性與反應牆材料特性等參數的函數，

對設計滲透性反應牆系統的目的而言，主要需了解污染物進入反應牆的濃度與在反應牆系統的濃度空間分布。由於污染物的傳輸取決於各種水文地質與污染物特性，因此估算地下環境的水力傳導係數（hydraulic conductivity）、延散係數、污染物的一階衰變常數與遲滯因子等就顯得非常關鍵。

　　以物理機制為基礎的數學模式（physically-based mathematical model）對設計建置滲透性反應牆系統為有效的工具，其中以解析解為基礎的數學模式特別適合用來快速評估影響滲透性反應牆功能表現的各種物理與化學參數的相對重要性，因此許多研究人員發展各種解析解（analytical solution）做為滲透性反應牆系統的設計工具。解析解的發展一開始是只考慮滲透性含水層而不考慮滲透性反應牆下游的含水層系統，因此所發展滲透性反應牆系統設計工具為單區（single-domain）的解析解。但由於污染物流經滲透性反應牆進入下游含水層的過程中，滲透性反應牆與下游含水層兩者間將會有不同的物理與化學性質，傳統的單區解析解較不適用，因此要將滲透性反應牆與下游含水層分別考慮為各自獨立的二區發展解析解，即所謂的雙區（dual-domain）解析解。由於傳統的解析解大都只求解 1 個污染物的移流 - 延散傳輸方程式，一般稱為單一物種（single species）傳輸解析解，但對含氯有機污染物在將滲透性反應牆與下游含水層的遷移而言，通常在其還原脫氯（reductive declorination）的過程中會產生分解中間產物的子物種污染物，求解單一移流 - 延散方程之單一物種傳輸解析解模，由於控制方程式中未考慮來自上一母物種降解所貢獻的質量來源，因此無法準確預測關鍵子物種的真實遷移行為，因此為準確預測關鍵子物種之動態，發展多物種傳輸模式有其必要性。以下分別就 (1) Eykholt *et al.*（1999）單區單物種傳輸解析解；(2) Rabideau *et al.*（2005）單區多物種傳輸解析解；(3) Park and Zhan（2009）雙區單物種傳輸解析解；以及 (4) Mieles and Zhan（2012）雙區多物種傳輸解析解進行說明。

1. 單區單物種傳輸解析解

對滲透性反應牆設計而言，習慣採用穩態（steady state）的解做爲較爲保守的預測，在穩態下 Eykholt *et al.*（1999）利用 van Genuchten（1981）的單區單一污染物傳輸穩態解析解模式發展滲透性反應牆設計數學模式，van Genuchten（1981）考慮下列一維穩態 ADRE：

$$D\frac{\partial^2 C(x)}{\partial x^2}v\frac{\partial C(x)}{\partial x}-kC(x)=0 \tag{5-28}$$

此處 $C(x)$ 爲溶解相的濃度（M/L^3）；D 爲延散係數（dispersion coefficient）（L^2T^{-1}）；v 爲孔隙水流速度（pore water velocity）（LT^{-1}）；k 爲一階衰變常數；x 爲空間座標（L）。

$$C(x=0)=C_i \tag{5-29}$$

$$\frac{dC(x=\infty)}{dx}=0 \tag{5-30}$$

上述控制方程式與邊界條件〔式（5-28）-（5-30）〕的解爲

$$C(x)=C_{in}\exp\left|\frac{(v-u)x}{2D}\right| \tag{5-31}$$

此處 C_{in} 爲入流邊界濃度，$u=v\sqrt{\dfrac{1+4kD}{v^2}}$。

在忽略延散傳輸下，則滲透性反應牆流出處的濃度爲

$$C_e=C_{in}\exp\left(-\frac{kW}{v}\right) \tag{5-32}$$

此處 C_e 爲滲透性反應牆流出處濃度，W 爲滲透性反應牆厚度。

對滲透性反應牆設計工作爲決定滲透性反應牆的厚度 W，利用式（5-32）則滲透性反應牆厚度爲

$$W = -\frac{v}{K}\ln\left(\frac{C_e}{C_{in}}\right)$$ （5-33）

2. 單區多物種傳輸模式

Rabideau *et al.*（2005）考慮單區均質（homogeneous）介質，提出一個以多個一維 ADRE 來描述 PCE/TCE 與他們的序列降解生成產物流經反應牆傳輸過程的簡單數學模式：

$$D\frac{\partial^2 C_i(x,t)}{\partial x^2} - v\frac{\partial C_i(x,t)}{\partial x} - k_i C_i(x,t) + y_i k_i C_i(x,t) = \frac{\partial C_i(x,t)}{\partial t} \quad i = 1,...,N$$ （5-34）

此處 $C_i(x,t)$ 為滲透性反應牆的第 i 個污染物濃度 $[ML^3]$；k_i 為第 i 個污染物的一階衰變常數；t 為時間座標 $[L]$。y_i 為第 i 個污染物由其前一代污染物第 $i-1$ 個污染物的生成常數。在方程式（5-34）中的延散係數與地下水流速假設與污染物無關。

式（5-34）的方程式需要一個初始條件與兩個邊界條件才能求解，對現地應用的情況一般可以定濃度邊界源表示為：

$$C_i(x = 0,t) = C_{in,i} \quad i = 1,...,N$$ （5-35）

此處 $C_{in,i}$ 為進入滲透性反應牆的第 i 個污染物的濃度。

對於離開滲透性反應牆的邊界條件，常用的方式為將滲透性反應牆考慮為半無限長（semi-infinite）介質，數學上表示為：

$$\frac{\partial C_i(x = \infty,t)}{\partial x} = 0 \quad i = 1,...,N$$ （5-36）

採用式（5-35）的邊界條件的好處為較容易發展解析解，但卻不符合滲透性反應牆實際上為有限厚度，Rabideau *et al.*（2005）考慮更合理的

邊界條件如下：

$$\frac{\partial C_i(x=L,t)}{\partial x} = 0 \quad i = 1,...,N \tag{5-37}$$

求解方程式（5-34）的初始條件假設滲透性反應牆一開始無污染物，數學上可表示為

$$C_i(x,t=0) = 0 \quad i = 1,...,N \tag{5-38}$$

利用 Sun *et al.*（1999）所提出的變數變換分離方程式，考慮除原始污染源濃度 $C_{in,1}$ 不為零外，其它的產物污染源濃度為零（$C_{in,2} = C_{in,3} = C_{in,4} = 0$），則在滲透性牆任意位置濃度的物種濃度依序為

$$C_1(x) = C_{in,1} \frac{\exp\left[\frac{(v-u_1)x}{2D}\right] + \left(\frac{u_1-v}{u_1+v}\right)\exp\left[\frac{(u_1+v)x}{2D} - \frac{u_1L}{D}\right]}{1 + \left(\frac{u_1-v}{u_1+v}\right)\exp\left(-\frac{u_1L}{D}\right)} \tag{5-39}$$

$$C_2(x) = \frac{y_2 k_2}{k_1-k_2} C_{in,1} \frac{\exp\left[\frac{(v-u_2)x}{2D}\right] + \left(\frac{u_2-v}{u_2+v}\right)\exp\left[\frac{(u_2+v)x}{2D} - \frac{u_2L}{D}\right]}{1 + \left(\frac{u_2-v}{u_2+v}\right)\exp\left(-\frac{u_2L}{D}\right)}$$
$$-\frac{y_2 k_1}{k_1-k_2} C_1(x) \tag{5-40}$$

$$C_3(x) = \left(\frac{y_2 k_1}{k_1-k_3}\right)\left(\frac{y_3 k_2}{k_2-k_3}\right) C_{in,1} \frac{\exp\left[\frac{(v-u_3)x}{2D}\right] + \left(\frac{u_3-v}{u_3+v}\right)\exp\left[\frac{(u_3+v)x}{2D} - \frac{u_3L}{D}\right]}{1 + \left(\frac{u_3-v}{u_2+v}\right)\exp\left(-\frac{u_3L}{D}\right)}$$
$$-\left(\frac{y_2 k_1}{k_1-k_3}\right)\left(\frac{y_3 k_2}{k_2-k_3}\right) C_1(x) - \frac{y_3 k_2}{k_2-k_3} C_2(x) \tag{5-41}$$

$$C_4(x) = \left(\frac{y_2 k_1}{k_1 - k_3}\right)\left(\frac{y_3 k_2}{k_2 - k_3}\right)\left(\frac{y_4 k_3}{k_3 - k_4}\right)C_{in,1} \frac{\exp\left[\frac{(v - u_4)x}{2D}\right] + \left(\frac{u_4 - v}{u_4 + v}\right)\exp\left[\frac{(u_4 + v)x}{2D} - \frac{u_4 L}{D}\right]}{1 + \left(\frac{u_4 - v}{u_4 + v}\right)\exp\left(-\frac{u_4 L}{D}\right)}$$

$$- \left(\frac{y_2 k_1}{k_1 - k_4}\right)\left(\frac{y_3 k_2}{k_2 - k_4}\right)\left(\frac{y_4 k_3}{k_3 - k_4}\right)C_1(x)$$

$$\left(\frac{y_3 k_2}{k_2 - k_4}\right)\left(\frac{y_4 k_3}{k_3 - k_4}\right)C_2(x) - \frac{y_4 k_3}{k_3 - k_4}C_3(x) \tag{5-42}$$

3. 雙區單一物種傳輸模式

　　Park and Zhan（2009）考慮到原來含水層的特性與建構的滲透性反應牆的特性並不相同，因而發展另一雙區單一物種傳輸模式，他們的雙區模式考慮第一區為滲透性反應牆，第二區為滲透性反應牆下游的原地下含水層。兩區內分別有各自不同的孔隙率、地下流速、延散係數、降解常數與遲滯因子，因此利用兩個一維移流-延散-反應方程式分別來描述流經滲透性反應牆與反應牆下游含水層傳輸過程的數學模式，不同於 Rabideau et al.（2005），Park and Zhan（2009）除了考慮移流、延散與降解反應外，還考慮反應牆與地下含水層的固體顆粒會與污染物發生吸附反應，而造成污染物移動時的延遲現象，另外 Park and Zhan（2009）考慮了滲透性反應牆與下游含水層交界處的濃度與總傳輸質量通量（mass flux）為連續，Park and Zhan（2009）將座標軸原點安排於滲透性反應牆與下游含水層交界面處，則滲透性反應牆與下游含水層的移流-延散方程式分別為：

$$D_B \frac{\partial^2 C_B(x,t)}{\partial x^2} - v_B \frac{\partial C_B(x,t)}{\partial x} - k_B C_B(x,t) = R_B \frac{\partial C_B(x,t)}{\partial t} \quad -B < x < 0 \tag{5-43a}$$

$$D_L \frac{\partial^2 C_L(x,t)}{\partial x^2} - v_L \frac{\partial C_L(x,t)}{\partial x} - k_L C_L(x,t) = R_L \frac{\partial C_L(x,t)}{\partial t} \quad 0 < x < \infty \tag{5-43b}$$

此處 $C_B(x,t)$ 和 $C_L(x,t)$ 分別為滲透性反應牆與下游含水層的溶解相污染物濃度（ML^{-3}），D_B 和 D_L 分別為滲透性反應牆與地下含水層的延散係數（L^2T^{-1}），v_B 和 v_L 分別為滲透性反應牆與下游含水層的地下水流速（LT^{-1}），k_B 與 k_L 為滲透性反應牆與下游含水層的污染物一階降解常數，R_B 與 R_L 為滲透性反應牆與下游含水層的污染物遲滯因子。相關初始邊界條件分別為：

$$C_B(x,t=0) = 0 \quad -B < x < 0 \tag{5-44}$$

$$C_L(x,t=0) = 0 \quad 0 < x < \infty \tag{5-45}$$

$$n_B D_B \frac{\partial C_B(x,t)}{\partial x} - q C_B(x,t) \bigg|_{x=-B} = -q C_{in} \tag{5-46}$$

$$C_B(x,t) \bigg|_{x=0} = C_L(x,t) \bigg|_{x=0} \tag{5-47}$$

$$n_B D_B \frac{\partial C_B(x,t)}{\partial x} - q C_B(x,t) \bigg|_{x=0} = n_L D_L \frac{\partial C_L(x,t)}{\partial x} - q C_L(x,t) \bigg|_{x=0} \tag{5-48}$$

$$C_L(x,t) \bigg|_{x=\infty} = 0 \tag{5-49}$$

此處 C_{in} 為從滲透性反應牆的正上游含水層流入的污染物濃度，n_B 與 n_L 分別為滲透性反應牆與下游含水層的有效孔隙率，地下水流速 $q = v_B n_B = v_L n_L$。式（5-44）與（5-45）假設滲透性反應牆與下游含水層一開始無污染物存在，式（5-46）為一個邊界源條件，式（5-47）與（5-48）表示滲透性反應牆與下游含水層交界處的濃度與總傳輸質量通量，式（5-49）為方便解析解數學推導將邊界條件設於無窮遠處無質量通量。

Park and Zhan（2009）利用 Laplace 轉換求解上述方程式與對應的初始與邊界條件，而分別解得滲透性反應牆與下游含水層的污染物濃度 Laplace 區域解析解，利用 Laplace 相關理論可得下游含水層污染物濃度穩態解析解，表示為

$$\lim_{t \to \infty} \frac{C_L(x)}{C_{in}} = \frac{2u_B v_B \exp\left(\dfrac{v_L - 2D_L u_L}{2D_L} x + \dfrac{v_B B}{2D_B}\right)}{(u_B v_B + 2D_L \theta u_L u_B)\cosh(Bu_B) + (\theta \delta u_L v_B + 2D_B u_B^2)\sinh(Bu_B)}$$

$$(5\text{-}50)$$

此處 $\delta = \dfrac{D_L}{D_B}$、$\theta = \dfrac{n_L}{n_B}$、$u_B = \sqrt{\dfrac{v_B^2}{4D_B^2} + \dfrac{k_B}{D_B}}$ 和 $u_L = \sqrt{\dfrac{v_L^2}{4D_L^2} + \dfrac{k_L}{D_L}}$。

　　對設計滲透性反應牆系統，只要給定 C_{in} 與 compliance plane 的濃度 $C(x = x_{comp})$ 即可藉由式（5-50）決定含水層厚度 B，但因式（5-50）對變數 B 為非線性方程式，因此無法直接求解，因此須用求解非線性方程式的方法（如 Newton 法）進行求解厚度 B。

　　但是當在滲透性反應牆內的延散作用相對於降解反應弱時，Bu_B 會很大，此時 $\cosh(Bu_B)$ 與 $\sinh(Bu_B)$ 可以近似為 $\exp(Bu_B)$，則式（5-40）可以進一步簡化為：

$$\lim_{t \to \infty} \frac{C_L(x)}{C_{in}} = \frac{2u_B v_B \exp\left(\dfrac{v_L - 2D_L u_L}{2D_L} x + \dfrac{v_B - 2D_B u_B}{2D_B} B\right)}{(u_B v_B + 2D_L \theta u_L u_B) + (\theta \delta u_L v_B + 2D_B u_B^2)}$$

$$(5\text{-}51)$$

　　式（5-50）的優點為求解非線性方程的方法，含水層厚度 B 可以直接由下式決定：

$$B_{req} = \frac{2D_B}{v_B - 2D_B u_B}\left[\ln\left(\frac{C_{MCL}}{C_{in}}\right) + \alpha - \left(\frac{v_L}{2D_L} - u_L\right)x_{comp}\right]$$

$$(5\text{-}52)$$

此處為 B_{req} 對 compliance plane（$x = x_{comp}$）的最大污染物濃度標準（maximum contaminant level, MCL）C_{MCL} 的滲透性反應牆厚度，且

$$\alpha = \ln(u_B v_B + 2D_L \theta u_L u_B) + (\theta \delta u_L v_B + 2D_B u_B^2) - \ln(v_B u_B)$$

$$(5\text{-}53)$$

4.雙區多物種傳輸解析解

Mieles and Zhan（2012）拓展 Park and Zhan（2009）的雙區單物種傳輸解析解，發展為雙區多物種傳輸解析解，可適用於滲透性反應牆所造成的四氯乙烯（PCE）的序列降解路徑 PCE → TCE → DCE → VC，對滲透性反應牆的第一個母物種與其後續子物種移流 - 延散傳輸方程式可表示為：

$$
D_B \frac{\partial^2 C_{B,1}(x,t)}{\partial x^2} - v_B \frac{\partial C_{B,1}(x,t)}{\partial x} - k_{B,1} C_{B,1}(x,t) = R_{B,1} \frac{\partial C_{B,i}(x,t)}{\partial t}
$$
$$
-B < x < 0 \tag{5-54a}
$$

$$
D_B \frac{\partial^2 C_{B,i}(x,t)}{\partial x^2} - v_B \frac{\partial C_{B,i}(x,t)}{\partial x} - k_{B,i} C_{B,i}(x,t) + y_i k_{B,i-1} C_{B,i-1}(x,t)
$$
$$
= R_{B,i} \frac{\partial C_{B,i}(x,t)}{\partial t} \quad i = 2,...,N \quad -B < x < 0 \tag{5-54b}
$$

對滲透性反應牆下游含水層的第一個母物種與其後續子物種移流 - 延散傳輸方程式可表示為：

$$
D_L \frac{\partial^2 C_{L,1}(x,t)}{\partial x^2} - v_B \frac{\partial C_{L,1}(x,t)}{\partial x} - k_{L,1} C_{L,1}(x,t) = R_{L,1} \frac{\partial C_{L,i}(x,t)}{\partial t}
$$
$$
0 < x < \infty \tag{5-55a}
$$

$$
D_L \frac{\partial^2 C_{L,i}(x,t)}{\partial x^2} - v_L \frac{\partial C_{L,i}(x,t)}{\partial x} - k_{L,i} C_{L,i}(x,t) + y_i k_{L,i-1} C_{L,i-1}(x,t)
$$
$$
= R_{L,i} \frac{\partial C_{L,i}(x,t)}{\partial t} \quad i = 2,...,N \quad 0 < x < \infty \tag{5-55b}
$$

此處 $C_{B,i}(x,t)$ 和 $C_{L,i}(x,t)$ 分別為滲透性反應牆與下游含水層的第 i 個物種溶解相濃度（ML^{-3}），D_B 和 D_L 分別為滲透性反應牆與地下含水層的延散係數（L^2T^{-1}），v_B 和 v_L 分別為滲透性反應牆與下游含水層的地下水流速（LT^{-1}），$k_{B,i}$ 與 $k_{L,i}$ 為滲透性反應牆與下游含水層的的第 i 個物種一階

降解常數，$R_{B,i}$ 與 $R_{L,i}$ 為滲透性反應牆與下游含水層的的第 i 個物種遲滯因子。

$$C_{B,i}(x,t=0) = 0 \quad -B < x < 0 \quad i = 1,...,N \tag{5-56a}$$

$$C_{L,i}(x,t=0) = 0 \quad 0 < x < \infty \quad i = 1,...,N \tag{5-56b}$$

$$n_B D_{B,i} \frac{\partial C_{B,i}(x,t)}{\partial x} - q C_{B,i}(x,t) \bigg|_{x=-B} = -q C_{in} \quad i = 1,...,N \tag{5-57}$$

$$C_{B,i}(x,t) \bigg|_{x=0} = C_{L,i}(x,t) \bigg|_{x=0} \quad i = 1,...,N \tag{5-58}$$

$$n_B D_{B,i} \frac{\partial C_B(x,t)}{\partial x} - q C_{B,i}(x,t) \bigg|_{x=0} = n_L D_L \frac{\partial C_{L,i}(x,t)}{\partial x} - q C_{L,i}(x,t) \bigg|_{x=0}$$
$$i = 1,...,N \tag{5-59}$$

$$C_{L,i}(x,t) \bigg|_{x=\infty} = 0 \quad i = 1,...,N \tag{5-60}$$

Mieles and Zhan（2012）利用 Laplace 轉換求解上述方程式與對應的初始與邊界條件，並利用終值定理（final value theorem）（Dyke, 1999），可解得在滲透性反應牆與下游含水層每個物種的穩態濃度解。Mieles and Zhan（2012）所得的解對越後面序列的物種的數學表示式越加冗長與複雜，考慮到這些複雜的數學式並不易解讀，所以在此就不呈現完整的解，對滲透性滲透性反應牆所造成的四氯乙烯（PCE）的序列降解問題的雙區多物種傳輸解析解有興趣的讀者請直接參考 Mieles and Zhan（2012）獲得相關數學表示式。Mieles and Zhan（2012）利用 EXCEL 發展了計算程式，Mieles and Zhan（2012）也特別提及對計算程式有興趣的讀者可請求他們提供。此處須特別說明的是 Park and Zhan（2009）雙區單一物種傳輸模式將為 Mieles and Zhan（2012）雙區多物種傳輸模式的第 1 物種解，因此可利用 Mieles and Zhan（2012）的 EXCEL 計算程式進行滲透性反應牆設計。

5.4 圍封效能評估

　　本章全面介紹了預測被用來遏制廢棄物的垂直截流牆性能之當前技術。垂直和水平屏障均可用來減少地下水污染物傳輸的範圍。最常見的垂直屏障是地下連續泥漿截流牆，而水平屏障包括人工工程屏障（地板）和自然地質構造屏障，例如滯水層（aquitards）和隔水層（aquicludes）。故預測污染傳輸模式亦可做為後續設計之參考依據，本章節內容以模擬範例（垂直和水平屏障概念）進行模擬評估。

5.4.1 圍封模擬案例及數值模擬介紹說明

　　本章節利用地下水數值模擬填築區（垂直和水平屏障）填入廢棄物後，對區域地下水水質及鄰近海域之影響，其中填築區設計規畫將建於既有砂質底床之上，兩側建有 8 m 高的隔堤，堤體上向填築區內側預計有 10 m 厚的回填土層作為填築材料緩衝區，藉由地下水數值模式建構符合區域性未飽和及飽和含水層地下水流況，模擬填築區釋放流體質點與污染物，進行三維地下水傳輸不同情境模擬，模擬結果可做為填築場址評估之參考。

　　其中地下水數值模式選擇以 FEMWATER 模式進行模擬評估，FEMWATER（Three-Dimensional Finite Element Model of Water Flow Through Saturated-Unsaturated Media）係由賓州大學（Pennsylvania State University）葉高次（Gour-Tsyh Yeh）博士所開發，該模式以有限元素法模擬地下水問題，經常被應用於模擬飽和或非飽和土層中之地下水流、污染物傳輸及海水入侵等問題，為目前被廣泛使用的地下水模式之一，其中水流控制方程式係由 Richard 方程式演變而來，為一個根據流體質量守恆及非飽和層水分變化，並可以描述飽和－非飽和之土壤介質中，壓力水頭分布的一個水流控制方程式。本案例利用擁有圖形介面功能的軟體 GMS 來做為 FEMWATER 程式之輸入輸出圖形的介面，其網格自動產生及三維

繪圖之功能，增加了模式的效率及對整個模式的掌握。

5.4.2　圍封模擬概念模式及模擬校正

　　本案例模擬範圍如圖 5-6 所示，模擬區域南北總長約 3 km；東西向則橫跨約 2 km 寬之區域，涵蓋面積約 8 km²；模擬區域內地形藉由高程數值地形與 14 口觀測井高程的插值結果而來；邊界條件設定方面，模擬範圍除東岸外皆於海岸設定含潮汐定水頭海水邊界 0 m，而東岸的淡水邊界藉由鄰近觀測井之平均觀測水位進行定水頭淡水邊界設定；而在初始條件方面，爲模擬重力排水狀況，本工作假設各節點總水頭值與地面等高，其穩態模擬結果將被用於暫態模擬之初始條件。

　　本模擬使用有限元素六面體網格求解地下水流場，填築區附近節點（node）間距爲 5 m，模式共有 49,742 個節點與 90,168 個元素（element）

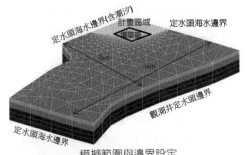

模擬範圍與邊界設定

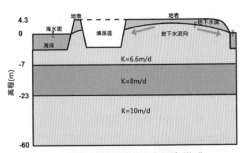

模式模擬所使用之概念模式

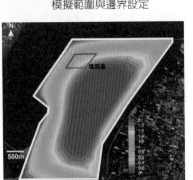

模式模擬之地下水位空間分布

模式模擬之地下水流向

圖 5-6　模式概念化建構及模擬分析圖（國立中央大學，2015）

所組成。本工作模擬範圍內之網格分布繪製於如圖 5-6(a)，其中含水層概念分層（conceptual layer）共分三層，除底層含水層使用三層計算層（computational layer）外，其餘兩層則使用五層計算層，相關調查水文參數建構於地下水模式中進行模擬如圖 5-6(b)，經模擬校正及驗證後可模擬該區地下水流分布及流速情形如圖 5-6(c) 及圖 5-6(d)。

5.4.3 圍封案例成效探討

　　案例區域假設年降雨量約為 2,000 mm，每當降雨的時候，雨水便會入滲進含水層，除了入滲時的水流會造成溶出物於含水層內的分布範圍擴大之外，雨水的入滲亦會對場區內的地下水位造成改變，進而影響溶出物的傳輸行為。為了探討入滲量對於溶出物傳輸行為的影響，於填築區靠海岸側釋放 1,547 個質點，釋放位置如圖 5-7(a) 所示。藉由追蹤質點行進位置與速度的方式，如圖 5-7(b) 即為質點所行進之路徑，本工作將計算在不同入滲量下，質點由填築區靠海側移動至海岸邊所需時間，如圖 5-8。結果顯示當場區入滲量小於 1,000 mm/yr 時，質點自填築區邊緣移動至海岸的平均時間大約為 9,000 天；而當場區入滲量大於 1,000 mm/yr 時，質點自填築區邊緣移動至海岸的平均時間就會減為大約 8,500 天。

進行質點追蹤研究時，質點釋放的
位置位於填築區靠海一側的邊緣

白色線段為質點釋放後所行進之路徑

圖 5-7　案例模擬填築區規劃質點傳輸分布圖（國立中央大學，2015）

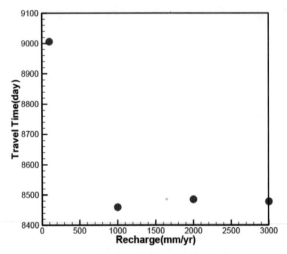

圖 5-8　不同入滲量下，質點自填築區邊緣移動至海邊的平均時間

參考文獻

1. Albrecht, B.A., Benson, C.H. Effect of Desiccation on Compacted Natural Clay. Journal of Geotechnical and Geo-Environmental Engineering, 127, (2001). 67-75. http://dx.doi.org/10.1061/(ASCE)1090-0241(2001)127:1(67).

2. Barbour, S.L., Fredlund, D.G. Mechanisms of osmotic flow and volume change in clay soils. Can. Geotech. J. 26 (4), 551-562, (1989).

3. Dwyer, G., Elkinton, J.S., Buonaccorsi, J.P. Host heterogeneity in susceptibility and disease dynamics: Tests of a mathematical model. The American Naturalist.150:685-707, (1997).

4. Dyke, P. P. G.An introduction to Laplace transforms and Fourier series. Springer, London, U.K, (1999).

5. Depaoli, D.W., Hutzler, N.J. Field test of enhancement of soil venting by heating. Rep. presented at Robert S. Kerr Environ. Res. Lab. and Natl. Cent. Ground Water Res. Symp. on Soil Venting, Apr. 30, (1991).

6. Eykholt, G. R., Elder, C. R., Benson, C. H. Effect of aquifer heterogeneity and reaction

mechanism uncertainty a reactive barrier. J. Hazard. Mater. 68 (1-2), 73-96, (1999).

7. Freeze, R.A., Cheery, J.A. Groundwater. Englewood Cliffs, NJ., Prentice Hall, (1979).

8. Fritz, S.J., Marine, I.W. Experimental support for a predictive osmotic model of clay membranes. Geochim. Cosmochim. Acta 47 (8), 1515-1522, (1983).

9. Fritz, S.J. Ideality of clay membranes in osmotic processes: a review. Clays Clay Miner. 34 (2), 214-223, (1986).

10. Fredlund, D.D., Xing, A. Equations for the Soil-Water Characteristic Curve. Canadian Geotechnical Journal 31(4):521-532,(1994).

11. Fratalocchi, E., Manassero, M., Pasqualini, E., Spanna, C. Predicting hydraulic conductivity of cement-bentonite slurries Proc. on the 2nd Intern. Congr. on Environ. Geotechn., A.A. Balkema ed. Osaka, (1996).

12. Greenberg, J.A., Mitchell, J.K., Witherspoon, P.A. Coupled salt and water flows in a groundwater basin. Journal of Geophysical Research 78 (27), 6341-6353, (1973).

13. Foose, G.J., Benson, C.H. Edil, T.B. Predicting leakage through composite landfill liners. ASCE Journal of Geotechnical and Geoenvironmental Engineering 127(6): 510-520, (2001).

14. Foose, G.J., Benson, C.H., Edil, T.B. Comparison of solute transport in three composite liners. ASCE Journal of Geotechnical and Geoenvironmental Engineering 128(5): 391-403, (2002).

15. Hanshaw, B.B., Coplen, T.B. Ultrafiltration by a compacted clay membrane-II. Sodium ion exclusion at various ionic strengths. Geochim. Cosmochim. Acta 37 (10), 2311-2327, (1973).

16. Ho, C.K., Webb, S.W. Review of Porous Media Enhanced Vapor-Phase Diffusion Mechanisms, Models, and Data-Does Enhanced Vapor-Phase Diffusion Exist?, Journal of Porous Media, 1(1), pp. 71-92, (1998).

17. Harbaugh, A. W. MODFLOW-2005, The U.S. Geological Survey modular ground-water model--the Ground-Water Flow Process: U.S. Geological Survey Techniques and Methods 6-A16, (2005).

18. Harbaugh, A. W., Banta, E. R., Hill, M. C., and McDonald, M. G. 2000. MODFLOW-2000, the U.S. Geological Survey modular ground-water model--

User guide to modularization concepts and the Ground-Water Flow Process: U.S. Geological Survey Open-File Report 00-92, 121, (2000).

19. Jessberger, H.L. Geotechnical aspects of landfill design and construction. Part 1, Part 2 and Part 3. Proceedings of Institution of Civil Engineers 107, 99e122. (1994).

20. Kemper, W.D., Rollins, J.B. Osmotic efficiency coefficients across compacted clays. Soil Sci. Soc. Am. Proc. 30 (5), 529-534, (1966).

21. Kemper, W.D., Quirk, J.P. Ion mobilities and electric charge of external clay surfaces inferred from potential differences and osmotic flow. Proceedings-Soil Science Society of America 36, 426-433,(1972).

22. Kauschinger, J.L, Perry, E.B., Hankour, R. Grouting,soil improvement and geosynthetics. ASCE Geotechnical Special Publication No.30 Ed.R.H.Borden,R.D Holtz.I.Juran. 169-181,(1992).

23. Keijzer, T.J.S., Kleingeld, P.J., Loch, J.P.G. Chemical osmosis in compacted clayey material and the prediction of water transport. Eng. Geol. 53 (2), 151-159,(1997).

24. Lin, H. C., Richards, D. R., Yeh, G. T., Cheng, J. R. C., Cheng, H. P., and Jones, N. L. Femwater : A three-dimensional finite element computer model for simulating density-dependent flow and transport in variably saturated media. Report chl-97-12, U.S. Army Engineer Research and Development Center. (1997)

25. M.Th. van Genuchten, M.Th. Analytical solutions for chemical transport with simultaneous adsorption, zero-order production and first-order decay, J. Hydrol., 49, 213-233, (1981).

26. McDonald, M.G., Harbaugh, A.W. A modular three-dimensional finite-difference ground-water flow model. Techniques of Water-Resources Investigations 06-A1, (1988). https://doi.org/10.3133/twri06A1.

27. Muller-Kirchenbauer, H., Rogner, J., Friedrich, W. "Cutoff walls and pumping systems for pollutants containment." Remediations for Polluted Subsoils., Proc. of Int. Seminar. Istituto per l'Ambiente, Milan, Italy, 165-200 (in Italian), (1991).

28. Mitchell, J.K. Fundamentals of Soil Behavior, 2nd ed. Wiley, New York,(1993).

29. Manassero, M., Shackelford, C.D. Classification of Industrial Wastes for Re-Use and Landfilling, I International Congress on Environmental Geotechnics, International

Society of Soil Mechanics and Foundation Engineering Edmonton, Canada, Bi-Tech Publisher, Ltd, Vancouver, Canada, (1994).

30. Manassero, M., Fratalocchi, E., Pasqualini, E., Spanna, C., Verga, F. Containment with vertical cutof f walls. Proc. Geoenvironment 2000, ASCEGSP46 , New York, (1995).

31. Malusis, M.A. Membrane Behavior and Coupled Solute Transport through a Geosynthetic Clay Liner, PhD Dissertation. Colorado State University, Fort Collins, CO,(2001).

32. Malusis, M.A., Shackelford, C.D. Theory for reactive solute transport through clay membrane barriersJournal of Contaminant Hydrology, vol. 59 (3-4). Elsevier, Amsterdam, pp. 291-316, (2002a).

33. Malusis, M.A., Shackelford, C.D. Coupling effects during steady-state solute diffusion through a semipermeable clay membrane. Environmental Science & Technology, ACS 36 (6), 1312-1319, (2002b).

34. Mieles, J., Zhan, H. Analytical solutions of one-dimensional multispecies reactive transport in a permeable reactive barrier-aquifer system. J. Contam. Hydrol. 134-135, 54-68, (2012).

35. Naidu, R., Bekele, D.N., Birke, V. Permeable reactive barriers: cost-effective and sustainable remediation of groundwater in "Permeable Reactive Barrier: Sustainable Groundwater Remediation" edited by R. Naidu and V. Birke, CRC Press, Boca Raton, (2015a).

36. Naidu, G., Jeong, S., Vigneswaran, S. Interaction of humic substances on fouling in membrane distillation for seawater desalination. Chem. Eng. J. 262, 946-957, (2015b).

37. Ni, CF., Li, WC., Hsu, S.M. et al. Numerical assessments of recharge-dominated groundwater flow and transport in the nearshore reclamation area in western Taiwan. Environ Monit Assess 191, 83 (2019). https://doi.org/10.1007/s10661-019-7199-4

38. Olsen, H.W. Simultaneous fluxes of liquid and charge in saturated kaolinite. Soil Sci. Soc. Am. Proc. 33 (3), 338-344, (1969).

39. Olsen, H.W., Yearsley, E.N., Nelson, K.R. Chemico-osmosis versus diffusion-osmosis. Transportation Research Record, vol. 1288. Transportation Research Board,

Washington, DC, pp.15-22, (1990).

40. Parkhurst, D. L., and Appelo, C. A. J. User's guide to PHREEQC (Version 2): A computer program for speciation, batch-reaction, one-dimensional transport, and inverse geochemical calculations, (1999).

41. Park, E., Zhan, H.B. One-dimensional solute transport in a permeable reactive barrier-aquifer system. Water Resour. Res. 45, W07502, (2009). http://dx.doi.org/10.1029/2008WR007155.

42. Pruess, K. TOUGH2-A General-Purpose Numerical Simulator for Multiphase Fluid and Heat Flow, LBL-29400, Lawrence Berkeley Laboratory, (1991).

43. Peyton, R.L., Schroeder, P.R. Water Balance for Landfills. Geotechnical Practice for Waste Disposal, D.E. Daniel(ed). Chapman & Hall, London, England.pp214-243,(1993).

44. Pruess, K., Moridis, G.J., Oldenburg, C.M. TOUGH2 User's Guide Version 2. Lawrence Berkeley National Laboratory, Oak Ridge, TN.,(1999)

45. Park, E., Zhan, H.B. One-dimensional solute transport in a permeable reactive barrier-aquifer system. Water Resour. Res. 45, W07502, (2009).

46. USEPA, the hydrologic evaluation of landfill performance help 4.0 manual v2, (2020).

47. Rowe, R.K., Booker, J.R. 1-D pollutant migration in soils of finite depth. ASCE Journal of Geotechnical Engineering 111 4 , 479-499, (1985a).

48. Rowe, R.IC., Booker, J.R. 1-D pollutant migration in soils of finite depth. J. Geotech. Eng., A.S.C.E.. 111, 479-499, (1985b).

49. Rowe, R.IC., Booker, J.R. A finite layer technique for calculating three-dimensional pollutant migration in soil. Geotechnio_ue, 36, 205-214, (1986).

50. Rowe, R.K., Booker, J.R. An efficient analysis of pollutant migration through soil, Chapter 2, Numerical methods in transient and coupled systems, Lewis, Hintion, Bettess and Schrefler, Eds., John Wiley and Sons, New York, 13-42, (1987).

51. Rabideau, A.J., Khandelwal, A. Boundary conditions for modeling transport in vertical barriers. ASCE. Journal of Environmental Engineering 124 (11):1135-1139, (1998a).

52. Rabideau, A. J., Suribhatla, R., Craig, J. R. Analytical models for the design of iron-

based permeable reactive barriers. J. Environ. Eng. 131 (11), 1589-1597, (2005).

53. Staverman, A.J. Non-equilibrium thermodynamics of membrane processes. Trans. Faraday Soc. 48 (2), 176-185,(1952).

54. Shackelford, C.D. Modeling and analysis in environmental geotechnics: An overview of practical applications. Proc., 2nd Int. Congress on Environmental Geotechnics, Nov.5-8, Osaka, Japan, Balkema, Rotterdam (3):1375-1404,(1997).

55. Shackelford, C.D. Diffusion as a transport process in fine-grained barrier materials. Geotechnical News, 6(2):24-27, (1988).

56. Shackelford, C.D. Diffusion of contaminants through waste containment barriers. Transportation Research Record NO. 1219, Transportation Research Board, National Research Council, Washington, D.C.,169-182, (1989).

57. Shackelford, C.D. Diffusion of Inorganic Chemical Wastes in Compacted Clay. Ph.D. Dissertation, University of Texas, Austin, Texas, pp 449, (1988).

58. Shackelford, C.D., Daniel, D.E., Liljestrand, H.M. Diffusion of inorganic chemical species in compacted clay soil. J. Contam. Hydrol., 4: 241-273, (1989).

59. Shackelford, C.D. Contaminant transport, Geotechnical practice for waste disposal, D.E. Daniel, ED., Chapman and Hall, London 33-365, (1993).

60. Schroeder, P.R., Aziz, N.M., Lloyd, C.M., Zappi, P.A. The Hydrologic Evaluation of Landfill Performance (HELP) Model. User's Guide for Version 3. EPA/600/ R-94/168a. US EPA Risk Reduction Engineering Laboratory. Cincinnati, Ohio, 84 p. and appendix, (1994a).

61. Sun, Y., Clement, T. P. A decomposition method for solving coupled multi-species reactive transport problems, Transport Porous Med., 37, 327-346, (1999).

62. Shackelford, S. D., Wheeler, T. L., Meade, M. K., Reagan, J. O., Byrnes, B. L., Kooharaie, M. Consumer impressions of tender select beef. Journal of Animal Science, 79, 2605-2614, (2001).

63. Thibodeaux, L.J., Estimating the air emissions of chemicals from hazardous waste landfills. Journal of Hazardous Materials 4(3):235-244, (1981).

64. Tolaymat, T., Krause, M. Hydrologic Evaluation of Landfill Performance HELP 4.0 User Manual. the U.S. Environmental Protection Agency,(2020).

65. Wilkin, R.T., Acree, S., Ross, R., Lee, T., Puls, R., and Woods, L. Fifteen-year assessment of a Permeable Reactive Barrier for treatment of chromate and trichloroethylene in groundwater. Sci. Total Environ., 468-469, 186-194, (2014).

66. Šim nek, J., Van Genuchten, M.T., and Šejna, M. . The HYDRUS-1D software package for simulating the one-dimensional movement of water, heat, and multiple solutes in variably-saturated media. University of California-Riverside Research Reports, 3:1-240, (2005).

67. Tinoco, I., Sauer, K., Wang, J.C. Physical Chemistry. Prentice-Hall, Upper Saddle River, N.J., (1995).

68. Therrien, R., McLaren, R. G., Sudicky, E. A., and Panday, S. M. HydroGeoSphere: a three-dimensional numerical model describing fully-integrated subsurface and surface flow and solute transport. Groundwater Simulations Group, University of Waterloo, Waterloo, ON, (2010).

69. Van Genuchten, M.T. A closed-form equation for predicting the hydraulic conductivity of unsaturated soils. Soil science society of America journal 44:892-898, (1980).

70. Van Genuchten, M.Th., Alves, W.J. Analytical Solutions of the One-Dimensional Convective-Dispersive Solute Transport Equation. Technical Bulletin 1661, US Department of Agriculture, Washington DC, (1993).

71. Vanderborght, J., Vereeken, H., Review of dispersivities for transport modeling in soils. Vadose Zone Journal, 6(1), 29-52, (2007).

72. Yeung, A.T. Coupled flow equations for water, electricity and ionic contaminants through clayey soils under hydraulic, electrical, and chemical gradients. Journal of Non-Equilibrium Thermodynamics 15, 247-267,(1990).

73. Yeung, A.T., Mitchell, J.K. Coupled fluid, electrical, and chemical flows in soil. Geotechnique 43 (1), 121-134, (1993).

74. Yeh, G. T., Sun, J. T., Jardine, P. M., Burgos, W. D., Fang, Y. L., Li, M.H., and Siegel, M. D. HYDROGEOCHEM 5.0: A three-dimensional model of coupled fluid flow, thermal transport, and hydrogeochemical transport through variably saturated conditions. Version 5.0. ORNL/TM-2004/107, Oak Ridge National Laboratory, Oak Ridge, TN, 37831:1-244,(2004).

75. Zheng, C. MT3D, A modular three-dimensional transport model for simulation of advection, dispersion and chemical reactions of contaminants in groundwater systems, Report to the U.S. Environmental Protection Agency, (1990).

76. Ziegler, C., Pregl, O., Lechner, P. Pollutant transport through sealing medium in contaminated land and sanitary landfills. Proc. Sardinia '95, CISA , Caglari, (1993).

77. Zheng, C., Wang, P.P. MT3DMS: A Modular Three-Dimensional Multispecies Model for Simulation of Advection, Dispersion and Chemical Reactions of Contaminants in Groundwater Systems; Documentation and User's Guide. Contract Report SERDP-99-1, US Army Engineer Research and Development Center, Vicksburg, MS, (1999).

78. Zheng, C., and Bennett, G. D. 2002. Applied Contaminant Transport Modeling Second Edition, John Wiley & Sons, New York, (2002).

79. Zhang, Nanlin & Luo, Zhifeng & Chen, Zhangxin & Liu, Fushen & Liu, Pingli & Chen, Weiyu & Wu, Lin & Zhao, Liqiang. Thermal-hydraulic-mechanical-chemical coupled processes and their numerical simulation: a comprehensive review. Acta Geotechnica. 18. 1-22. 10.1007/s11440-023-01976-4, (2023)

80. 國立中央大學，彰濱工業區線西西三區填築區地下水水質傳輸模擬計畫，2015

81. 環境部（改制前爲行政院環境保護署），100年度土壤及地下水污染研究與技術提昇計畫，推估土壤傳輸參數現地試驗方法之改進，（2002）。

82. 環境部（改制前爲行政院環境保護署），土壤及地下水污染調查與整治技術參考手冊，現地化學氧化法整治技術參考指引，（2019）。

圍封技術之環境監測與健康風險評估

黃智

6.1 概述

6.1.1 圍封工程之監測目的

圍封工程的主要功能，在於限制污染傳輸與擴散，包括土壤與地下水的污染控制或掩埋場的污染預防。一般而言，在評估圍封工程的效能時，可以分成三個面向進行評估（Inyang *et al.*, 1995）：(1) 暴露風險評估，(2) 以傳輸模式進行污染源相關的污染物濃度的預估，以及 (3) 設施設置許可與未來維護的需求評估。由於圍封系統的設計使用年限，短則如連續壁工程約 10 年，長則如核廢料儲存場至少 1,000 年，設計年限越長者，相對的圍封系統發生累積性的危害與污染物的傳輸機會就會變高，因此對於圍封系統的設計與長期運作評估是維持系統狀況穩定的關鍵元素。常被採用的評估方法可分為暴露風險評估、污染傳輸模擬以及設施運作與維護三大類型，其中暴露風險評估即與人體健康風險為標的之評估。污染傳輸模擬以及設施運作與維護二種類型的評估則與圍封系統的系統效能相關，本章將著重於圍封系統與人體健康風險評估的關聯性。

6.1.2 圍封工程與健康風險評估之關聯性

暴露風險評估通常存在於環境與人體健康風險評估的架構中，國際間

對於污染場址多採納以風險爲基準的方法，進行污染場址整治計畫的技術方案選擇與設計。使用創新與高成本效益之監測方法，可以對於暴露評估的參數提供精確估算的工具，特別是當計算或定量的目標在於圍封系統建置後，可能降低之健康風險。有關暴露評估的一般是以攝入量（intake）表示，而其計算的通式如下：

$$IN = \frac{(C)(IR)(EF)(ED)}{(BW)(AT)} \qquad (6\text{-}1)$$

其中

    IN：攝入量（intake），爲受體生物涉入污染介質中特定化學物質的量（mg/kg/day）

    C：濃度，於暴露期間接觸到之化學物質平均濃度（mg/L 或 mg/kg）

    IR：攝入率，單位時間或單一事件中，接觸污染介質的量（L/day 或 kg/day）

    EF：暴露頻率，保守採用上限值（days/year）

    ED：暴露期間，保守採用上限值（years）

    BW：體重，暴露期間之平均體重（kg）

    AT：平均時間，暴露期間的終生平均時間，可採用平均餘命（years）

    藉由暴露評估，可以估計目標受體其終身的平均攝入的化學物質量，配合特定化學物質的毒性資料，即可推算相對應的慢毒性健康風險。與環境相關的人體健康風險評估通常也是以慢毒性爲主，並以推估之攝入量與毒性因子，即非致癌性相關之參考劑量（reference dose, RfD）與致癌性相關之致癌斜率（slope factor, SF），分別以下列二式計算非致癌商數（hazard quotient, HQ）與致癌風險（R）。

$$非致癌風險（HQ）= \frac{Intake}{RfD} \qquad (6\text{-}2)$$

$$致癌風險（R）= Intake \times SF \qquad (6\text{-}3)$$

6.2 有關健康風險評估方法

6.2.1 土壤與地下水污染之健康風險形成

當危害因素存在的時候就有產生風險的可能性，而風險產生的條件原則上是以危害來源（source）、暴露途徑（pathway）與受體（receptor）的模式作為判斷的基礎，此等模式又稱之為 S-P-R 模式（圖 6-1）。對土壤與地下水污染的健康風險而言，S-P-R 模式所代表的內涵為（Environment Agency UK, 2020）：

一、危害來源（Source）：在土地上或地表下所存在，具有造成危害潛勢的污染物；

二、暴露途徑（Pathway）：受體可能或會受到污染物影響的途徑；

三、受體（Receptor）：一個可能因污染物造成不良影響的物體，例如人體、水體、微生物、生態系或動植物等。

圖 6-1　S-P-R 模式的風險發生概念

藉由 S-P-R 模式連結，在健康風險評估階段，採用「潛在污染物連結」的方式，直到確認連結的存在，方視之為「相關污染物連結」。有關暴露途徑的部分，通常與受體類型息息相關，常見的條件包括：

一、對人體健康風險之受體考慮食入、吸入、皮膚接觸；

二、降雨與污染物於透水性地層擴散（如地下水的不飽和層）；

三、地下水污染經由次級途徑傳輸至地表水體；

四、地面蒸氣或氣體的擴散進入建築物中；

五、植物與污染物直接接觸與吸收。

　　透過 S-P-R 模式即可以鑑別土壤與地下水污染是否會造成健康風險的狀況，其可能的狀況如圖 6-2 所示。透過 S-P-R 模式的連結性分析，當危害來源或環境中存在之污染物，確有途徑造成與受體的接觸，不論是前段所提到的任何暴露途徑，受體與污染物的連結性即存在，進而對受體即會產生健康風險。在風險管理的策略上，最直接的是進行污染改善或整治，讓污染濃度下降，風險即可予以降低（圖 6-2(A)）。如果經過分析並無暴露途徑的存在，環境中存在污染物，因為受體並未有與其產生連結的途徑，即使環境中仍存在污染物（不論濃度高低），對於受體或民眾的健康並不會造成風險或有不良的影響，（即圖 6-2(B)）。另外，如果在特定條件下，並無關切的受體存在，污染物或潛在的暴露途徑均存在時，也不會有產生健康風險的機會（即圖 6-2(C)）。

　　由前述的解析，應可說明環境污染對民眾或受體產生風險或不良影響，必須在危害來源、暴露途徑與受體同時存在且有連結時才存在。更進

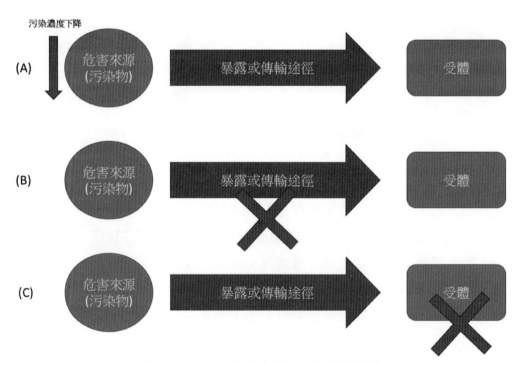

圖 6-2　S-P-R 模式的健康風險管理策略

一步，S-P-R 模式分析，也說明了對於環境風險管理的策略。例如積極進行整治，將關切污染物濃度加以移除，促使關切污染物的濃度下降，即可降低風險並適切管理風險（圖 6-2(A)）；又可透過適切的阻絕暴露或傳輸途徑，使與受體的聯結性消失，即不會有產生健康風險的疑慮，而阻絕的方式可以包括限制地下水使用，則污染物就不會透過洗澡、洗手甚至飲用進入人體（圖 6-2(B)）。另當危害因素與途徑無法即時或限於規模無法移除時，則可將受體遷移使之遠離暴露或傳輸途徑，同樣可以減少或避免風險的產生，此等風險管理策略，較常發生在防災領域，例如採用遷村的方式，避免土石流對於當地民眾產生風險（圖 6-2(C)）。

遵循以上 S-P-R 模式的思維，圍封技術是採用適當的工程手段，將危害來源或土壤與地下水中的污染，封閉或圍阻在特定範圍內，使污染來源無法透過傳輸途徑，與受體產生連結，阻斷「相關污染物與受體之連結」，降低或完全避免污土壤與地下水污染物對受體產生風險的機會（圖 6-3）。

圖 6-3 　圍封技術應用之風險管理概念（以 S-P-R 模式的概念）

6.2.2 健康風險評估之方法架構

為能維持本系列叢書之一致性，有關健康風險評估之方法與架構，主要參考馬氏與吳氏（2016）所編撰的「土壤地下水污染場址的風險評估

與管理：挑戰與機會」，加以精簡化並以說明執行原則爲主，如需較爲詳細的資訊，請讀者參考該書內容。

風險評估是國際間先進國家環境政策制定過程中重要的參考工具，特別是環境保護政策目標是在保護民眾健康及生態的健全，故以風險爲基準的環境政策，已是先進國家於環境保護上的核心概念。而健康風險評估即是運用現有的科學知識與技術，針對民眾所關心的議題進行分析與評估。然後由決策者綜合考量文化、政治、經濟、技術與社會等因素，並且結合風險評估的結果，制定出合理之環境政策（ITRC, 2015）。

1983 年美國國家研究委員會（NRC, 1983）發表的紅皮書中，訂定出了風險評估的四大要素爲：危害性鑑定（hazard identification）、暴露評估（exposure assessment）、劑量反應評估（dose response assessment）與風險特性描述（risk characterization），如圖 6-4 所示（環境部，2014）。

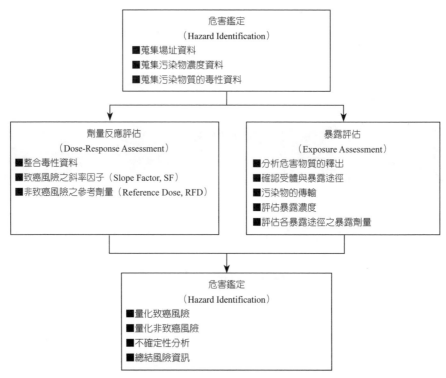

圖 6-4　健康風險評估的四大步驟及執行內容

環境風險評估或污染場址相關健康風險評估，自此具備明確的規範並成為國際間進行健康風險評估的參考標準。惟評估的過程中，仍需依據評估標的之特性，需要考慮的內容包括：

一、場址與暴露情境的特性；

二、暴露環境組成的多樣化特性；

三、評估過程中情境型態的不確定性、參數的不確定性、模式所產生之不確定性和參數的變異性等議題。

　　以下即針對健康風險評估的四大步驟加以說明。

一、危害鑑定

健康風險評估的第一步是進行危害性鑑定，如同 S-P-R 模式中，首先要了解危害的來源或關切的污染物是否存在，如確認有關切物質存在，則需要在本階段了解污染物濃度、污染物的致癌性以及與管制標準之間的關係等。在土壤及地下水污染場址的風險評估中（行政院環境保護署（已改制為環境部），2014），同時建議應蒐集污染場址相關的資料，包括場址環境資料、場址使用歷史紀錄、場址周邊土地使用情形、關切污染物的濃度資料、場址周邊水文地理的描述以及潛在暴露點（point of exposure, POE）。

　　對於關切污染物質之致癌與否的判定，目前主要參考國際癌症研究署（International Agency for Research on Cancer, IARC）的方法，將化學物質分成四大類（如表 6-1）。其他有關關切污染物之毒理資料的搜尋，建議可參考目前建置於各網站上的資料庫，包括：

一、美國環保署綜合風險資訊系統（Integrated Risk Information System, IRIS）（USEPA, 2024a）

二、世界衛生組織人體健康風險評估工具 - 化學物質危害（WHO Human Health Risk Assessment Toolkit-Chemical Hazard, International Program on Chemical Safety, IPCS）（WHO, 2021）

三、美國環保署暫行毒性因子（USEPA Provisional Peer Reviewed Toxicity Values, PPRTVs）（2024b）

■ 表 6-1

國際癌症研究署的致癌物質分類方法			
類別	支持成為此類別的證據	舉例化學物質	被歸類為此級的物質數量
Group 1：確定人類致癌物質	足夠的人類流行病學資料	苯、石綿、鎘、砷、甲醛、Benzo[a]pyrene (BaP)	113
Group 2A：極可能人類致癌物質	有限的或不充分的流病資料加上足夠的動物實驗證據	Lead compounds, Petroleum refining, Frying, emissions from high-temperature	66
Group 2B：可能人類致癌物質	有限的流病資料加上不充分的動物實驗證據	Chloroform, Carbon Tetrachloride, Ethylbenzene	285
Group 3：無法分類	不充分流病資料加上不充分的動物實驗證據	咖啡因、Sodium chloride、Mercury	505
Group 4：可能不是人類致癌物質	不充分的流病資料加上對動物不會致癌	己內醯胺（Caprolactam）	1

四、美國毒性物質與疾病登錄署（US Agency for Toxic Substances and Disease Registry, ATSDR）（ATSDR, 2021）

五、美國環保署健康效應摘要表格（USEPA Health Effects Assessment Summary Tables, HEAST）（USEPA, 1997）

六、美國能源部橡樹嶺國家實驗室風險評估資訊系統（ORNL, 2023）

二、暴露評估

　　暴露評估主要的目的在了解受體於特定情境設定下，實際暴露的情形或者是不同的情境條件下，暴露狀態的變動與差異。包括評估不同暴露途徑下，人體在一段的時間內吸收了多少污染物，是否有暴露於此污染環境之機會，以及污染物質又是經由何種途徑進入人體而被吸收等問題。藉由瞭解環境中人體可能遭受到污染物質的暴露濃度或暴露劑量，推估進入人

體的潛在劑量。暴露評估的方法原則可分為三大步驟：

1. 第一步，確認暴露的特性，了解暴露的物理環境，及潛在的暴露族群的特性；
2. 第二步，確認暴露的路徑，包括排放源、暴露點、和暴露的途徑；及
3. 第三步，量化暴露，將暴露者的暴露頻率、暴露期間、攝入量資料與暴露介質中之污染物的濃度結合起來，量化暴露的劑量。

　　風險的評估即根據此估算受體的暴露劑量，並進行各暴露途徑之暴露劑量的加總，以求得受體之總非致癌風險和總致癌風險的大小。

三、劑量反應評估

　　劑量反應評估的執行，主要在建立暴露劑量和不良健康影響發生比例之關係式（USEPA, 2010），此等關係式的建構，通常是透過動物的實驗來完成。在劑量反應評估的實驗中，接受暴露的實驗動物，分成幾個不同暴露劑量的組別，其餘的條件則控制在相同的情況下。經過一定時間的暴露（依慢性、亞慢性及急性而不同），將實驗的動物予以解剖，觀察各個標的器官的損傷情形，估算出來在各暴露劑量下，發生標的器官損傷的動物之百分比，然後繪製劑量反應評估曲線（圖 6-5）。同一個化學物質之劑量反應評估實驗結束時，可以觀察該化學物質對多個標的器官的毒性效應（例如肝功能下降、新陳代謝或酵素改變、體重減輕等）。然後，根據劑量反應評估曲線，鑑定出該物質的無明顯不良反應劑量（no observed adverse effect level, NOAEL）或最低明顯反應劑量（lowest observed adverse effect level, LOAEL）。

　　已知或假設有非致癌效應之化學物質均假設低於特定劑量即不會有效應發生，因為受體於生理上具有消除或無毒化該等化學物質的能力，而發生效應的劑量即為該等化學物質的閾值劑量（threshold dose）。由實驗室的試驗結果，無不良效應發生的最高非零劑量稱之為「無可見有害效應劑量」（no observed adverse effect level, NOAEL），而不良效應發生的最低劑量則稱之為「最低可見有害效應劑量」（lowest observed adverse

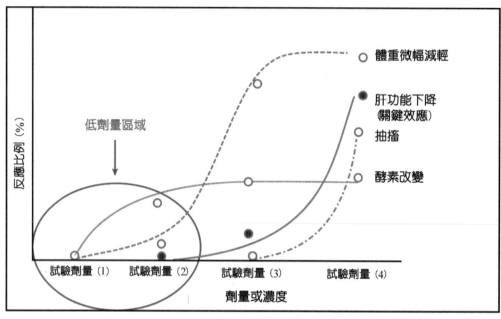

圖 6-5 劑量反應評估曲線

參考資料：USEPA（2010）

effect level, LOAEL），其相對關係請見圖 6-6，閾值劑量則通常介於
NOAEL 與 LOAEL 之間。NOAEL 與 LOAEL 的值取決於實驗的設計，
包括試驗動物樣本的多寡或試驗劑量的不同，都會獲致不同的 NOAEL 與
LOAEL。部分的毒性研究甚至因為劑量的選擇或欠缺統計上有顯著增加
之效應，而無法確立 NOAEL。

　　基標劑量（benchmark dose, BMD）是對等於單邊 95% 信心水準區
間的下限，也是美國環保署相較於 NOAEL/NOAEL 較偏好的解讀方法，
因為 BMD 是用劑量反應曲線中所有的實驗數據決定，不受限於試驗劑
量的選擇。BMD 是依據預先決定會造成特定效應之比例所選擇之劑量，
以基標劑量分析（benchmark dose analysis）獲得移開點劑量（point of
departure, POD）。依據實驗數據所建立之劑量效應曲線，效應發生率介
於 1%～10% 之劑量即稱之為移開點劑量（行政院環境保護署，2010）。
移開點劑量具有相當的確定性，低於閾值劑量時，非致癌效應即不預期會

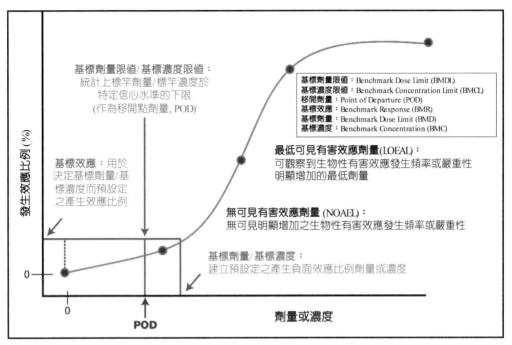

圖 6-6　非致癌終點的多種移開劑量之劑量反應曲線

參考資料：USEPA（2010）

發生，不論暴露條件是否終其一生每天都會發生。圖 6-5 說明了在單一毒性研究中，移開點劑量可能的不同處。食入與皮膚接觸的非致癌毒性因子的單位為單位體重每天可容許的關切物質毫克數（mg/kg-day），吸入相關之毒性因子的單位則是吸入空氣之單位體積中，所含之關切物質的質量（μg/m³）。

　　劑量反應評估的過程中，動物的實驗結果應用至人類，通常需要經過兩個外插（extrapolation）的程序，(1) 物種的差異性，包括體型、生命週期、基礎新陳代謝速率等的差異性，與 (2) 暴露劑量的差異性，動物實驗的過程採高暴露劑量進行實驗，以確保劑量反應評估的曲線得以建立，而人類的環境暴露則為低劑量。因此，需要透過物種的外插和劑量的外插兩個校正的動作，以合理的反應實驗中的數據資料的代表性，同時對於數據在統計上和生物上的不確定性進行確認（Henry, 1996）。

　　基本上，劑量反應的模式可以分成兩種，閾值效應（threshold effect）和非閾值效應（non-threshold effect）（Asante-Duah, 2002）。理論上，癌症的發生因爲涉及了基因的突變（Ames *et al.*, 1973），而一個突變事件或者一個 DNA 的損害，均足以引發癌症的發生，因此癌症的劑量反應關係被認爲是屬於非閾值效益。亦即，癌症沒有安全的暴露劑量。相對的，非致癌的健康效應則爲閾值效應（Department of Health and Ageing and Health Council, 2002）。換言之，非致癌的健康風險存在安全的暴露劑量。圖 6-7 說明了閾值與非閾值效應的劑量反應關係。

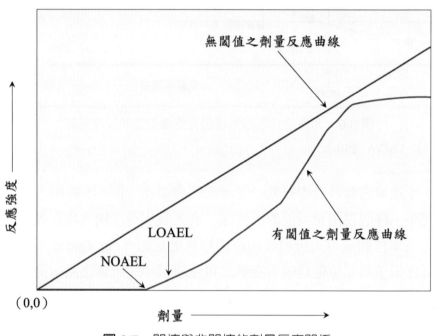

圖 6-7　閾值與非閾值的劑量反應關係

參考資料：馬氏與吳氏（2016）

　　在土壤及地下水污染場址的健康風險評估中，主要是應用劑量反應評估所推導出來的兩個重要的毒性參數值，包括致癌風險評估中的致癌風險斜率係數（cancer slope factor, CSF）和非致癌風險評估中的參考劑量（reference dose, RfD）。目前環保署公告之污染場址健康風險評估指引

中，建議參考國際間重要的毒理資料庫網站如下所列（行政院環境保護署，2014）：

1. 美國環保署的綜合風險資訊系統（Integrated Risk Information System, IRIS）
2. 美國能源局的風險評估資訊系統（Risk Assessment Information System, RAIS）
3. 世界衛生組織簡明國際化學評估文件（WHO Concise International Chemical Assessment Document, CICAD）
4. 美國環保署暫行毒性因子（USEPA Provisional Peer Reviewed Toxicity Values, PPRTVs）
5. 美國毒性物質與疾病登陸署（US Agency for Toxic Substances and Disease Registry, ATSDR）
6. 美國環保署健康效應摘要表格（USEPA Health Effects Assessment Summary Tables, HEAST）
7. 美國加州環保局環境健康危害評估辦公室（Office of Environmental Health Hazard Assessment, OEHHA）（Cal EPA, 2024）

四、風險特徵描述

　　風險評估的最後一個步驟就是風險特徵描述，在此步驟中乃整合前面三個步驟的資料，對於暴露於危害性的化學物質的條件狀況下，發生不良健康影響的機率進行評估。以利用危害性鑑定建立危害物質清單，然後利用暴露評估所估算之各個危害物質在各暴露途徑的攝入量，並且以劑量反應評估所獲得之各危害物質之毒性資料，即非致癌風險的 RfD 值和各致癌物質之致癌風險評估的 CSF 值，估算健康風險的程度。風險特性化中，必須討論風險評估過程中之主要假設、科學的判斷、以及不確定性等，以期合理的解釋推估出來的風險值的意義，風險評估中經常使用的主要假設包括（Henry, 1996）：

1. 在缺乏人類的毒理科學數據狀態下，基本的假設是實驗的動物所產生

之毒性反應，可以做爲人類的不良效應的指標，

2. 動物劑量反應實驗中，可以利用劑量反應的推估模式，外推低於動物實驗的低劑量反應，

3. 動物實驗的結果可以用來說明不同種的動物的劑量反應效應，

4. 致癌物質的劑量反應評估模式爲非閾值效應，

5. 隨著時間的變化，暴露劑量非定值時，可以用平均的暴露劑量代表，

6. 當缺乏毒理動力學的數據時，假設生物有效劑量與外在的劑量成正比，

7. 當暴露的途徑爲多個，且污染源有多個，則對於同一個化學物質之風險，假設具有可加成性，

8. 在無相關的科學證據的情況下，各種暴露途徑均是假設 100% 吸收，及

9. 特定的暴露途徑所產生之健康危害，可做爲其他暴露途徑潛在性的參考。

　　量化健康風險的部分，可先針對各暴露途徑進行致癌與非致癌的量化評估工作，然後再結合各途徑的風險，進行加總，相關計算公式如下：

$$單一暴露途徑的致癌風險 = 長期每日暴露劑量 \cdot 致癌風險斜率係數 \tag{6-4}$$

$$總致癌風險 = \Sigma（各暴露途徑之致癌風險） \tag{6-5}$$

$$單一暴露途徑之非致癌風險（HQ）= 每日暴露劑量 / RfD \tag{6-6}$$

$$總非致癌風險（THI）= \Sigma(HQ) \tag{6-7}$$

6.3 圍封工程之環境監測重點

6.3.1 圍封工程之風險評估

　　環境風險評估是預測圍封工程對人體健康與環境的衝擊，而風險評估有可能產出多樣的結果（National Research Council (NRC), 2007）：

一、人體的終身增量健康風險

　　暴露於存在場址的污染物可能對接觸頻率增加的個體，造成終生的累積增量健康風險增加。行政院環境保護署在「土壤及地下水污染整治場址環境影響與健康風險評估辦法」的第 10 條規定可接受增量健康風險，於核定整治目標時，應考量污染場址現在及未來用途，依據以下原則核定之：

1. 於採取風險管理措施後之致癌總風險，不得大於 1×10^{-4}，
2. 代表性物種無可觀察到之不良效應，及
3. 總非致癌危害指標不得大於 1.0。

二、危害指數（Hazard Index, HI）或參考劑量

　　參考劑量是特定化學物質對於人體健康造成影響的質量，對於特定組成而言，於特定場址量測到的實際劑量對參考劑量的比例稱之爲危害商數（hazard quotient, HQ），所有關切物質的危害商數總和稱之爲危害指數，當危害指數低於 1 時，視爲可接受。

三、生態系統的毒理單位或危害商數

　　於特定場址檢測之化學物質濃度與可能對受體族群（例如溪流中的魚）產生毒性效應的比值稱之爲危害商數或毒理單位。針對特定受體的毒理單位總和則作爲指標使用，當數值低於 1 時，視爲可接受。

四、生態系統量化證據

　　由於生物系統的多樣性與複雜性，生態風險評估一般最終的產出不會僅爲單一數值，而是包括對於不同層級之物種（例如魚、微生物、植物、野生動物）評估終點是否會造成效應的結論以及支持證據的討論。

　　以圍封工程的角度，相關環境風險評估的基本方法與 6.2 節所述，由 NRC 所建立的四大步驟相同（NRC, 1983），與圍封工程相關之特定考量簡要說明如下：

一、危害鑑定：鑑別環境中關切化學物質以及其對人體健康或生態健康的影響，對圍封工程無特定考量；

二、暴露評估：特定場址建立關切化學物質的質量資料。暴露評估的產物是劑量，例如單位時間的化學物質吸入質量（於生態風險評估視之爲暴露資料），以圍封工程的角度，這個步驟所需要的資料包括：

1. 由阻絕設施釋出化學物質的速率（例如由滲出液釋放到地下水的水相化學物質）；

2. 該等釋出化學物質，由污染源到受體所在位置的路徑上之宿命與傳輸（例如水相化學物質於房屋地下室的傳輸、化學物質分散或分配至氣相、土壤氣體由裂隙擴散到房屋的地下室）；及

3. 受體於暴露點與關切物質接觸的方式。

三、劑量反應評估：建立關切化學物質的劑量與效應之間的關係。以人體健康而言，對致癌物是以致癌斜率表示，非致癌的毒性則是以參考劑量表示。以生態系統而言，劑量反應稱之爲壓力因子反應資訊（stressor response profile），表示方式相當多樣，包括單一閾值或是以劑量爲函數的產生效應之族群百分比表示。人體健康風險評估與生態風險評估的使用方法是非常的不同，人體健康的部分，此等關係通常是從動物實驗資料外插推估而得，然而生態風險評估的部分，是採用對來自標的場址的環境介質與生物樣品所進行之流行病學研究結果，這通常也是環境風險評估最困難與爭議性的部分。

四、風險特徵描述：將暴露評估與計量反應評估整合後，評估人體健康與環境是否會受到關切化學物質影響，其結果可以是定量或定性的表示。在圍封系統之風險評估中，典型會考量之傳輸途徑包括：

1. 滲出→地下水傳輸→地下水抽出→地下水食入；

2. 滲出→地下水傳輸→地下水抽出→吸入（淋浴與清洗）；

3. 滲出→地下水傳輸→分配至蒸氣相→蒸氣相傳輸至封閉空間→吸入；

4. 滲出→地表水傳輸→直接接觸與食入（人體與生態系受體）；

5. 滲出→地表水傳輸→分配至底泥→生態系受體食入；

6. 滲出→地表水傳輸→分配至土壤→食入；

7. 氣體洩漏→地表水傳輸→分配至地下水→所有與地下水傳輸相關的途徑；

8. 氣體洩漏→蒸氣相傳輸至封閉空間→吸入或爆炸。

前述的途徑都是具備以圍封系統爲來源的釋出通量之時間函數爲起點。

不確定性是整合在環境風險評估的關鍵元素，並具隱性與顯性的特質。在實務上，風險評估的隱性思維包括於評估過程會以保守的採用參數數值進行評估（例如關切物質的濃度使用最高濃度或 95 百分位值而非平均值，使風險評估傾向高估風險而達保護受體健康之目的），不確定性的顯性作法則是可採用機率式分析與採用機率分布的表示方式，以提供較客觀的風險評估結果。

6.3.2 圍封工程之環境效能評估

圍封工程的效能於 6.1 節曾說明有三種類型，而與環境相關之效能評估最直接的即是符合法規的要求，而對於好的效能的定義則可以採用特定項目之量測或觀察之參數的結果組合（Rumer and Ryan, 1995）。例如由圍封系統釋出污染物的速率與圍封邊界外部監測到的污染物濃度，亦即特定的合規點（point of compliance, POC）是最常採用的效能監測方法。至於效能的定義可以是一定時間內污染物、液體或氣體通量的高低或一段時間內的平均通量；抑或到達到特定通量數值所需要的時間。對於圍封系統的預期規格與系統中特定元素的要求也可以做爲圍封系統效能評估的因子，例如：

一、黏土層的水力傳導係數須低於某一最大可容許值，以及厚度必須大於特定的要求

二、排水層的水力傳導係數與厚度（或是透水性）必須大於特定最小容許

　　　　值

三、水土保持的植被厚度需大於特定最小容許厚度

四、以系統設計規範為基準的例子則包括：

　　1. 排水層的水頭須小於特定的最大容許值。

　　2. 進入圍封系統的流速必須小於特定的最大容許值（足夠的水力停留時間）。

　　其他考量系統本身以及系統與環境的相互影響可定義圍封系統效能的因子，其中典型的例子即是於前節「圍封工程之風險評估」所述之水、空氣與土壤品質對人體健康與環境所造成的風險高低，而風險可以用對人體健康的終生增量風險、對人體健康或生態系統的危害商數或影響生態系統的證據。

　　對於建置圍封系統的場址所建立的監測系統可以針對多元的介質（土壤、地下水、地表水與空氣）加以設計，而監測系統的設計往往是以符合法規要求為主，較少針對圍封系統的效能評估為目的。理想上一個監測系統應該要能兼顧法規與效能監測的需要，一個考量較周全的監測系統應該建構的功能應該包括（NRC, 2007）：

一、可提供用於評估圍封系統效能與實體（如損害）狀態的資訊，

二、可提供用於評估廢棄物或污染物的質量狀態，以了解廢棄物或污染物分解情形與穩定性，

三、可監測到模式模擬所預測污染物較可能釋出的地方，

四、可以偵測到污染物於非預期途徑擴散的情形，

五、可提供污染物釋出的預警機制，以利設施得以在污染物擴散而造成人體健康或環境影響之前，即可採取相關的應變行動，及

六、提供設施管理單位決定維護與修復之時間點的資訊。

　　環境效能的監測方法可以是現地採樣或從監測井中抽出的水樣，監測設備則可以採用適合點、面積或體積的量測，取決於監測的需求。例如監測井採樣、土壤氣體採樣以及水壓計量測地下水位屬於「點」的量測設備；面積相關的量測設備則是不透布或不透水層的滲漏監測（例如：溶

滲儀），以及地球物理量測（例如：透地雷達、垂直聲波剖析、地電阻掃描）；體積導向的量測設備則可以採用電阻與導電度相關工具或其他地球物理設備進行特定體積大小的的土壤特性。表 6-2 彙整常用的於圍封系統相關之環境介質監測方法，雖然地球物理方法亦包含在表中，但其應用性相對侷限且應用較不廣泛。另外，於表 6-3 則是彙整常用於監測圍封系統之指標以及其量測方式與應用。以下即就不同環境介質監測（表 6-2）的環境效能評估加以說明。

■ 表 6-2

<table>
<tr><th colspan="4">監測圍封系統之地下水、土壤與空氣介質之常用方法</th></tr>
<tr><th>方法</th><th>監測標的</th><th>優點</th><th>缺點</th></tr>
<tr><td colspan="4">針對飽和含水層監測</td></tr>
<tr><td>飽和含水層監測井</td><td>地下水位面、地下水樣</td><td>可準確決定地下水水頭以及由實驗室分析水質參數</td><td>侵入式而有交叉污染的風險</td></tr>
<tr><td>水壓計</td><td>水頭或壓力、部分設備可採樣</td><td>可準確決定地下水水頭，部分設備可取樣量測水質</td><td>侵入式而有交叉污染的風險</td></tr>
<tr><td>平面溶滲儀</td><td>通量、部分設備可採樣</td><td>可讓採樣與實驗室分析結合；適合長期監測；可用於低水力傳導性與大體積的監測</td><td>量測速度慢；無法區分傳導流；可能改變邊界條件之驅動力</td></tr>
<tr><td>地球物理
（電導度、感應極化、電磁波、無線電波等）</td><td>含水率、測漏、導電度變化、化學組成、水化學參數、溫度</td><td>非侵入或低侵入的監測；可用於大體積與大範圍的監測；可提供圍封設施的完整性與效能的指標；可做多維向的監測</td><td>非專一性；單一技術的應用，不及多項技術組合使用佳；受多項因子影響；準確度與解析度可能隨深度遞減；監測結果可用性較不穩定</td></tr>
</table>

■ 表 6-2

監測圍封系統之地下水、土壤與空氣介質之常用方法（續）			
自體潛勢偵測	測漏	非侵入式；可用於大體積與大範圍的監測；可提供氧化還原程序資訊	來源機制往往不清楚；多屬定性解析；僅部分具有多維反推估的方法
貫入技術	地質剖析、土壤採樣、水力參數量測、溫度、化學物質檢測	快速；經濟；可達近乎連續性的剖析資訊	侵入式；有交叉污染的風險
針對地表水體			
抓樣	試驗室分析化學物質特性	簡單；經濟	非連續樣品；需要謹慎以取得代表性樣品；樣品運送與劣化問題
針對不飽和層			
氣體偵測鑽具；鑽孔與監測井頂空監測；被動式通氣設施	甲烷、氧氣、二氧化碳、碳氫化合物、非甲烷類有機化合物	永久性或暫時性的設置；簡單；堅固；可以判斷擴散途徑	非連續樣品；隨季節變動；不包含其他釋放來源（例如：堆肥）；非定量
通量測量盒	甲烷、氧氣、二氧化碳、碳氫化合物、非甲烷類有機化合物	氣體由覆蓋物逸散之定量分析	隨季節變動、可能改變流場邊界條件
滲透計	液體通量；樣品	可以整合採樣跟試驗室測試；長期監測；可用於大體積之低水力傳導係數者	緩慢；無法區分傳導流體的線性膠合效應
電極與加熱棒	土壤水分	水分；土壤吸水度；液體通量	侵入性；含水量量測需搭配通量分析；吸水度需要依據場址修正

■ 表 6-2

監測圍封系統之地下水、土壤與空氣介質之常用方法（續）			
中子電極	土壤水分	水分；土壤吸水度；液體通量	單點量測；需要依據場址修正
核磁共振	土壤水分；孔隙度		不易於現場建置
電磁感應；地電阻斷層掃描	壤水分；不飽和流體；電導度變化；鹽度	長期空間與時間性監測；可應用於大體積大面積的量測	屬於大範圍的平均值；需要解析特性才能偵測到變化；解析度隨深度遞減；
透地雷達	體積基準之水分含量	快速；可顯示阻絕牆的完整性；非破壞性；可以四個維度的方式呈現	於具導電性的表面，會造成有限的穿透性
自主潛勢	測漏；流體		多屬定性解讀；雖然可用二維或三維轉換的方式
針對空氣			
氣體採樣（非連續性）	總揮發性有機物；硫化氫；二氧化硫	簡單；經濟；定量檢測	勞力密集；非連續樣品；季節性變異；不包括其他溢散源（如堆肥）
空氣品質監測	總碳氫化物；粒狀物	可使用連續監測；有現場量測技術（如傅立葉轉換紅外線光譜儀）；可大範圍量測；實驗室級定量技術	不包括其他溢散源（如堆肥）

一、飽和含水層監測

飽和含水層（地下水）監測系統是最常用於評估圍封效能的方法，包括水力相關潛勢以及地下水的化學組成。固定式的地下水監測系統包括利用監測井、壓力計或平面滲漏計進行直接量測或利用導電性以及其他物理化學量測，另外地下水監測也包括採用直接貫入設備進行一次性採樣與量測的方法。

地球物理的方法常用於監測地下水，但很少用於合規監測（compliance monitoring），因為在技術層面上，尚未能提供可靠的佐證資料，但是地球物理方法是一種可以用於評估效能與調整圍封工程的工具。地電阻或導電度以及電磁潛勢的量測主要應用於飽和含水層的條件（如厚度或深度），但有時與地下水中無機物的組成以及土壤含水量予以連結。對於地表所進行的電磁波量測可以藉由使用不同頻率達到不同的探測深度與感度。聲波反射、透地雷達或地電阻可用於追蹤地下環境中，水相與氣相的流動。其他可量測濁度或透光度的地球物理技術可以應用於判斷特定有機污染物的存在與濃度。

二、不飽和含水層監測

不飽和含水層監測系統主要量測的項目包括水力潛勢、土壤孔隙氣體組成濃度，以及地下水面以上移動液相的化學組成，這些監測技術通常也可用於監測覆蓋系統的效能、地下環境氣體與溶出液體的傳輸。地表下的氣體監測套管可以從開篩段收集土壤孔隙氣體並進行後續的分析。頂空（監測井或鑽孔中，地下水位面以上的空間）監測可以提供地表下氣體移動的指標，不論是直接針對來源或是間接針對受半揮發或揮發性有機物污染之地下水的蒸散。大氣示蹤劑測試使用手持式設備與氣體通量室（flux chamber）採樣器進行採樣並分析不飽和層的土壤氣體的釋出，亦可用於地下水中揮發性有機污染物之蒸氣入侵（vapor intrusion）現象與相關健康風險的評估（薛，2011）。

現地土壤含水率的量測可以利用電極、時域反射法（time domain

reflectometry）或熱導偶電極量測，量測原理上有所差異，須依據現場的實際狀況加以選擇（例如：是以電導度或溫度變動為主）。淺層電磁探測技術以及透地雷達可以用於估算土壤濕度與追蹤不飽和層之液相的流動。滲水計／蒸散計（Lysimeter）則可以用於捕捉液體於不飽和層的移動狀況。

三、空氣品質監測

　　如果設置圍封系統的場址會有明顯的氣體產生與逸散，則應該進行表面逸散氣體的採樣與分析揮發性有機污染物，或分析氣相中存在之關切物質（例如：硫化氫與二氧化硫）。一般將場址以網格的方式加以分割，並採用隨機取樣的方式，採集氣體樣品。如果網格採樣的方式不可行，則可以規劃整體基本的樣品數量、最低採樣頻率與最大採樣間距，以使氣體的傳輸動線可以被適切的評估。此外，利用氣體示蹤劑的方法可以評估圍封系統的完整度（例如：美國 Sandia 國家實驗室所開發的 SEAtrace），基本上是將氣態示蹤劑注入阻絕牆結構中，並於下游的氣體監測井量測示蹤劑濃度，進而分析圍封系統是否有非預期的滲漏。

四、其他圍封監測系統

　　其他可用於土壤與地下水污染場址與掩埋場的監測系統包括地表水監測、變形監測、放射性同位素監測系統等。地表水監測一般涉及於指定時間與地點採集放流水樣品進行分析；變形監測是採用地表量測或影像分析的方式確認地表是否有沉陷；放射性同位素監測則主要是針對低放射性廢棄物儲存設施，所涵蓋之土壤、地下水以及地表水介質進行的監測。

6.4 圍封工程之風險評估與管理

6.4.1 圍封技術與風險管理

　　以風險為基準的污染場址整治在歐美國家已是行之有年，我國的「土壤與地下水污染整治法」在立法之初即參考先進國家的做法，將整治場址的管理整合風險基準的管理機制，允許整治場址在具有技術不可行或有併同土地開發計畫時，得以採用以風險為基準的整治目標進行相關的污染改善工作，因此風險評估與管理即可成為國內整治場址的整治工作的規劃基礎。在歐美先進國家亦是基於土地適於利用（suitable for use）的理念，採用風險基準的概念，設計與建置污染場址的整治方法。風險管理的概念是以 S-P-R 模型做為判斷風險形成的基礎，因此污染場址的污染條件產生健康風險需要三項元素（即危害來源、暴露途徑與受體）的連結存在，才會造成風險，風險評估與風險管理的需求方會發生（Bates and Hills, 2015）。

　　雖然各國在法規與政策上，對於可接受風險或暴露條件的要求不盡相同，但在風險管理上，原則上都有以場址特性調查、環境風險評估、整治方案評估、整治方案建置以及驗證所組成之共通型風險管理架構（Rudland et al., 2001）。在風險評估的部分，多採用層次性風險評估，往往會依據風險評估的結果是否符合可接受風險，再來決定是否需要採用更詳細的風險評估（亦即較高層次的風險評估）。層次性的評估方法通常會分為三個層次，我國由環境部環境管理署所公告的「污染場址健康風險評估評析方法」同樣採行三層次的方式。採用層次或階段式的風險評估程序可以對於具急迫性或最明顯的問題，快速地採取適當的行動；詳細的風險評估則可以進一步展現其他情境可能所產生的不可接受風險，研擬更細緻的方案；以及採用層次性風險評估使得財務的配置達到最有效益的結果。雖然在名詞上會有些差異，對於層次的定義上，而原則上會與評估的詳細度與保守性有關，三層次的健康風險評估的定義與內涵整理如表 6-3 所列。

■ 表6-3

不同層次的風險評估定義與內涵

層次	評估特質	主要內涵
第一層次	篩選式評估（screening risk assessment）或初步評估（preliminary risk assessment）	主要以資料收集以及定性評估為基礎，評估潛在風險。收集與彙整有關場址的歷史資料與地下環境特性資訊後，建立場址概念模型是重點之一。通常受限於數據與場址資訊的豐富度，評估過程所採用的參數相對是各層次中最保守的。
第二層次	通則性定量風險評估（generic quantitative risk assessment）	通常會涉及現場採樣與污染調查工作，取得土壤、地下水或土壤氣等場址調查資料，建立或更新場址概念模型，並據以進行健康風險評估的工作，此階段的評估過程仍是以保守為原則。
第三層次	詳細定量風險評估（detailed quantitative risk assessment）	此層次的評估是盡可能採用場址特定的調查資料，因此調查工作與評估成本相對較高，但場址資訊的豐富度較高，評估結果會更接近場址的條件。

　　污染場址採用風險基準的整治方案是採用傳統全面清理與整治的變通作法，對於特定場址，如果採用全面性整治進行污染改善，在技術上有其限制或財務上不具可行性或者不符合環境永續原則。其改善方案可以在對於民眾健康與環境衝擊維持可接受風險的前提下，配合可行技術與風險管理措施的整合，使污染場址可以在技術與財務均可行，且符合資源投入的成本效益之條件下，持續進行污染改善以及土地的永續利用。在現行的「土壤與地下水污染整治法」架構中，針對確有技術上或財務上之不可行之困難的整治場址，也准予採用以風險為基準訂定整治目標以及採用結合風險管理的整治措施。此外，採納風險基準的規劃同樣要考慮包括環境條件、污染狀況與土地利用等條件。場址的土壤、水文地質、水環境、當地生態系統等因污染條件所受到的潛在衝擊也都是風險基準場址管理的考量因素。類似的狀況，在風險基準的評估架構下，受體暴露於污染土壤、

地下水與土壤氣體的形式、強度與頻率也會與土地利用方式有所關聯。例如，住宅用地的方式對於污染改善的程度與要求會高於工商業的用地方式，因為可接受的風險程度不同。

6.4.2　圍封技術應用於風險管理之重點

　　如同在 6.2.1 節所述，風險管理的策略可以有不同的概念，主要是阻斷傳輸途徑與降低危害（風險）來源物質，而藉由評估不同的潛在受體與暴露途徑，可以判別風險管理措施，應用於特定污染場址時的潛在效果。

　　如第三章與第四章所述，圍封技術應用並不一定涉及移除或分解污染物，可能是採用可吸附或沉澱污染物的物質或試劑、包埋污染物或加強污染物鍵結於土壤晶格的機制，降低污染物移動性或固定化污染物，所以圍封技術在土壤與地下水污染的整治或風險管理的功能上，乃是以阻斷傳輸途徑與降低危害（風險）來源物質為主。需要注意的是圍封技術是將污染物拘限於可控制的條件下，所以污染物的釋出仍有可能存在，例如有關皮膚接觸與污染物揮發的暴露途徑，可能需要採用其他的工法加以阻斷，才能達到可接受風險的程度，此特性也必須詳加考慮。以下就圍封技術的環境風險管理重點分別由不同的考量重點加以說明。

一、地下環境

　　圍封技術主要是關乎降低污染物的移動性或將污染物加以侷限，因此與地下環境化學的機制與變化有密切的關聯，主要的機制包括：
1. 於土壤或填加材料的吸附；
2. 因 pH 值改變或水溶性改變所造成的沉澱；
3. 與土壤晶格的結合；
4. 包埋於膠體。

　　入滲率與溶出途徑會因為土壤透水性降低而減少，進而降低污染物的移動性，所以地下水中或地表水污染物到達受體的通量就會隨之減少。一

項穩固的水文地質數值模式可以用來了解潛在風險，以及圍封技術的可應用性。水文地質數值模式不僅可以用於了解受體與污染物之間的連結性，也可以了解地下水中污染物的傳輸與化學變化，進而了解在污染物沒有削減的條件下，評估風險受到控制的狀況。因此，圍封技術在風險管理的架構中，工程上所使用的圍封材料的耐久性與有效性之影響因素，需要在設計初期即加以考量。

二、人體健康

就風險而言，有關人體健康的主要的潛在暴露途徑包括：

1. 食入土壤、揚塵、農作物以及（地下）水；
2. 皮膚接觸土壤、揚塵與（地下）水；
3. 吸入土壤、揚塵與自土壤與（地下）水蒸散之蒸氣。

圍封技術有可能可以因應特定暴露途徑，但通常需要思考結合其他的整治技術，也就是規劃使用整治列車（treatment train）的概念。有關整治列車的概念簡言之是以序列式或平行式的組合多種整治方法以達整治目標，而取決於污染物的分布與種類，常用的技術可能包括生物整治、化學氧化、土壤氣體抽除甚至熱處理，與圍封技術整合的技術應該於可行性測試中一併納入。另一項與人體健康受體有關的考量是整治工法是否會促進污染物的揮發，在風險管理的考量上，對於可能促進污染物揮發的機制，應該透過風險管理措施加以控制。

三、其他受體

在風險基準的考量下，也需要針對整治工法對於其他受體（如農作物與生態受體）的潛在負面效應加以檢討。透水性下降、高 pH 值與高污染物濃度都可能對植物生長與野生動物造成負面影響。

四、耐久性與完整性

如果環境條件可能對圍封工程所造成的負面影響，則有可能需要結合

額外的保護措施，以確保圍封工程的可靠度，例如增加覆蓋面或鋪面以減少入滲，減少污染物向更深層土壤移動的趨勢。這仍是有賴透過完整的調查工作，建立詳細的場址概念模型，確保圍封工程可以對於場址現況與未來利用都能提供更高的信心。在確保耐久性與完整性方面，圍封工程可以是風險基準整治架構的一部分。良好的環境風險評估會考慮圍封工程所使用之材料的劣化並將之納入場址概念模型中。

6.5 圍封工程之案例

圍封通常是用於防止或顯著降低土壤或地下水污染物的傳輸，對於必須掩埋或留置於場址的污染物質而言，圍封也是必要的手段。一般而言，圍封技術的應用是在污染場址的地下環境有較大範圍的污染，並因為潛在的危害風險、不切實際的成本或欠缺適當的整治技術而排除開挖或移除有害物質的狀況下，所採行的工程。

圍封工程提供快速的設置時間且通常費用相對不高，特別是與離地或離場處理方法比較。然而，圍封工程建置過程亦需要定期的檢查、取得許可、監測沉陷及自然環境對結構的破壞、地下水監測等長期的維護成本。即使如此，圍封工程的整體成本通常比開挖或離地處理更具有經濟效益。

6.5.1 美國加州白橋鎮污染土地開發（ITRC, 2008）

在某一果園於 1980 年後期停止運作後，美國加州白橋鎮（Whitebridge, California）提出住宅區域的開發計畫，整體的開發面積為 184 acre（74 ha），其中 93acre（38 ha）是先前做為果園的區塊，其他的區域則是原始森林與植生覆蓋區域。由於先前的果園區塊可能因為長期農作的行為，而有殘存農藥的可能性，衍生開發為住宅區的危害。因此先將整體開發切割為數個平均 5 acre（2 ha）的區塊，並個別建置化糞池衛生系統，開發者希望能盡量保留原生土壤以符合衛生系統設置的要求，故需

要最小面積的土壤開挖。

　　初步的調查（1998～2001 年）資料顯示農藥曾被施用於特定區域，而果園區域的表土中也檢測出砷、鉛與有機氯化合物（包括 DDT）。此外初步調查結果也發現，過去用於混合化學物質的區域（較偏遠的區塊）也有受到污染，所發現的潛在關切污染物（contaminant of potential concerned, COPC）包括鉛、砷、地特靈（dieldrin）、DDT、DDE、安殺番（endosulfan）、亞硫酸鹽以及異狄氏醛（endrin aldehyde）等。利用初步調查的結果，依據美國環保署的風險評估指引並使用關切物質的最高濃度進行健康風險評估的試算，所採用的的致癌與非致癌可接受風險分別為 1×10^{-6} 與 1。此項初步的風險評估結果顯示，本場址存在的 COPCs 可能會對人健康造成風險，因此接著採用更接近場址特性的方式進行健康風險評估，包括採用 95 百分位的 COPCs 濃度進行風險試算。但不論是在早期的果園或化學物混合區域，風險評估結果都顯示對於成人與兒童都有超過可接受風險的狀況，因此對於此場址進行第三層次的健康風險評估工作，並執行更詳細的調查工作。

　　然而，採用第三層次風險評估或機率式健康風評估的結果都顯示必須要有適切的污染改善或風險管理的措施，同時也需要配合後續土地開發設置衛生系統所應保存的原生土壤的條件，所以不能做大規模的開挖或土壤移除，於是圍封的工法被納入整治工程並作為風險管理的手段，過程中開發者也非常重視成本效益與經濟可行性，所以將污染土壤圍封在後續開發區塊的道路下方，以及新設置的地下儲放設施，使得健康風險得以達到可接受的程度。

　　本案例充分示範健康風險評估與風險管理的相互影響及相輔相成的特質，有有多項值得參考的決策：

一、是否採用風險評估的結果與相關的不確定性以做為決定整治（變通）
　　方案的基礎，

二、是否執行細部調查以降低健康風險評估的不確定性，並進而降低整體
　　整治工作的成本，及

三、本示範案例展現出可將污染物質圍封或封存於道路下方，以及現場新
　　設置的儲存設施確實能達到風險管理的需要，避免污染直接接觸到受
　　體。

6.5.2 美國維吉尼亞州馬丁村（Bates and Hills, 2015）

本場址是屬於杜邦公司（DuPont）位於維吉尼亞州馬丁村
（Martinsville, Virginia）的整治場址，主要工法採用現地安定化並採用零
價鐵與高嶺土的混合物做為處理的基質。選擇零價鐵的是針對地下水中主
要關切污染物為四氯化碳的分解，高嶺土的使用則是藉以盡量降低受污染
地下水流經反應區的流速，增加受污染地下水在反應區的停留時間。場址
調查的結果顯示現場的土壤與地下水中四氯化碳的濃度偏高，而淺層土壤
的四氯化碳濃度高達 30,000 mg/kg，其他被檢出的污染物還包括氯仿、氯
甲烷、二氯乙烯、鋇及鉻。

杜邦公司的整治方案包括採用現地淺層土壤混拌（shallow soil
mixing, SSM）工法，將 5,000 ft³（約 140 m³）的土壤與零價鐵及高嶺土
混拌，沒有進行開挖或移除。所採用的設備包括起重機吊掛的鑽機協助土
壤混合的工作，並利用中空 Kelly Bar 連接混拌螺旋鑽。直徑 8ft（2.4 m）
的混合螺旋鑽用於產製均質的土壤混合柱狀體，零價鐵與高嶺土的混合材
料設置到地表下 35 ft（12 m）的深度，地下柱狀體（column）則依照可
涵蓋的處理範圍，以適當的間隔於不同位置加以設置。高嶺土泥漿是在現
場的混合廠製備，接著採用適當的泥漿配比，利用混拌螺旋鑽向下推進至
地表下 35 ft（12 m）的深度，以完成與土壤適當比例的地下柱狀體。該等
SSM 柱狀體的配比有三種，主要是藉不同配比之不同透水性或滲透性，
涵蓋現場污染改善所需要的不同藥劑釋出速率。

在高嶺土泥漿注入並充分混合形成柱狀體後，於柱狀體（尚未固結
前）打入填充預先設計之零價鐵量體鋼製套管，再將鋼製套管拔出，形成
高嶺土泥漿混合零價鐵的柱狀體。因為外部包覆之高嶺土泥漿有不同配比

與不同透水性，零價鐵與污染物的反應速率即可依需要於實場應用時加以調整。最後，於完成設置或完成處理程序的土壤上面 20 ft（7 m），以水泥加以封閉，以利場址後續的工作進行與利用。針對整治區域範圍，全場總計設置 78 組柱狀體，也進行後續的調查以確認零價鐵的含量（即針對部分的柱狀體每 10 ft（3 m）採集一個柱狀樣品確認零價鐵含量）。調查結果顯示柱狀體中的零價鐵含量均超出原設計量體且超出量都在 20% 以內。

參考文獻

1. Ames, B. N., Durston, W. E., Yamasaki, E., Lee, F. D.. Carcinogens are mutagens. A simple test system combining liver homogenates for activation and bacteria for detection. Proceedings of the National Academy of Sciences of the USA, 70, 2281-2285 (1973).

2. Asante-Duah, K.. Public Health Risk Assessment for Human Exposure to Chemicals. Kluwer Academic Publishers, Dordrecht, The Netherlands (2002).

3. ATSDR, Toxic Substances Portal, Updated Febuary 10, 2021, Agency for Toxic Substances and Disease Registry (2021) (https://wwwn.cdc.gov/TSP/index.aspx)

4. Bates E. and Hills C., Stabilization and Solidification of Contaminated Soil and Waste: A Manual of Practice, Hygge Media (2015).

5. Cal EPA, Chemical Toxicity Criteria, The Office of Environmental Health Hazard Assessment (2024) (https://oehha.ca.gov/chemicals)

6. Department of Health and Ageing and enHealth Council, Environmental Health Risk Assessment, Guidelines for assessing human health risks from environmental hazard. Commnwealth of Australia, Available at: http://www.health.gov.au/internet/main/publishing.nsf/Content/A12B57E41EC9F326CA257BF0001F9E7D/$File/DoHA-EHRA-120910.pdf, (2002).

7. Environment Agency, Land Contamination Risk Management: Stage 1 Risk Assessment, October 8, Environmental Agency, UK (2020). (https://www.gov.uk/

government/publications/land-contamination-risk-management-lcrm/lcrm-stage-1-risk-assessment)

8. Henry, C. J. Risk assessment, risk evaluation, and risk management. In: de Vires, J. (Eds), Food Safety and Toxicology,. CRC Press, Boca Raton, FL (1996).

9. Inyang, H. I. Performance Monitoring and Evaluation, Section 12, Proceedings of the International Containment Technology Workshop (R.R. Rumer and J.K. Mitchell, eds.), Baltimore, MD, August 29-31, 1995. NTIS #PB96-180583. Prepared under the auspices of the U.S. Department of Energy, U.S. Environmental Protection Agency, and DuPont Company, 437 pp. (1995).

10. ITRC, Use of Risk Assessment in Management of Contaminated Sites. RISK-2, Washington, D.C., Interstate Technology & Regulatory Council, Risk Assessment Resources Team (2008).

11. ITRC, Decision Making at Contaminated Sites: Issues and Options in Human Health Risk Assessment. RISK-3. (www.itrcweb.org/risk-3), Interstate Technology & Regulatory Council Washington, D.C., U.S.A. (2015).

12. NRC, Assessment of the Performance of Engineered Waste Containment Barriers. National Research Council, Washington, DC: The National Academies Press (2007)

13. NRC, Risk Assessment in the Federal Government: Managing the Process , National Research Council, National Academy Press, Washington, D.C. (1983).

14. ORNL, Risk Assessment Information System, U.S. Department of Energy (DOE), Office of Environmental Management, Oak Ridge Operations (ORO) Office (2023) (https://rais.ornl.gov/cgi-bin/tools/TOX_search?select=chemtox)

15. Rudland, D. J., Lancefield, R. M., Mayell, P. N. Contaminated Land Risk Assessment – A Guide to Good Practice, CIRIA Report: C552(2001).

16. Rumer, R. R. and Ryan, M. E. Barrier Containment Technologies for Environmental Remediation Applications, John Wiley & Sons, Inc., New York, N.Y. (1995).

17. USEPA, Health Effects Assessment Summary Tables (Heast), Updated 2001, United States Environmental Protection Agency, Washington D.C.. (1997). (https://cfpub.epa.gov/ncea/risk/recordisplay.cfm?deid=2877)

18. USEPA, Integrated Risk Information System, Updated February 14,2024, United

States Environmental Protection Agency (2024a) (https://www.epa.gov/iris)

19. USEPA, Provisional Peer-Reviewed Toxicity Values (PPRTVs), (2024), Updated January 2024, United States Environmental Protection Agency. (2024b) (https://www.epa.gov/pprtv).

20. USEPA. Overview of IRIS Human Health Effect Reference and Risk Values., Reading Packet HBA 202. Basics of Human Health Risk Assessment (HBA) Course Series. Washington, D.C.: United States Environmental Protection Agency. (2010)

21. WHO, WHO Human Health Risk Assessment Toolkit -CHEMICAL HAZARDS, Second Edition, International Programme on Chemical Safety (IPCS) (2021) (https://www.inchem.org/#/)

22. Rumer, R. R. and Ryan, M. E. Barrier Containment Technologies for Environmental Remediation Applications, John Wiley & Sons, Inc., New York, N.Y. (1995).

23. 環境部（改制前為行政院環境保護署），土壤及地下水污染場址健康風險評估方法，民國103年7月（2014）。

24. 環境部（改制前為行政院環境保護署），健康風險評估技術規範，中華民國99年4月9日（2010）。

25. 馬鴻文與吳先琪，土壤地下水污染場址的風險評估與管理：挑戰與機會，五南圖書出版（2016）。

26. 薛威震，Flux Chamber技術用於採集土壤氣體之介紹，精采100：環境檢驗百寶箱技術應用篇，環境檢驗所，行政院環境保護署（2011）(https://www.epa.gov.tw/DisplayFile.aspx?FileID=159EEF435FD2AFB2&P=237a83b3-ccf4-456d-a982-f8fb5e915dfa).

污染場址現地圍封、固化、穩定化案例

劉文堯、盧光亮、賴允傑、李依庭

7.1 國內場址應用介紹

7.1.1 簡介

　　圍封（containment）技術廣泛使用於各類型污染場址，早期圍封處理技術主要運用於防止外側的土壤及地下水不會崩塌及滲入興建工程的基地內。其中，鋼板樁是世界各地普遍運用的圍封技術。然而圍封處理法僅能拘限污染團移動或防止其擴散，但不能去除污染物質，圍封技術必須搭配其他整治技術，才能達到污染削減的目的。圍封為安裝於污染介質周圍的地下溝渠、地工牆或地工膜所組成之「垂直阻絕系統」，有時亦與地面生態覆蓋系統結合。垂直阻絕系統主要有兩方面之功能：(1) 將污染介質或污染物進行隔離，防止污染物橫向或側向遷移、擴散；(2) 改變局部的地下水流模式，減少、阻止及避免污染物質與土壤及地下水互相接觸。

　　一般常見多使用固化法搭配穩定化法進行相關整治作業，固化／穩定化技術（solidification/stabilization, s/s）乃是經由減少污染物與外界接觸之表面積或降低有害污染土壤、污泥或廢棄物之滲透性及溶出性的處理方式，此技術已被廣泛應用，並且證實能夠有效地降低多種污染物之移動性，可處理之污染物質包括重金屬、特定放射性廢料及部分有機污染物等物質。固化／穩定化法大致可區分為現場（on-site）或現地（in-situ）固定，前者是經由設備移除土壤或地下水後，依照一般固化程序處理；後者

則不經挖掘程序，直接於現地進行作業。

　　針對上述改善方法之應用，本章選定國內土壤及地下水污染控制場址進行分析闡述，以利讀者對於此方法之實際應用有一定之了解。土壤污染控制場址主要污染物為重金屬，主要改善工法包含離場固化及現地翻土混合稀釋；地下水污染控制場址主要污染物則涵蓋重金屬與有機物，藉由整治列車方式，利用圍封、抽出處理法、現地化學氧化法及穩定化法，並皆已完成場址污染改善並解除場址的列管。

7.1.2 案例一：廢棄工廠（場址為臺中市某區段徵收污染保留區）

一、場址案例背景

　　原場址內配置包含工廠、水電工程公司、工業社、修車廠及廢棄物堆置場等，其場址範圍如圖 7-1 所示。主管機關於土地徵收時調查發現場址已遭受污染，並且於 2003 年 3 月公告為土壤污染控制場址。原場址屬於廢料回收工業，主要進行廢鉛蓄電池回收工作，自 1980 年開始營運，於 1998 年已停止營運。本場址原為鉛蓄電池回收處理。鉛蓄電池的構造主要為陰陽極板、電槽、隔離板、玻璃棉、電解液及其他附屬品，如接續桿、極柱、蓋子、液口栓等，因各構造之化學成份含有雜質，故鉛蓄電池通常含有鉛以外的微量重金屬，如砷、鋅、銅及鎳等。一般而言，廢鉛蓄電池回收後，可將拆解下之鉛製成鉛錠再出售，主要回收程序包括粗煉、精煉及澆鑄。生產過程中，粗煉單元前的破碎會產生廢水及污泥，反射爐和精煉爐會產生含重金屬之空氣污染物及爐渣，製程產生之污泥及爐渣屬於有害事業廢棄物認定之製程有害事業廢棄物，歸類為廢料回收工業中之廢料回收產生之金屬固體殘留物。該場址因處理後產生之污泥與爐渣等廢棄物長期堆置於場址內，導致場內土壤污染，於 1999 年環保局進場調查時已發現場內土壤中總鉛溶出量超過毒性事業廢棄物溶出試驗標準（TCLP）。

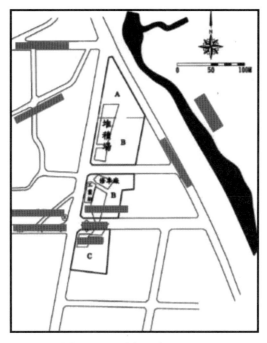

圖 7-1　場址歷史配置圖

二、污染說明

　　本場址污染介質包含廢棄物與土壤，場址內之廢棄物主要分為兩類，即建築廢棄土及爐石、污泥類的事業廢棄物，為了日後清理廢棄物時能清楚定義及考量清理可行性，乃將建築廢棄土歸類於土壤，依土壤及地下水污染整治法（以下簡稱為土污法）進行管制，其餘爐石、污泥類廢棄物則以有害事業廢棄物認定標準認定。依土壤全量分析結果，場址主要污染物為砷與鉛，利用 Surfer 軟體計算場址內廢棄物掩埋底部、範圍及污染物質濃度分布，廢棄物總體積約為 92,500 m³，各種廢棄物數量列於表 7-1。

　　此外，參考土壤採樣分析結果，依據超過管制標準之樣品採樣深度與座標，可計算出場址中超過土壤污染管制標準範圍及厚度（圖 7-2），分布面積約 8,400 m²，體積約 13,700 m³，受污染土壤厚度由 0.5 至 5.5 m 不等，污染範圍集中在場址 B 區及 A、B 區之交界處（圖 7-1）。

■ 表 7-1

廢棄物種類		分布面積 （m²）	廢棄物體積 （m³）	廢棄物總體積 （m³）
建築廢棄物		14,770	86,320	92,500
爐石、污泥類有 害事業廢棄物	地表上	970	1,080	
	地表下	2,545	5,100	
	體積總計（m³）	6,180		

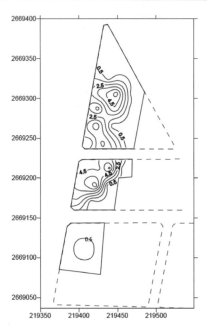

圖 7-2　場址土壤超過土壤污染管制標準範圍及厚度

　　另外，場址地表下 0～1 m 土壤中以重金屬鉛為主要污染物質，圖 7-3
為場址地表下 0～1 m 土壤重金屬鉛濃度超過土壤污染監測基準分布圖，
分布面積達 3,515 m²，污染範圍集中在場址 B 區（圖 7-1）。

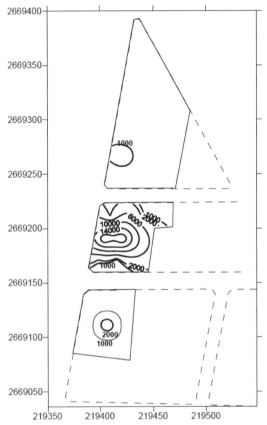

圖 7-3　場址地表下 0～1 m 土壤重金屬鉛濃度分布圖

三、整治工法評估

　　依據現場調查結果，改善單位將開挖過程所挖到的廢棄物妥善分類，並且檢測廢棄物特性，隨後先運至廢棄物暫存區貯放。污染土壤經過篩分處理，高污染土壤外運進行固化處理，低污染土壤則於現地進行翻土混合稀釋處理。處理後之土壤先進行暫存，等待檢測結果確認已符合污染改善目標值，再運至開挖區回填。待開挖區已全數開挖後，先以 XRF 自行檢測，確認開挖區之開挖底部及開挖壁土壤已全數完成污染清除，即向驗證單位提出驗證申請並取樣檢測。待檢驗報告確認符合污染改善目標值後，即可進行土方回填作業，整體流程詳見圖 7-4。（污染土壤經篩分處理，高污染土壤外運至榮工公司中區事業廢棄物綜合處理中心固化處理）

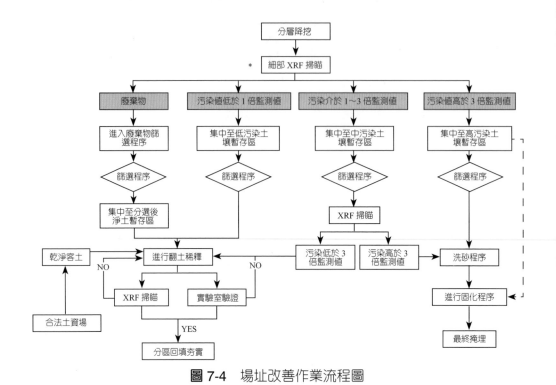

圖 7-4　場址改善作業流程圖

四、整治成果

於土壤污染改善作業執行前，本場址於 2000 年 10 月先執行廢棄物清理工作，針對可疑之爐渣進行清除，共計清除約 130 噸廢棄物，2007 起開始執行第一階段污染改善工作，改善結果僅有 A 及 B 區符合改善目標，接續於 2010 年 11 月再執行第二階段改善工作，後續由環保局驗證結果土壤中重金屬砷及鉛濃度已低於管制標準，並且於 2011 年 10 月公告解除列管。

7.1.3　案例二：廢棄化工廠（場址位於彰化市）

一、場址案例背景

本場址目前為廢棄工廠，營運時間為 1956 年 3 月 1 日至 2005 年 8 月 15 日止，於場址停止營運前，共歷經 3 次經營主體變更，皆為化學工

廠。第一次營運主體使用時間為 1956 年 3 月 1 日至 1985 年 7 月 20 日止，主要生產製程為隔膜法電解氯化鈉（NaCl），主要產品為液鹼（燒鹼），附屬產品有鹽酸、鈣漂水（次氯酸鈉）、液氯等產品，產品皆不含有機物。第二次營運主體主要從事化學原物料、化學藥品之買賣及廢酸回收處理作業，其使用本場址期間為 1985 年 10 月 1 日至 2002 年 7 月 31 日止。第三次營運主體主要從事化學成品之買賣業，其使用本場址期間為 2002 年 8 月 1 日至 2005 年 8 月 15 日止。

　　經主管機關辦理地下水查證作業，發現本場址地下水中重金屬鋅超過地下水污染管制標準，經地方法院判決後，責成地下水污染改善作業由污染土地關係人及土地所有權人共同執行。本場址之地下水污染改善作業自 2007 年 3 月開始進行，於 2009 年間之重金屬檢測數據已呈現改善趨勢，惟因土污法（施行細則第八條）頒佈解釋函令後，主管機關遂再次辦理土壤及地下水污染調查及查證工作，發現地下水中 1, 2- 二氯乙烷、鋅、鎳及鉻皆超過地下水管制標準，故主管機關依其調查結果，並且依土污法第十一條，公告本場址為地下水污染控制場址，公告範圍如圖 7-5 所示。本場址地下水流場方向是由東南往西北（如圖 7-6），大致與區域性地下水流向相符。

　　參考場址內曾進行之地質鑽探結果，顯示淺層土壤以坋土質地為主並夾雜黏土，深度範圍介於地表下 0～7 m；深層土壤主要成分則以砂質地為主，並夾帶卵礫石，深度範圍介約在地表下 7～12 m，於 12 m 左右則有一層較明顯之黏土層，其厚度推估有 2 m 以上，推判為此區域範圍的阻水層，地質剖面圖彙整如圖 7-7 所示。

　　另由上述土壤質地分層及現場作業經驗，現場地下水監測井中水位雖位於井頂高程下 2 m 左右，但於現場實際開挖結果，發現需挖至 6～7 m 才有明顯地下水由底部湧出，初步推判本場址地下含水層特性屬於侷限含水層。

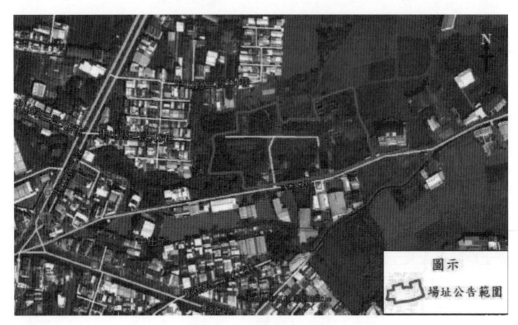

圖 7-5 場址公告範圍

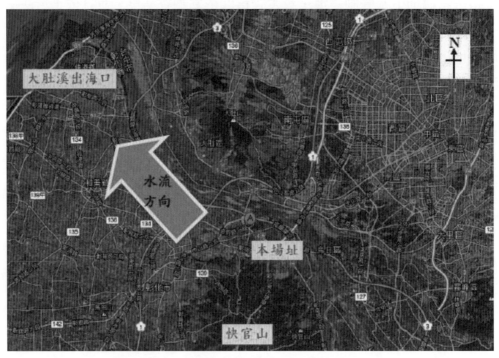

圖 7-6 場址地理位置及地下水流向

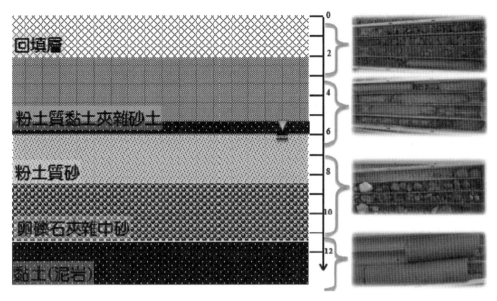

圖 7-7 場址土壤質地資料

二、污染說明

依據歷次執行調查結果，本場址污染介質為地下水，超過管制標準的項目包含重金屬鋅、鎘、鉻、鎳、鉛，以及有機物 1, 2- 二氯乙烷，其中主要污染物為重金屬鋅及有機物 1, 2- 二氯乙烷。彙整全場區既設井、周邊民井調查及變更計畫核准前場內監測井曾測得污染物濃度超標之井位（如圖 7-8 所示），可知本場址地下水污染集中於水泥平台區及第二漂土區，另由兩區域之下游監測井及場址周邊民井歷次之調查結果，顯示並無超過管制標準，研判污染源應未擴散。估算場址內受污染地下水之面積約 2,700 m²，該範圍之地下水主要含水層約為地表下 6～12 m，地下水體積估算約 4,860 m³。

由歷次之土壤調查，土壤中有機物雖無超標之情形，但仍可測得微量濃度，其可測得之深度介於地表下 4～6 m。另由場址內曾發現廢酸液之地下管線，且場內地下水 pH 普遍偏低情形，推測污染形成原因與廢酸液之低 pH 特性及其成分有所關聯，亦因此造成地下水中重金屬及有機污染物並存的原因。另外，場址中有機污染物最高濃度約超過管制標準 7 倍，

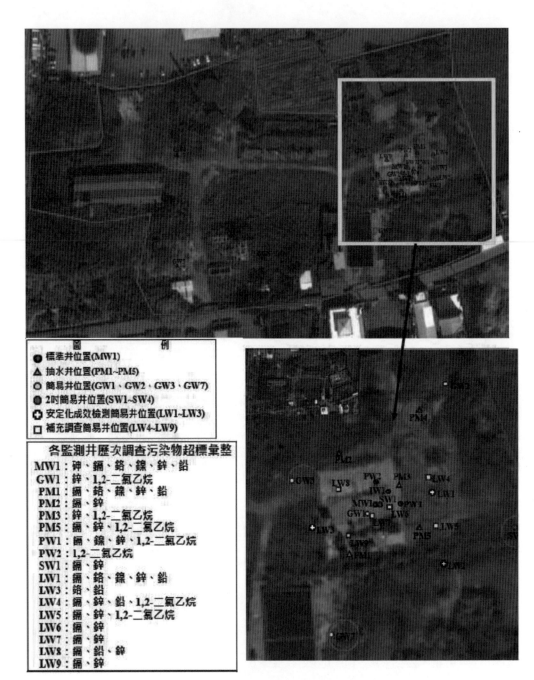

圖例

- ● 標準井位置(MW1)
- ▲ 抽水井位置(PM1~PM5)
- ◎ 簡易井位置(GW1、GW2、GW3、GW7)
- ◉ 2吋簡易井位置(SW1~SW4)
- ✪ 安定化成效檢測簡易井位置(LW1~LW3)
- □ 補充調查簡易井位置(LW4~LW9)

各監測井歷次調查污染物超標彙整

MW1：砷、鎘、鉻、鎳、鋅、鉛
GW1：鋅、1,2-二氯乙烷
PM1：鎘、鉻、鎳、鋅、鉛
PM2：鎘、鋅
PM3：鋅、1,2-二氯乙烷
PM5：鎘、鋅、1,2-二氯乙烷
PW1：鎘、鎳、鋅、1,2-二氯乙烷
PW2：1,2-二氯乙烷
SW1：鎘、鋅
LW1：鎘、鉻、鎳、鋅、鉛
LW3：鉻、鉛
LW4：鎘、鋅、鉛、1,2-二氯乙烷
LW5：鎘、鋅、1,2-二氯乙烷
LW6：鎘、鋅
LW7：鎘、鋅
LW8：鎘、鉛、鋅
LW9：鎘、鋅

圖 7-8　場址污染範圍及污染情形

故推測污染物型態並非屬於純相，應為土壤中所吸附之污染物緩慢溶出至地下水中，形成水溶相的污染物。

由場址內水文地質資料及歷次監測超標井位，推測場址內水泥平台區及第二漂土區為主要污染熱區。如上述，重金屬污染物之形成推測為廢酸液造成土壤 pH 降低，導致重金屬離子溶出；而有機污染物 1, 2- 二氯乙烷並不受 pH 變化影響，惟微溶於水之特性，推測廢酸液中含有機污染物成分，經由滲透方式至土壤中。該範圍地表下 6 m 內之土壤質地主要為坋土及黏土夾雜而成，導致污染物以吸附相吸附於坋土及黏土表面之有機質，再經由雨水及地下水沖刷或浸泡而溶出，形成水溶相的污染物，污染概念模擬如圖 7-9。因此，整體改善方法若能有效去除地下水中污染物並調整土壤中 pH，推測將能達到降低場址地下水受污染之疑慮。

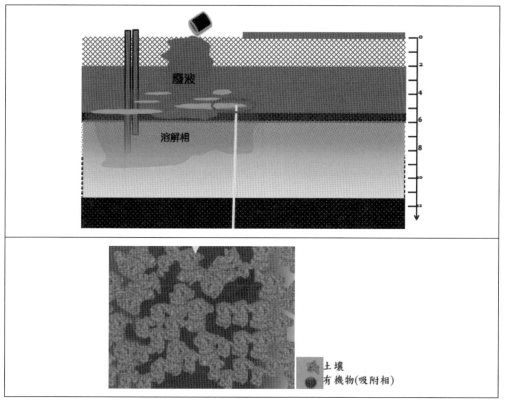

圖 7-9　污染傳輸概念模型

三、工法評估說明

　　為確保污染源阻斷及污染物移除，場址選用抽出處理及現地化學氧化法去除地下水中重金屬及有機污染物，並搭配安定化方式調理土壤 pH 偏低情形。土壤中 1, 2- 二氯乙烷（61 mmHg）蒸氣壓大於 10^{-1} mmHg，屬於易揮發之有機物，故藉由淺層（地表下 6 m 以上）翻拌作業，產生揮發效果，改善土壤持續釋出之疑慮，達到污染改善之目的。實際改善作業前之前置作業主要為污染改善範圍界定及圍封、作業井設置、現場抽灌系統設置、廢水處理系統設置，前置作業完成後即進入改善作業階段，以抽出處理法及現地化學氧化法進行整治，達到改善本場址地下水污染之情形，最終階段再視整體環境情況進行土壤 pH 之調理。現場改善作業流程如圖7-10 所示，詳細說明如後。

1. 前置作業

(1)污染改善範圍確認及圍封

　　依據歷次調查結果界定圍封範圍，期以設置鋼板樁侷限污染改善範圍內之地下水，降低現地灌注所使用藥劑對環境造成之衝擊。參考場址過去執行之地質鑽探成果，鋼板樁設置深度規劃至地表下 12 m 處之黏土層。

(2)作業井設置

　　以鋼板樁圍封前進行之抽水試驗結果，推算進行抽水時可影響之距離，並依推算結果設定改善範圍內作業井之間距。抽水試驗結果由Sichardt 公式求得影響範圍可達 14 m，考量現場各影響因子，以 10 m 作為現場各作業井之間距。

(3)現場抽／灌系統設置

　　現場主要改善方法為針對地下水進行抽出及灌注作業，為使現場作業人員操作便利，現場作業井配置與抽、灌管線系統同時進行設置。

(4)廢水處理系統設置

　　現場規劃抽水量為 200 CMD，抽出之地下水先經過處理程序才可正常放流，故每日處理量以規劃最大抽水量為前提，設置廢水處理設備。因

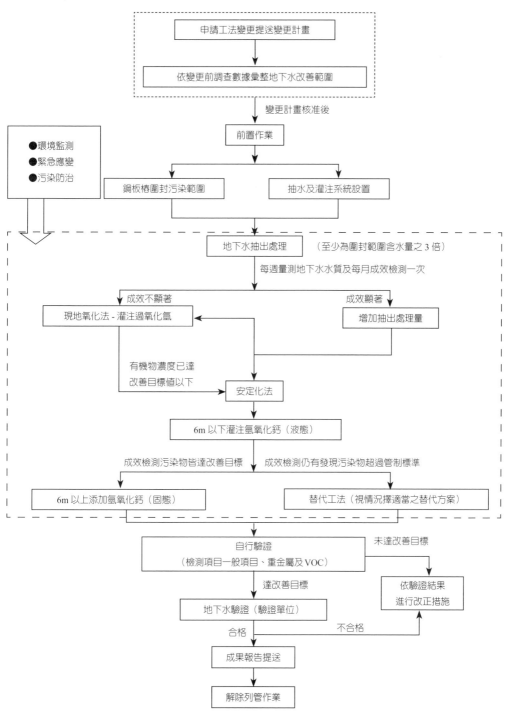

圖 7-10　現場改善作業流程圖

現場地下水以重金屬之污染濃度較高，故以化學混凝方式設計廢水處理設備。

2. 抽出處理法

針對改善範圍內主要含水層（地表下 6～12 m），地下水改善作業是以主動方式進行污染改善及環境調理。主要作業有抽出處理法（pump & treat）及現地氧化法，最後再視環境 pH 灌注氫氧化鈣懸浮液，提升 pH 偏低之情形。

抽出處理法顧名思義包括了兩個主要程序，即將污染之地下水抽出至地表，並且處理這些被抽出之污染地下水。本工法技術簡單、處理成本經濟、技術門檻較低，常被用於進行地下水處理。抽出處理法也可視為防止污染擴散的水力控制方式，主要為利用抽水作用，降低地下水位，防止受污染的地下水向外擴散或是隨地下水流向下游方向而擴大污染範圍。抽出處理法初期規劃以大量抽出處理方式，改善地下水中複雜之溶解相物質，並降低重金屬之濃度，後期則加入清水加速土壤吸附相之溶出，以大量抽水方式搭配灌注乾淨清水，同時藉由清水淋洗效果，將易溶解於水中之污染物溶出，將水溶相污染物抽出後，經由妥善之廢水設備處理後放流。

3. 現地化學氧化法

其原理係將氧化劑送入至受污染之未飽和層與飽和含水層中，透過氧化反應破壞各種有機污染物質，以轉換目標污染物，並降低其質量、移動性或毒性，最終形成二氧化碳與水等無毒產物。各種氧化劑藉由反應產生之自由基或氧化劑本身，氧化污染物質並經由一連串之化學反應達到污染物降解之目標。本場址複雜之地下環境因受廢酸液長年累月影響，導致地下水偏酸及重金屬含量偏高，而現地氧化法現今所使用之氧化劑無法針對單一目標污染物進行氧化去除，並受限於氧化劑自身降解衰退情形及土壤中其他可氧化物質消耗量等因素，若地下環境過於複雜，將使得氧化劑使用量過大，導致資源之耗費，而且大量使用氧化劑，對於環境之衝擊影響甚大。因此，本場址將先以抽出處理及清水灌注之循環，達到簡單化地下

環境之效果，可助於降低氧化劑之使用量。配合現場地下水環境偏酸及鐵含量豐富的因素等先天條件，現場以過氧化氫做為氧化藥劑，進行現地氧化改善作業（Fenton 反應）。

4. 土壤穩定化

　　最終視改善作業現場 pH 情形，以氫氧化鈣作為調整土壤 pH 之穩定藥劑，氫氧化鈣乃配製成懸浮液灌注或直接與土壤進行翻拌，藉此降低重金屬溶出之情形。現場作業時考量挖土機具可作業之深度，分別以固態翻拌及懸浮液灌注等方式，進行 pH 調理作業，於翻拌作業進行時，吸附於土壤中之有機污染物可同時揮發去除，因此，也須同時監測控制 VOC 的逸散。

四、整治成果

　　本場址核定地下水改善工法以抽出處理法、現地氧化法及穩定化法進行。為順利執行污染改善作業，須進行事前準備與假設工程之檢討，即為前置作業。主要前置作業包括污染改善範圍界定及圍封、作業井設置、現場抽／灌系統設置及廢水處理系統設置。前置作業完成後即進行抽出處理法，並搭配現地化學氧化法改善本場址地下水污染情形。最終階段再視整體環境情況進行土壤 pH 之調理。以下就執行內容及成果說明。

1. 前置作業

　　前置作業內容包含鋼板樁圍封作業（針對污染範圍）、作業系統設置（作業井設置及管線系統配製）、廢水設備擴增設置（加大處理量至 200 CMD）及改善設備試車作業，並額外進行改善範圍內之水文地質調查，以利後續地下水改善作業進行。圍封作業最主要的目的為降低污染物擴散及提高後續藥劑灌注時傳輸效率，其圍封範圍以歷次檢測數據為依據，現場鋼板樁圍封面積為 2,700 m^2，設置深度至地表下 12 m（主要黏土層深度），圍封範圍詳如圖 7-11。

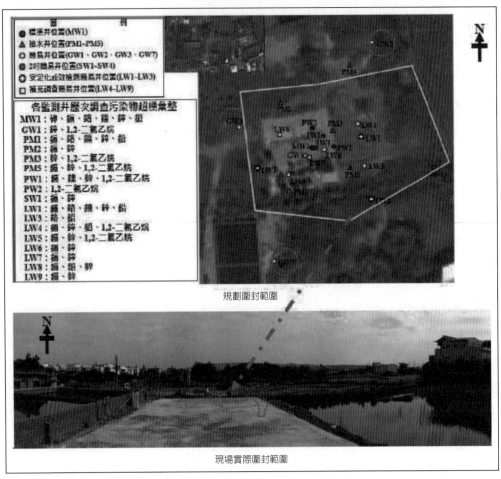

圖 7-11 歷次檢測結果與鋼板樁圍封對照

　　本場址主要為地下水污染，主要改善作業為抽出及灌注法，無論污染物或改善藥劑皆須藉由井做為中間傳輸的介質之一，故能有效涵蓋改善範圍則為首要的條件之一，依照圍封前抽水試驗，以 Sichardt 公式求得影響範圍可達 14 m，考量現場各影響因子，以 10 m 作為現場各作業井之間距，現場共設置 18 組作業井，每組作業井皆以井叢方式分層，以利觀察改善作業中地下環境之情況，現場深井井深為 12 m，開篩位置為底部 3 m（即為地表下 9～12 m 處），淺井井深為 8m，開篩位置同為底部 3 m（即地表下 5～8m 處），作業井位置如圖 7-12 所示。

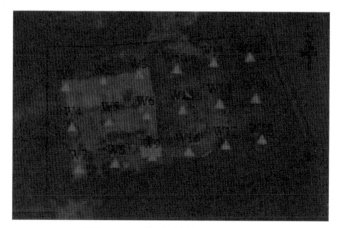

圖 7-12 作業井位置示意圖

現場設備設置分為兩部分，一為針對抽、灌作業配置抽水、投藥及機電等改善系統，另外則針對廢水處理設備進行擴增設置。現場廢水處理設備原處理量為 30 CMD，為達變更計畫內容所規劃之 200 CMD 處理量，除新增一組廢水處理設備（處理流程圖如圖 7-13），並在處理的流程中增加污泥沉澱單元，以減輕壓濾機的負荷，現場詳細設置如圖 7-14。

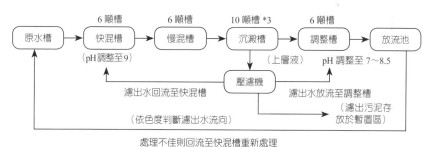

圖 7-13 廢水處理設備處理流程圖

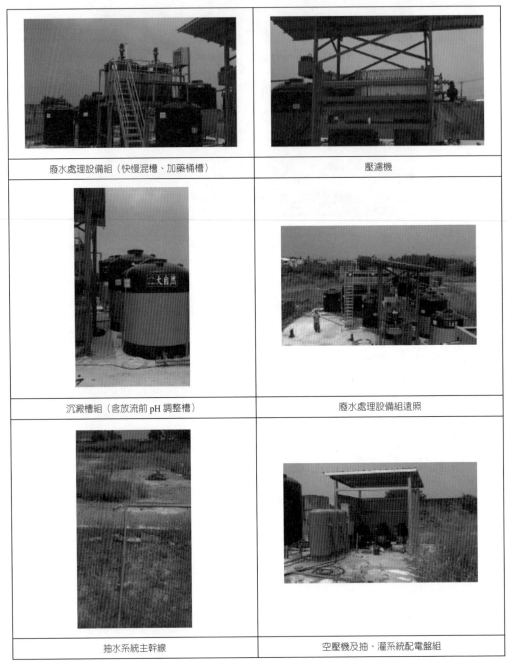

廢水處理設備組（快慢混槽、加藥桶槽）	壓濾機
沉澱槽組（含放流前 pH 調整槽）	廢水處理設備組遠照
抽水系統主幹線	空壓機及抽、灌系統配電盤組

圖 7-14　改善設備現場設置情形

2. 第一階段抽出處理改善成效

抽出處理主要針對水溶性的污染物進行抽除，並回灌乾淨清水，藉由清水淋洗效果，洗出易溶解於水中之污染物，最後再將污染物抽出。本階段地下水抽出量總計為 16,190 m³，約為改善範圍內 4 倍之地下水水體積，等同於置換 4 次地下水。中期亦加入清水灌注，灌注量總計為 3,713 m³。

現場進行改善作業時，每週定期量測水質參數，並以 XRF 篩測土壤重金屬（鋅）含量，將其濃度分布繪製成濃度圖，判斷地下水重金屬中可能溶出源頭，並依其做為抽水井輪替之依據。抽出處理階段現場作業井輪替之方式是以污染源為主要抽水位置，判斷方式為觀察現場量測值之變化情況，若暫停抽水後，該井濃度變化不明顯，則表示該井周圍土壤污染物溶出較不顯著，其土壤中污染物濃度值較低。反之則表示該井周圍土壤較易溶出污染物，其土壤中污染物濃度值較高。由每週水質參數紀錄可判斷，在抽出處理初期，改善範圍內所有區域污染物濃度皆偏高，經持續大量抽水後，改善範圍內之污染物濃度已明顯改善。

除了每週水質量測外，亦委託檢驗機構進場針對挑選之井位進行採樣分析，藉此與每週量測參數值進行比對，提高現場改善作業成效判斷之準確性。在本階段大量抽出處理及灌注清水的作業下，地下水中的污染濃度已有明顯下降（圖 7-15～圖 7-18），並達到本階段規劃之目標。此外，在其他參數測值，如氯鹽、導電度，亦有明顯下降之趨勢，可見本階段抽出處理對於改善範圍內之地下水確實有明顯的改善成效。

綜合上述情形，抽出處理已有效改善地下水污染物，但由地下水中檢測數據仍可測得有機污染物濃度超過管制標準情形。故決定採取主動方式，進入現地化學氧化階段，去除地下水中有機污染物。

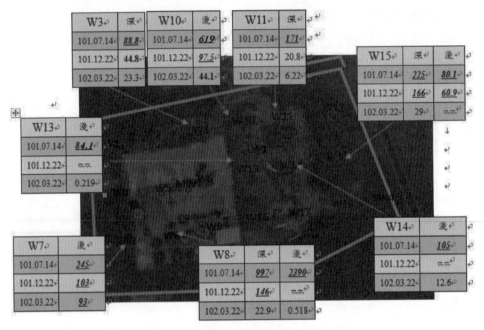

圖 7-15 成效檢測歷次測值（鋅）

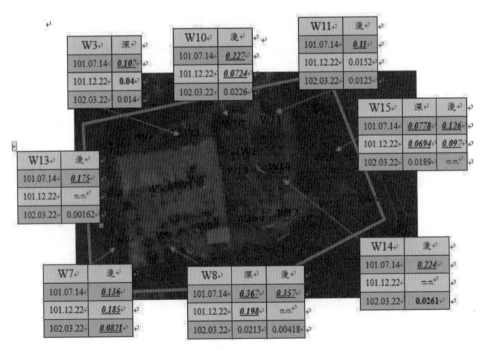

圖 7-16 成效檢測歷次測值（1, 2- 二氯乙烷）

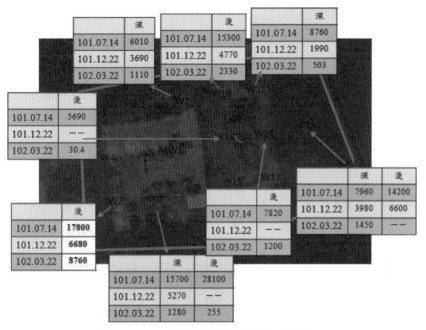

圖 7-17　成效檢測歷次測值（氯鹽）

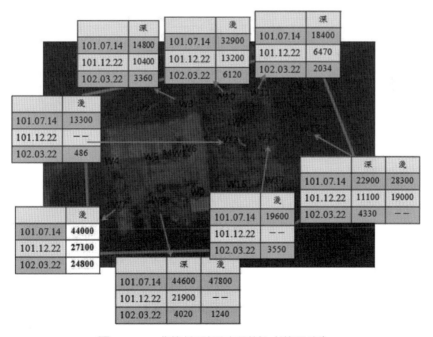

圖 7-18　成效檢測歷次測值（導電度）

3. 現地化學氧化改善成效

現地化學氧化法共分 3 批次進行灌注作業，第一批次的灌注作業中，先以改善範圍內 1, 2- 二氯乙烷濃度較高之井位進行現場灌注試驗，以小範圍模場測試，並記錄現場水質變化情況，作為後續全場灌注之參數依據。第一批次灌注點位如圖 7-19 所示，氧化劑濃度為 5%，灌注量為 130 m^3。第二批次則進行全場區灌注，氧化劑濃度亦為 5%，灌注量為 390 m^3，並於第二批次灌注後，進行第一次的化學氧化法成效檢測。第三批次灌注作業完成後，針對 1, 2- 二氯乙烷之濃度變化執行第二次成效檢測作業。

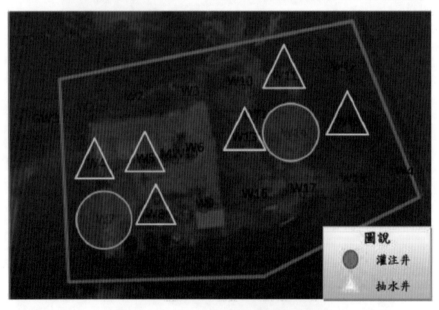

圖 7-19 第一批次氧化劑灌注井位

現地化學氧化法階段共進行兩次成效檢測，第一次成效評估採樣點位為 W7（深及淺）、W14（深及淺）、W4、W5、W8、W11、W13、W15、W17（深井），包含場址內標準井，共計 12 口次，檢測結果皆低於管制標準，檢測結果彙整如表 7-2。第二次成效評估採樣針對標的污染物 1, 2- 二氯乙烷，採樣點位為 W3（深及淺）、W15（深及淺）、W18

表 7-2 第二批次灌注作業成效檢測數據彙整

檢測項目（單位）	單位	改善目標	W7 淺井	W7 深井	W14 淺井	W14 深井	W4 深井	W5 深井	W8 深井	W11 深井	W13 深井	W15 深井	W17 深井	MW1
水溫	°C	--	36.1	36.8	34.4	37.7	29.3	27.1	27.9	27.2	27.3	32.5	28.1	26.3
pH 值	--	--	3.7	4.1	5.6	6.2	4.6	4.4	4.2	6.0	5.2	5.6	4.2	3.9
導電度	(μmho/cm)	--	3.610	9.340	2.640	1.590	4.370	7.160	10,800	6,070	5210	6470	6430	5740
溶氧	(mg/L)	--	5.0	10.2	10.3	12.2	1.0	1.0	1.5	1.0	<1.0	<1.0	1.1	1.1
氧化還原電位	mv	--	275	236	357	15	133	114	194	17	39	27	234	311
氯鹽	(mg/L)	--	665	2,010	610	370	1,100	1,910	2,390	2,070	1,480	2,020	1,380	860
總酚	(mg/L)	_0.14_	0.0028	0.0042	0.0053	0.0119	0.0041	0.0036	0.0039	N.D.	0.0031	0.0025	0.0032	0.0072
氯甲烷	(mg/L)	_0.3_	N.D.	N.D.	0.00047	N.D.	N.D.	N.D.	<0.00190	N.D.	N.D.	N.D.	<0.00038	N.D.
氯乙烯	(mg/L)	_0.02_	N.D.	N.D.	N.D.	N.D.	0.00067	0.00089	<0.00190	N.D.	N.D.	N.D.	<0.00038	N.D.
1,1- 二氯乙烯	(mg/L)	_0.07_	N.D.	N.D.	N.D.	N.D.	N.D.	N.D.	<0.00240	N.D.	N.D.	N.D.	<0.00048	N.D.
二氯甲烷	(mg/L)	_0.05_	N.D.	0.00379	0.00245	0.00069	0.00639	0.0158	<0.00260	0.00341	0.00599	0.00355	0.00358	0.0148
反 -1,2- 二氯乙烯	(mg/L)	_1_	N.D.	N.D.	N.D.	N.D.	N.D.	N.D.	<0.00210	N.D.	N.D.	N.D.	<0.00042	N.D.
1,1- 二氯乙烷	(mg/L)	_8.5_	N.D.	N.D.	N.D.	N.D.	N.D.	N.D.	<0.00200	N.D.	N.D.	N.D.	<0.00040	N.D.

表 7-2　第二批次灌注作業成效檢測數據彙整（續）

項目	標準 (mg/L)	1	2	3	4	5	6	7	8	9	10	11	12
順-1,2-二氯乙烯 (mg/L)	0.7	N.D.	0.00042	N.D.	N.D.	N.D.	<0.00200	N.D.	N.D.	N.D.	N.D.	N.D.	N.D.
氯仿 (mg/L)	1	0.00236	0.0111	0.00063	0.00174	0.00034	<0.00220	N.D.	N.D.	0.00126	0.0167	0.00084	N.D.
四氯化碳 (mg/L)	0.05	N.D.	<0.00044	N.D.	N.D.	N.D.	<0.00220	N.D.	N.D.	N.D.	N.D.	N.D.	N.D.
苯 (mg/L)	0.05	N.D.	0.00042	N.D.	N.D.	N.D.	<0.00200	N.D.	N.D.	N.D.	N.D.	N.D.	N.D.
1,2-二氯乙烷 (mg/L)	0.05	0.0183	0.0424	0.0301	0.0328	0.0267	0.0113	0.0250	0.0219	0.0376	0.0180	0.0113	0.00029
三氯乙烯 (mg/L)	0.05	N.D.	0.00026	N.D.	N.D.	N.D.	<0.00140	N.D.	N.D.	N.D.	N.D.	N.D.	N.D.
甲苯 (mg/L)	10	0.00272	0.00076	0.00132	0.00194	0.00121	0.00080	0.00238	0.00150	0.00038	N.D.	0.00124	N.D.
1,1,2-三氯乙烷 (mg/L)	0.05	N.D.	<0.00026	N.D.	N.D.	N.D.	<0.00130	N.D.	N.D.	N.D.	N.D.	N.D.	N.D.
四氯乙烯 (mg/L)	0.05	N.D.	<0.00044	N.D.	N.D.	0.00029	<0.00220	N.D.	N.D.	0.00041	N.D.	0.00022	N.D.
氯苯 (mg/L)	1	0.0124	0.00644	N.D.	N.D.	N.D.	<0.00200	0.00042	N.D.	N.D.	N.D.	N.D.	N.D.
乙苯 (mg/L)	7	0.00050	0.00060	N.D.	N.D.	N.D.	<0.00210	N.D.	N.D.	N.D.	N.D.	N.D.	N.D.
間,對-二甲苯 (mg/L)	100	0.00073	0.00158	N.D.	N.D.	N.D.	<0.00420	N.D.	N.D.	N.D.	N.D.	0.00054	N.D.
鄰-二甲苯 (mg/L)	0.75	0.00102	0.00118	N.D.	N.D.	N.D.	<0.00210	N.D.	N.D.	N.D.	N.D.	0.00042	N.D.
1,4-二氯苯 (mg/L)	0.4	N.D.	<0.00034	N.D.	N.D.	N.D.	<0.00170	N.D.	N.D.	N.D.	N.D.	N.D.	N.D.
萘 (mg/L)	0.4	N.D.	<0.00036	N.D.	N.D.	N.D.	<0.00180	N.D.	N.D.	N.D.	N.D.	N.D.	N.D.
二甲苯 (mg/L)	100	0.00175	0.00276	N.D.	N.D.	N.D.	<0.00630	N.D.	N.D.	N.D.	N.D.	0.00096	N.D.

粗體＝超過監測標準；斜字粗體底線＝超過管制標準

（深及淺）、W10、11、13（深井），以及 W1、2、5、8、9、12、16、17（淺井），共計 17 口次，檢測結果亦皆低於管制標準（如圖 7-20）。由檢測結果顯示，現地化學氧化作業有效降低污染物降至管制標準以下。

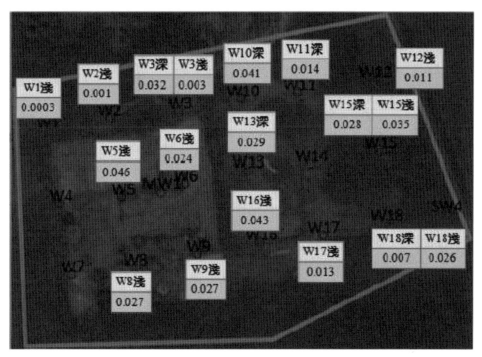

圖 7-20　第三批次灌注作業成效檢測數據彙整

4. 第二階段抽出處理作業

第一階段抽出處理成效結果顯示，抽出處理法對於改善地下水 pH 及溶解相污染物去除之成效顯著，故針對現地化學氧化後現場地下水質之 pH 驟降及鋅濃度提高情況，亦以抽出處理及清水灌注進行改善。本階段之抽出處理即針對濃度趨勢可明顯判釋出鋅濃度溶出之主要井位進行抽水作業，共計抽出 6,000 m³ 之水量，並以等量之清水，於抽水井周圍灌注清水（作業井配置如圖 7-21），約略等同於置換一倍之地下水量。

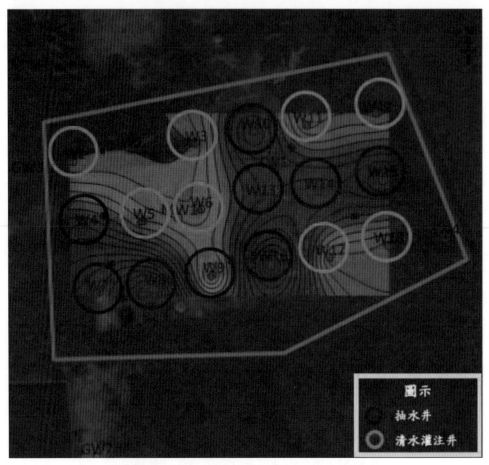

圖 7-21 第二階段抽出處理作業井配置

　　本次成效檢測即為判釋現場改善進度是否適合進行下一階段之深層土壤安定化。而本次成效檢測之數據中，地下水 1, 2- 二氯乙烷濃度仍低於標準值以下，惟重金屬鋅測值最高仍達 76.5 mg/L。由歷次分析數據顯示，重金屬濃度與 pH 有極大的關連性，證明本場址地下水之重金屬濃度來源為土壤處於酸性環境下而溶出，且由過去的試驗中亦發現，當將土壤 pH 調整提升，可使水溶液中的重金屬濃度明顯降低。故下階段之深層土壤安定化作業即針對地下水中 pH 及重金屬進行主動積極之改善作為。詳細檢測數據如表 7-3。

■ 表 7-3

監測日期			102.10.21				
檢測項目（單位）	單位	改善目標	W6 深井	W7 深井	W10 淺井	W11 深井	W2 深井
水溫	℃	--	24.9	23.4	24.2	3.9	23.9
pH 值	--	--	9.79	6.21	6.15	6.13	5.78
導電度	(μmho/cm)	--	--	--	--	--	--
溶氧	(mg/L)	--	--	--	--	--	--
氧化還原電位	(mV)	--	--	--	--	--	--
水位	(m)	--	--	--	--	--	--
氯鹽	(mg/L)	--	779	976	1330	1330	1160
總酚	(mg/L)	**0.14**	0.0398	N.D.	0.0042	0.0076	0.0047
鎘	(mg/L)	**0.025**	0.001	0.013	0.008	0.024	0.010
鉻	(mg/L)	**0.25**	N.D.	N.D.	N.D.	N.D.	N.D.
銅	(mg/L)	**5**	N.D.	N.D.	0.014	N.D.	0.020
鐵	(mg/L)	--	6.13	440	212	504	246
鎳	(mg/L)	**1**	0.019	0.056	0.504	1.11	0.141
鉛	(mg/L)	**0.25**	N.D.	N.D.	N.D.	0.057	N.D.
鋅	(mg/L)	**25**	0.139	3.73	36.2	76.5	19.2
汞	(mg/L)	**0.02**	0.0065	0.0054	0.0053	0.0042	0.0053
砷	(mg/L)	**0.25**	0.0234	0.0002	0.0014	0.0083	0.0021
氯甲烷	(mg/L)	**0.3**	N.D.	N.D.	0.00262	0.115	0.00038
氯乙烯	(mg/L)	**0.02**	0.00040	0.00040	0.00092	0.00080	N.D.
1,1-二氯乙烯	(mg/L)	**0.07**	N.D.	N.D.	N.D.	N.D.	N.D.
二氯甲烷	(mg/L)	**0.05**	N.D.	N.D.	0.00127	0.00316	N.D.
反-1,2-二氯乙烯	(mg/L)	**1**	N.D.	N.D.	N.D.	N.D.	N.D.
1,1-二氯乙烷	(mg/L)	**8.5**	N.D.	N.D.	N.D.	N.D.	N.D.
順-1,2-二氯乙烯	(mg/L)	**0.7**	N.D.	N.D.	0.00020	N.D.	N.D.

第二階段部分監測井的抽出處理成效

■ 表 7-3

第二階段部分監測井的抽出處理成效（續）							
氯仿	(mg/L)	**1**	N.D.	N.D.	0.00200	0.00434	N.D.
四氯化碳	(mg/L)	**0.05**	N.D.	N.D.	N.D.	N.D.	N.D.
苯	(mg/L)	**0.05**	N.D.	N.D.	N.D.	N.D.	N.D.
1,2- 二氯乙烷	(mg/L)	**0.05**	0.0136	0.00837	0.0434	0.0377	0.00376
三氯乙烯	(mg/L)	**0.05**	N.D.	N.D.	N.D.	N.D.	N.D.
甲苯	(mg/L)	**10**	N.D.	N.D.	N.D.	N.D.	N.D.
1,1,2- 三氯乙烷	(mg/L)	**0.05**	N.D.	N.D.	0.00016	0.00033	N.D.
四氯乙烯	(mg/L)	**0.05**	N.D.	N.D.	N.D.	N.D.	N.D.
氯苯	(mg/L)	**1**	0.00024	N.D.	N.D.	N.D.	N.D.
乙苯	(mg/L)	**7**	N.D.	N.D.	N.D.	N.D.	N.D.
間 , 對 - 二甲苯	(mg/L)	**100**	N.D.	N.D.	N.D.	N.D.	N.D.
鄰 - 二甲苯	(mg/L)		N.D.	N.D.	N.D.	N.D.	N.D.
二甲苯	(mg/L)	**100**	N.D.	N.D.	N.D.	N.D.	N.D.
1,4- 二氯苯	(mg/L)	**0.75**	N.D.	N.D.	N.D.	N.D.	N.D.
萘	(mg/L)	**0.4**	N.D.	N.D.	N.D.	N.D.	N.D.

粗體＝超過監測標準；斜字粗體底線＝超過管制標準

5. 現地穩定化作業

為使添加藥劑對於現地環境之衝擊降至最低，並且使得土壤 pH 調升至 pH 8 以上，針對不同藥劑配方及各配方之添加量進行二階段試驗。試驗藥劑有碳酸鹽類、磷酸鹽類、氧化鈣及氫氧化鈣，共調配出 7 種添加配方，各配方之 pH 介於 8～12 之間，藥劑配方如表 7-4 所示。試驗土壤則於場內採集不同 pH 進行試驗，共分為 4 組不同 pH 進行試驗。各樣品先添加 20 g 土壤，再加入不同劑量之試劑（第一階段試驗之添加量為 0.5、1、2、3 及 5 克；第二階段為 0.05、0.1、0.15、0.2 及 0.3 g），均勻拌混後，再添加 20 ml RO 水並振盪 5 分鐘，於靜置 1 小時、1 天、2 天及 3 天後，進行量測 pH。

■ 表 7-4

			pH 調整試劑配方
試劑	代碼	設定 pH 值	配方
碳酸鹽試劑 A	(CA)	11	$NaHCO_3$ (碳酸氫鈉)/Na_2CO_3 (碳酸鈉) = 1/178 by wt
碳酸鹽試劑 B	(CB)	11	$NaHCO_3$/Na_2CO_3 = 1/135 by wt
碳酸鹽試劑 C	(CC)	9	$NaHCO_3$/Na_2CO_3 = 7/1 by wt
磷酸鹽試劑 A	(PA)	8	$NaH_2PO_4 \cdot H_2O$/$Na_2HPO_4 \cdot H_2O$ = 1/26 by wt
磷酸鹽試劑 B	(PB)	8	$NaH_2PO_4 \cdot H_2O$/$Na_2HPO_4 \cdot H_2O$ = 1/35 by wt
生石灰	(CaO)	11	CaO
熟石灰	(Ca(OH)$_2$)	11	$Ca(OH)_2$

　　由試驗結果可發現，磷酸鹽類於超過 5 g 即產生過飽和之現象，對於改善範圍內之土壤 pH 調升效用有限。而碳酸鹽類、氧化鈣及氫氧化鈣於 1 g 之添加量即可超過規劃調整之 pH 範圍，故將進行第二階段之添加試驗。試驗結果顯示，欲將現地土壤 pH 調升至 pH 8，使用碳酸鹽類之配方需於每公斤土壤添加 37.5 g 藥劑量，而使用氫氧化鈣及氧化鈣則僅需於每公斤土壤中添加約 6.3 g 之藥劑量。經試驗後之對照組結果，以氫氧化鈣之添加量較符合減少對環境衝擊的需求。故後續土壤安定化作業中，選取氫氧化鈣作為主要添加藥劑，詳細試驗結果如圖 7-22 及圖 7-23。

　　為增加現地土壤面對環境變化衝擊的緩衝能力，深層土壤的 pH 則採用氫氧化鈣灌注懸浮液的方式進行調整，於改善作業最後階段則進行淺層土壤之安定化調理作業。參考第二階段抽出處理後成效檢測結果，顯示改善範圍內地下水中重金屬鋅濃度皆已低於監測標準（25 mg/L）以下，惟地下水中 pH 仍有部分井位介於 pH 5～6，主要集中於第二漂土區及改善範圍南側（如圖 7-24）。故現場針對地下水 pH 仍低於 pH 6 之區域進行氫氧化鈣懸浮液灌注，主要灌注改善範圍面積約為 800 m²，含水體積約為 1,400 m³，土壤體積約為 2,600 m³，由前置的添加量試驗，規劃以 1～2% 之濃度，估算氫氧化鈣約需 26 噸左右，將氫氧化鈣配製成 1,400 m³

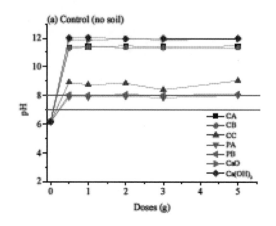

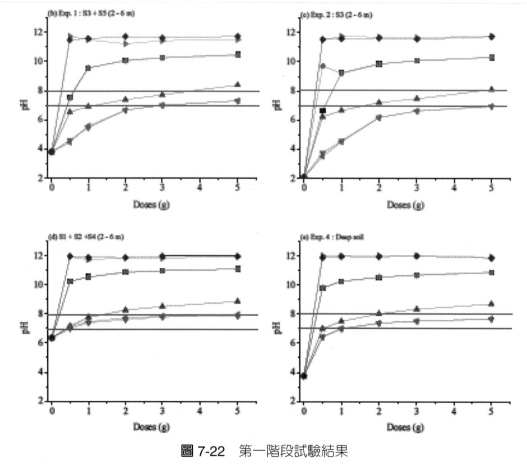

圖 7-22　第一階段試驗結果

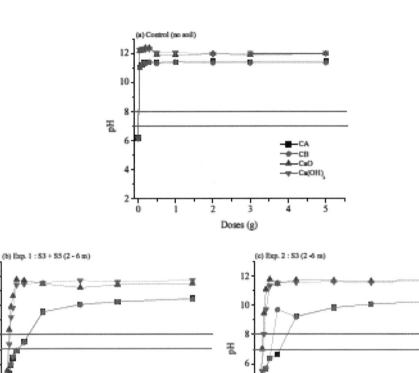

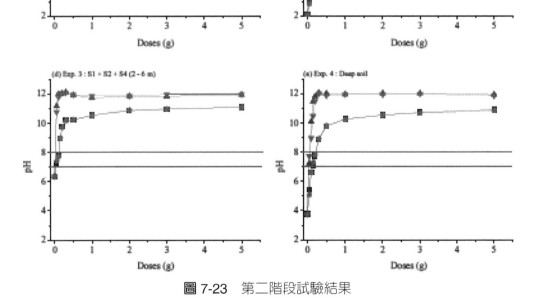

圖 7-23　第二階段試驗結果

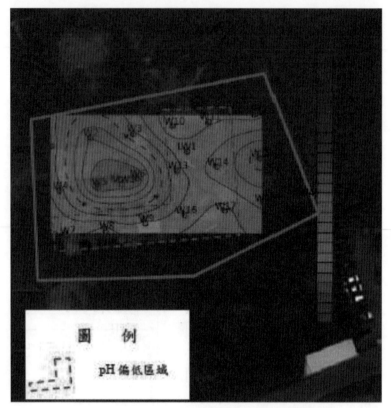

圖 7-24　氫氧化鈣灌注前現場 pH 分布情形

之懸浮液進行灌注作業。

　　為觀察地下水 pH 變化情形，於灌注後第一週、第三週及第五週皆進行 pH 量測（如圖 7-25，現場量測數據如表 7-5），量測結果顯示灌注區域之 pH 大幅提升。由第二階段抽出處理後之成效檢測顯果顯示，地下水已無有機或無機污染物，僅 pH 仍未達完善之地步，惟經過氫氧化鈣灌注後，地下水 pH 已有提升之情形，考量剩餘期程不足及後續仍有淺層土壤調理等作業，先停止現場氫氧化鈣灌注作業，進入淺層土壤pH調整作業。

　　由前述作業內容，地下水中污染物濃度已達污染改善目標，而地下水中 pH 亦經由灌注氫氧化鈣達到提升之效果，為使本場址能一勞永逸，於改善作業最後階段進行淺層土壤之 pH 穩定化作業。現場作業分兩種機

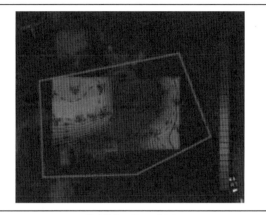

灌注後第一週 pH 情形

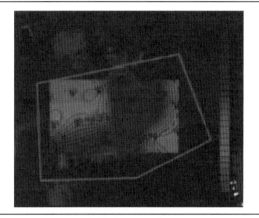

灌注後第三週 pH 情形

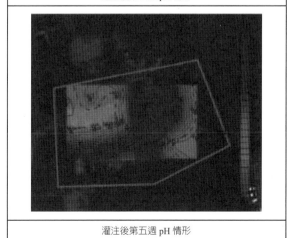

灌注後第五週 pH 情形

圖 7-25 氫氧化鈣灌注後現場 pH 分布情形

■ 表 7-5

氫氧化鈣灌注後現場 pH 量測數據			
井編號	第一週 pH	第二週 pH	第三週 pH
W1	5.91	6.97	5.19
W2	6.72	6.77	7.01
W3	5.82	6.41	5.65
W4	6.12	6.00	6.12
W5	5.66	7.79	5.66
W6	6	7.09	6
W7	10.22	11.25	11.88
W8	11.2	10.87	12.08
W9	12.1	12.11	12.11
W10	11.50	12.11	11.98
W11	11.80	12.16	11.43
W12	5.17	5.88	5.28
W13	12.1	11.66	12.1
W14	11.98	12.01	12.01
W15	5.17	6.22	6.12
W16	10.81	11.98	12.1
W17	5.97	5.21	5.22
W18	5.97	5.11	5.11

具進行（詳如圖 7-26），針對過去曾檢測出土壤含有微量有機污染物，雖濃度遠低於管制標準，惟恐有持續溶出之風險，該區域亦列為深層土壤 pH 調整之範圍，將選擇以地盤改良機具進行作業，除可縱向連續翻拌，亦可藉由前端噴頭，於深層土壤區域進行氫氧化鈣灌注（示意圖如圖 7-27），剩餘區域則以挖土機進行作業。淺層作業使用藥劑亦為氫氧化鈣，以翻拌方式進行，添加量則參考前導試驗結果，並考量翻拌過程的均勻性，斟酌調整氫氧化鈣藥劑量。因改善範圍回填層為後期回填之土方，故該層土方會先挖起於作業區域旁暫置。

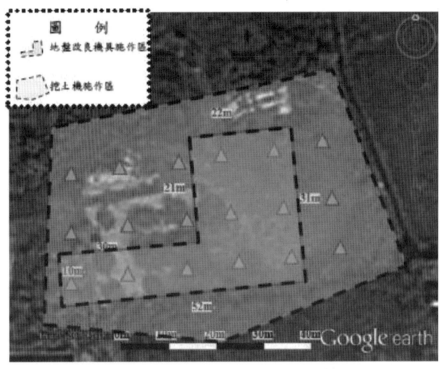

圖 7-26 氫氧化鈣灌注後現場 pH 分布情形

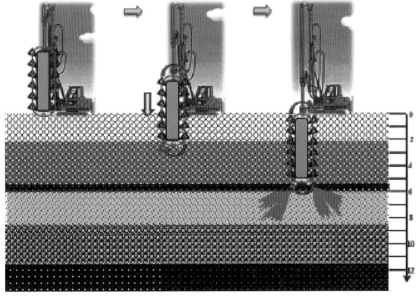

圖 7-27 地盤改良機具灌注作業示意圖

　　穩定化作業完成後，針對深層及淺層皆有進行翻拌作業之區域進行土壤採樣量測 pH，並以 XRF 篩測重金屬，採樣點位如圖 7-28。樣品量測結果顯示土壤穩定化改善作業已達到預定效果，詳如表 7-6。

圖 7-28　土壤採樣點位圖

■ 表 7-6

土壤樣品量測數據彙整表

單位：mg/kg

編號（深度）	pH	Cr	Cu	Ni	Pb	Zn
S01（回填層挖除後地表深度 m）						
0～1	11.5	123	28	10	0	185
1～2	11.4	44	34	18	0	188
2～3	11.5	96	75	57	18	294
3～4	11.1	94	20	13	6	241

■ 表 7-6

土壤樣品量測數據彙整表（續）

4～5	8.3	117	55	31	54	119
5～6	8.2	75	30	22	30	156
6～7	9.1	63	35	25	53	232
7～8	8.5	58	63	31	67	113
8～9	6.1	72	52	23	36	231
9～9.7	6.2	89	41	19	77	256
S02（回填層挖除後地表深度 m）						
0～1	11.8	105	41	30	23	194
1～2	11.8	67	85	37	19	229
2～3	9.5	91	20	16	0	479
3～4	9.7	104	28	31	4	524
4～5	6.8	64	45	31	24	337
5～6	7.3	55	30	23	18	298
6～7	8.0	75	35	21	15	315
7～8	7.8	63	32	31	26	267
8～9	6.4	85	57	25	22	178
9～9.7	6.7	77	52	27	20	165
S03（回填層挖除後地表深度 m）						
0～1	11.8	77	45	21	33	295
1～2	11.7	88	41	24	28	172
2～3	10.5	73	29	14	0	186
3～4	10.3	52	60	42	22	167
4～5	9.0	112	17	6	0	288
5～6	8.9	58	36	21	20	175
6～7	6.6	37	25	27	31	136
7～8	6.6	67	18	16	27	147
8～9	6.6	51	41	25	21	162
9～9.7	6.7	61	35	13	31	201

7.1.4 案例三：風險評估後採行風險管理場址

　　本案例為原禮樂煉銅廠土壤污染整治場址經風險評估後，採取污染物及場址圍封與阻絕的圍封案例。原禮樂煉銅廠為土壤污染整治場址（以下簡稱本場址），位於新北市瑞芳區濱海公路旁，場址範圍面積約為 79 公頃，三面環山地形封閉，鄰近區域僅有濂洞社區（濂洞里）與南雅漁港（南雅里），經調查估算受污染土壤之量體達 10 萬 m^3（約 12～15 萬噸）以上，土壤污染物以砷及銅為主，另包括汞、鎘、鉻、鎳、鉛、鋅等污染物。由於本場址受污染土壤量體龐大，考量污染物特性、目前國內成熟之整治（處理）技術之現況，現行整治工法於處理此類型污染場址對環境造成之衝擊，以及本場址所在區位對環境的影響等因素綜合考量下，本場址爰依土污法第 24 條第 2 項，依環境影響與健康風險評估結果提出土壤污染整治目標。本場址並不適宜以傳統污染整治方式將本場址之土壤污染物濃度降低至管制標準以下，而得以風險評估結果提出土壤污染整治目標之原因分析說明如下：

一、整治技術面分析

　　目前土壤重金屬污染改善可以使用的技術可概分為「現地處理」與「離地處理」兩大類，現地處理技術包括現地生物整治法、土壤改良劑法、電動力法、植生復育法及土壤淋洗法等，離地處理技術主要如開挖離場外運固化／安定化處理、土壤清洗法等，前述各項現地處理技術於國內實際使用之案例罕見，目前國內主要使用的處理技術仍以翻轉稀釋及離場處理方式清運至處理機構或再利用機構處理為主。

　　依據本場址土壤污染物濃度之調查結果，多數土壤中污染物濃度高於管制標準三倍以上，且受污染土層厚度深厚，並無法以翻轉稀釋處理。

　　國內現有重金屬污染土壤處理之方式多以固化、熱處理及掩埋方式離場處理，依據本場址調查評估結果推估場址內至少約有 12～15 萬噸之受污染土壤需處理，然因國內目前現僅有四家處理業者與一家再利用機構可

收受重金屬污染土壤，且核可之收受容量尚包含各類事業廢棄物，處理容量本即已相當有限，因此若欲以國內慣常使用之離場處理方式勢必會耗費數年時間，且處理費用極為高昂，故實難以將場址內之受污染土壤以排客土方式處理。且縱然國內之受污染土壤處理餘裕量足以胃納本場址內所有受污染土壤，但若僅是將受污染土壤挖除後移至他處掩埋，則實質上與受污染土壤留在現地並無不同，僅是換個地方放置，並未進行任何處理，亦未對土壤環境品質之提升產生良好效益。

至於重金屬污染土壤現地清洗或萃取技術亦為可能之整治方案選項，本場址於調查及評估作業階段，已採用序列萃取法評估不同強度化學萃取藥劑對土壤中重金屬污染物之溶解性。以污染程度較高之砷及銅為例，各製程分區受污染土壤樣品中仍有不等比例之砷及銅濃度集中於具有良好結晶之氧化物或極不易溶出之殘餘相態中，需以 9.6 M 鹽酸或王水消化後始能分析，顯示本場址之受污染土壤並無法單由中低強度之萃取液萃取移除重金屬，而若使用高濃度或強酸性之化學藥劑萃取除所需經費不貲且有較高之操作危險性，且因本場址過去之運作歷程顯示煉銅製程作業均經過高溫熔煉程序，研判土壤中之污染物可能經高溫燒結，並不易使用化學萃取方式自土壤中移除，換言之，即使使用高強度之萃取劑移除方法，仍有未能將土壤中污染物濃度降低之風險。故經評估本場址並無法運用此改善工法將土壤中污染物濃度降低至管制標準以下。

二、環境衝擊面分析

因本場址受污染面積廣闊，量體龐大，若循傳統離場開挖整治作業方式處理，必須於場址內進行大規模之開挖作業，開挖後並需經篩分處理始能清運至場外處理或再利用機構，預期採離場作業之期程可能長達數年，其過程產生環境不良的影響包括開挖過程產生的揚塵、車輛進出及清運過程對於週邊道路土地的污染，開挖作業對地面水體水質的污染等。亦即目前本污染場址因處於封閉與閒置狀態，實質上對場址周邊環境與附近居民並未有任何影響，但若執行離場開挖整治作業則預期反而將會對周圍居民

之生活環境造成長時間之影響。

　　另一方面，採行離場開挖整治作業，不論是固化／安定化處理或掩埋處理，均將佔用國內有限之廢棄物處理容量，於國內廢棄物處理餘裕量不足之情況下，難以避免需新開發設立廢棄物處理設施，由於廢棄物處理場之開發對於環境影響之衝擊相當大，若本場址之受污染物質可於現地處理，而不需送至他處，將可減輕國內廢棄物處理廠餘裕量不足之壓力，以及降低新開發廢棄物處理場對環境之整體衝擊影響。

　　另若本場址所有污染土壤均採外運方式搬運至遠處之土壤處理或再利用場所，如此龐大之污染土方需耗費龐大之運能，以國內一般 35 或 42 噸聯結車最多載重 15～20 噸計算，則本場址之污染土壤若需全部離場外運處理至少需 6,000～8,000 趟次，將對當地交通環境造成顯著衝擊，且車輛運輸亦將損耗大量石油能源，同時亦產生高量之碳排放及懸浮微粒，實非為環境友善之土壤污染改善方式。

三、地質環境背景因素分析

　　參考「禮樂煉銅廠廠區背景地質重金屬調查計畫」（2008 年 5 月～2009 年 11 月），確認場址及其上游地區廣泛存在受礦化作用影響產生之地球化學異常現象（即重金屬含量偏高之現象），以統計方法計算管制標準對應於背景濃度之百分位數，約位於背景場址採樣樣品母體之第 86 個百分位數，即代表場址內土壤銅濃度約有 14% 之機率會高於土壤污染管制標準（約 7 組樣品有 1 組），因此，以管制標準做為整治目標將可能對於整治作業預期之成效產生很大影響與不確定性，亦即目前以任何工程改善整治方式所執行之污染整治作業均未能確保可將本場址內之土壤污染物濃度降低至現行管制標準以下。

四、實質風險危害性分析

　　本污染場址三面環山，在地形上屬於相對封閉之狀態，場址內現無居民，且目前已於場址北面唯一之大門出入口設置有保全人員 24 小時輪替

駐守，定時巡視場址並嚴格管制人員進出（人員進出皆需事先申請）。場址周邊鄰近區域僅有西側之濂洞社區（濂洞里）與東側之南雅漁港（南雅里），與場址周界均達 300 m 以上，且因場址三面均為山地丘陵所環繞，鄰近社區聚落居民實質上並無法進入場址內，故在天然地形屏障及合理管理前提下，原則上本場址內並不會有長期且高頻率的人為活動。且本場址目前以及未來均無任何土地使用或開發利用之規劃，因此本場址內之污染物實質上並無對人體健康有立即性或長期性之危害風險，應得以於綜合考量場址現況與實質上之風險危害特性下，依據風險評估結果訂定可阻絕風險暴露途徑之風險管理措施，並據此做為土壤污染整治目標。

依據前述場址特性分析資料，本場址經評估確有因地質條件、污染物特性或污染整治技術等因素，以致無法將污染物濃度整治至低於土壤污染管制標準，是故並不適宜採行傳統污染整治方式，符合土壤及地下水污染整治法第 24 條第 2 項之要件，於綜合考量場址現況與實質上之風險危害特性下，於 2017 年 11 月 27 日即依土污法第 24 條第 2 項規定提送環境影響及健康風險評估計畫書，歷經 5 年之調查評估及審議程序完竣，所獲致之風險評估結果如下：

1. 環境影響評估結果

本場址關廠後 30 年間因久無具規模性之外來人為干擾影響，地表植被自然繁衍成林，提供陸域動物良好之生存環境，場址南側周邊山林及其周邊區域哺乳類、鳥類、爬蟲類、蝴蝶等物種相當豐富，部分哺乳類動物之活動足跡更擴及至較接近周邊山林地帶之製程區中，顯見場址整體環境狀況與早前禮樂煉銅廠營運期間或甫關廠後之情形相比，已然有相當幅度之改善，此可由本場址 1999 年「禮樂電廠氣渦輪機發電計畫環境影響說明書」之生態調查結果相為對照比較證實。

地表環境狀況及植被覆蓋度則決定土壤中蚯蚓、昆蟲等生物棲息、活動與多樣性之重要因子，地表土壤特性與植被生長情況的差異均會導致不同之調查結果，且與土壤中污染物應無直接之相關性，故此若能適度改善

場址內部分製程區之地表環境條件，使其有良好的植生覆蓋，則應可有效地增加土壤中生物之多樣性，使土地回復其應有之生態功能。

　　土壤與植體及土壤與蚯蚓之一對一採樣調查結果顯示，土壤中重金屬全量或有效性濃度與植體及蚯蚓體內濃度之關聯性不高，且由植體及蚯蚓生長狀況研判，可於場址現地存活且生長狀況良好之生物對砷及銅應有良好之耐受力，使得土壤中高濃度之重金屬對現地生物的實質影響可能較不顯著。

　　場址鄰近海域生態現況除因海域底床環境條件差異而使珊瑚生長相較貧乏外，其他海生物種調查結果均與場址東側南雅海域對照組並無太大差異，且 1999 年之海域生態調查結果相較，場址鄰近海域亞潮帶魚類、底棲生物和大型藻類之豐富度和多樣性已然有相當幅度的增加，顯示本場址鄰近海域棲地環境和生態狀況在禮樂煉銅廠關廠後且岸際長期無大型人為活動干擾之情況下已有自然明顯之回復和改善。

　　參考美國環保署污染場址生態風險評估作業方式，以場址內關切生態敏感受體可能活動區域之表層裸露土壤污染物濃度值，與依據生態毒性資料或援引美國土壤生態篩選值所建立之生態影響參考值進行比較，評估結果顯示於未採取任何改善、管理措施之場址現況情境下，場址內污染物應會對於關切生態敏感受體造成危害，故有必要透過污染削減或阻絕方式進行改善作業，以降低生物體之危害。然而此項評估作業結果是基於極為保守之暴露情境假設前提下，且以場址實際生態環境調查現況以及近 30 年之環境品質長期變化趨勢觀之，場址內各類型生態物種之種類及數量相較過去之調查資料均有顯著增加，並有包含珍稀保育類鳥類及哺乳動物等物種出沒，顯示場址環境已恢復至可為當地動物日常活動、覓食及棲息利用之領域空間。顯見土壤污染情事應並非為可能造成生態物種生存壓力之主要因素，也因如此，僅運用土壤污染物濃度進行環境影響評估之方式並未能充分反映造成場址整體環境變遷之各項因素。

　　另由生態調查結果觀之，原煉銅廠營運期間所造成的環境影響情形尚未完全消失，原製程區週邊的植被亦仍多屬草木灌叢等先驅植物為主，且

地表亦多為混凝土鋪面或混凝土塊而非自然裸露之土壤，此先天環境因素並不利植物生長，亦難以提供做為陸域動物之良好棲地，現階段實難單純逕以土壤污染之角度評估污染物對環境生態之影響。顯見本場址原生態環境主要的壓力來源應為工廠營運期間所排放的酸氣或廢水，當此污染源於工廠停止營運關廠後而消失，生態物種生存的壓力亦相對減輕，亦即，影響本場址動植物生態最主要的因子應為工廠的營運。

　　由調查觀測所發現之物種出現位置及頻率可以得知，哺乳類及鳥類等物種主要多棲息於場址南側山林或溪流周邊，場址內原製程區開闊但較無遮蔽之空地、草生地因較無人為干擾活動及夜間光害，則為其日夜間活動之領域範圍。預期場址後續若依規劃完成原製程區部分污染物之清理及覆土植生穩定作業，且無其他開發利用行為，短期雖可能會對場址生態環境現況造成局部影響，但長期而言則應可再提升場址各區域之自然度，並提供可供動物運用之良好棲所，相信屆時場址整體之動物生態環境應會更為豐富。

2. 健康風險評估結果

　　本場址健康風險評估作業依現況基線、改善作業期間、及改善後風險管理三階段之不同暴露情境，分區計算受體暴露風險，整體而言，場址內警衛及誤入場址之登山遊客其於不同階段之致癌與非致癌風險值均落於可接受範圍（致癌風險：$10^{-4} \sim 10^{-6}$、非致癌風險：$HI < 1$），顯示並無產生致癌及非致癌性危害。僅於污染改善作業階段，假設施工作業者於間接誤食土壤、皮膚接觸土壤與吸入土壤揚塵之暴露量均相對基線受體之暴露量增加 10 倍之情境下，施工作業者之致癌風險值雖仍落於可接受範圍（致癌風險：$4.93 \times 10^{-6} \sim 5.90 \times 10^{-5}$），但非致癌風險值總和介於 1.25 ～ 5.61，屬於不可接受範圍。

　　在致癌及非致癌風險暴露途徑方面，普遍皆以皮膚接觸受污染土壤比例最高，食入受污染土壤次之，宜阻絕受體與污染土壤之直接接觸，包括配戴個人防護具、用餐前洗手降低攝入污染土壤等作為。少部分區域因汞

濃度較高，汞蒸氣吸入為該區非致癌風險之主要暴露途徑，建議整治期間於該區作業應增加相關管理措施，避免汞污染物之危害。

　　場址外受體之評估對象包括居民、遊客、工作者。由於場址外未有明確證據顯示具污染途徑，評估方式係以場址外空氣中 TSP 及氣狀汞實測值加總之最大濃度值計算，另針對具食用自行捕撈魚體行為之居民，增加計算其經食物鏈途徑攝入甲基汞之暴露風險。評估結果顯示場址外各類受體之總致癌風險與非致癌風險均屬於可接受範圍。

　　本場址於 2022 年 8 月 26 日獲環境部核定本場址依風險評估結果研訂之整治目標評估報告，後續並須依據風險評估結果執行可阻絕風險暴露途徑之風險管理措施，並以執行風險管理措施後之健康風險評估結果做為土壤污染整治目標。以圍封及阻絕方式訂定之整治目標及整治規劃說明如下：

　　(1)整治目標

　　依據環境部 2022 年 5 月 11 日依風險評估結果研訂整治目標審查會議結論，本場址在經採行最適當風險管理措施及依據下述場址污染改善策略完成改善作業後，所需達成之整治目標為：(1) 污染改善階段的現場工作人員，總致癌風險不大於 10^{-5}、總非致癌風險不大於 1；(2) 其他情境時（主要是執行污染控制與風險管理之後），總致癌風險不大於 10^{-6}、總非致癌風險不大於 1。本場址最適風險管理措施及污染改善策略主要擬藉由清理表層高濃度污染物、阻絕污染物潛在之暴露途徑、山坡地邊坡穩定及完善排水設施等風險管理措施，以有效阻隔關切受體食入及皮膚接觸土壤中重金屬污染物等暴露途徑，使關切受體的總風險符合前述整治目標。

　　(2)整治規劃

　　依據本場址經核定之風險評估報告，本場址所提出並經審議通過之污染改善策略擬依據健康風險評估結果採行適宜之風險管理措施，並進行各項污染控制以避免污染擴大。即藉由阻隔土壤食入及皮膚接觸等暴露途徑，經風險管理後受體的總風險為可接受之風險。規劃移除目前於地表裸

露且風險危害較高之黑色不明物質及其他高危害性污染物，並針對場址內受污染土壤採取阻絕受體暴露途徑之工程作為，包含門禁管制阻隔關切受體進入場址、在場區內無鋪面的污染區覆土並種植具金屬耐受性植物、改善場區排水系統，並導引地表逕流與雨水至排水溝渠避免穿越污染區等，以確保污染物不會擴散，且不會有受體接觸場址內之污染物質，並定期辦理風險管理成效評估作業。

本場址規劃採行之整治方法依整治階段及管理目標可區分為短期（整治計畫書核定通過一年內）完成「阻隔關切受體進入污染場址」、中期（整治計畫書核定通過 4～7 年內）完成「清理地表污染物、斷絕污染物潛在之暴露途徑」之風險管理措施，並定期評估場址於執行風險管理措施後之風險危害性與管理成效。長期（> 7 年）則視本場址後續土地利用方式適時檢討風險管理目標並調整整治方案，以達污染場址永續管理之目的。本場址整治計畫整體之實施架構如圖 7-29 所示，詳細說明如後。

(1)短期完成阻隔關切受體進入污染場址

短期（整治計畫書核定通過一年內）完成「阻隔關切受體進入污染場址」之風險管理措施，規劃透過包含圍牆修繕、門禁管制、危害告知、及人員勸離、引導離場等方式禁止一般民眾與登山遊客進入本場址，以阻斷污染物暴露途徑避免人員進入場址受到污染危害。同時確保於本場址駐守之警衛保全人員健康風險，彙整本階段所應採取之相關措施如表 7-7，說明如下。

A. 於場址及鄰近區域活動一般民眾、登山客

針對於場址及鄰近區域活動之一般民眾、登山客等管理對象，原則上將透過門禁管制方式禁止登山客進入場址，以阻絕包含食入、皮膚接觸及吸入場址污染物之暴露途徑，主要的做法則將透過強化周界管理設施，包含門禁管制、危害告知、人員勸離（導離）等作法達成，實質之管理作為及措施說明如下：

(1)短期與中期辦理場址污染物阻隔及長期風險管理作業

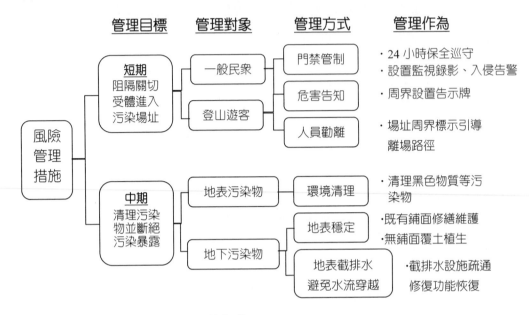

(2)長期定期辦理風險管理成效評估作業

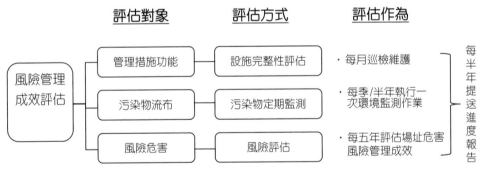

圖 7-29　本場址污染改善作業與風險管理措施實施架構（臺灣電力股份有限公司及臺灣糖業股份有限公司，2023）

a. 圍牆修繕：針對場址北側沿台二線濱海公路側已破損或易遭民眾翻越之圍牆區段進行檢修。

b. 入侵告警：設置 24 小時保全人員巡守，並於場址北側圍牆規劃設置具全天候人員入侵告警與錄影監控之門禁安全管理系統，若有民眾違法侵入可立即通知現場駐守保全前往勸離。

表 7-7

阻隔關切受體進入污染場址措施（臺灣電力股份有限公司及臺灣糖業股份有限公司，2023）

管理對象	阻絕暴露途徑	相關措施
登山客	食入、皮膚接觸、吸入	門禁管制禁止登山客進入場址，包含 • 圍牆修繕 • 設置門禁安全入侵告警與錄影監控系統 • 24 小時保全人員巡守，勸離登山客 • 場址周界設置場址危害性告示牌 • 場址周界及場址內標示引導離場路徑
警衛保全人員	食入	• 巡守時配戴口罩 • 人員巡守後及用餐前應以清潔劑清洗雙手 • 外購包裝飲用水
	皮膚接觸	• 巡守時需穿著衣物及鞋襪 • 禁止直接接觸土壤
	吸入	配戴口罩

c. 危害告知：於場址周界以中文及英文設置場址危害性告示牌，若有受損將更新維護以維持其功能。

d. 人員勸離：目前本場址已設置有保全人員 24 小時巡守，若有發現人員擅闖進入將主動予以勸離。

e. 引導離場：於場址周界以中文及英文雙語標示設置引導離場路徑之登山步道路線指示路牌，引導其行走可快速繞行遠離污染區之路徑。

B. 警衛保全人員

　　考量本場址大門處駐守之警衛保全人員長期於場址工作，每日並會於場址內徒步或以機車代步巡查，巡查活動過程可能吸入少量含有污染物之土壤揚塵、吸入表層或裡層土壤汞蒸氣，亦可能有皮膚接觸污染土壤之可能，或有因土壤揚塵附著於衣物上，再間接附著於手上，最後經由

口部誤食土壤的情形。針對場址駐守之警衛保全人員將透過教育訓練與查核，加強對於本場址污染概況之認知與瞭解，使其瞭解場址污染物暴露之危害性，並要求於場址內巡守時需穿著衣物及鞋襪、配戴口罩等基本防護措施、禁止直接接觸土壤之行為、人員巡守後及用餐前應以清潔劑清洗雙手，避免皮膚暴露途徑之接觸。相關教育宣導與查核作業將做成訓練與宣導紀錄提供主管機關查核。

(2)中期完成清理地表污染物、斷絕污染物潛在之暴露途徑

中期（整治計畫書核定通過 4～7 年內）完成「清理地表污染物、斷絕污染物潛在之暴露途徑」的風險管理措施，包括移除目前於地表裸露且風險危害較高的黑色不明物質及其他高危害性污染物，並針對場址內受污染土壤採取阻絕受體暴露途徑之工程作為，包含在場址內無鋪面的污染區覆土，並種植具金屬耐受性植物、改善場址排水系統並導引地表逕流與雨水至排水溝渠避免穿越污染區等，以及定期評估場址於執行風險管理措施後之風險危害性與管理成效。

A. 清理地表污染物

考量場址重金屬污染物之移動性、當地地質環境背景影響因素、環境區位風險危害特性，以及執行各項工程整治技術方法之適宜性及可行性後，本計畫乃規劃清理具高危害性的地表污染物，污染物於清理後以現地圍封處置不外運為原則，污染物將清運至場址內 G 區原 9,000 m^3 污泥貯存場中圍封貯存（如圖 7-30）。

B. 斷絕污染物潛在之暴露途徑

本場址受污染土壤因分布區域甚廣，且量體龐大，依據風險評估結果規劃採行不處理土壤中污染物之污染控制措施，為避免受污染土壤裸露於自然環境下可能有污染擴散之虞，因此需於污染區地表設置污染物阻絕及維持地表穩定性的工程設施。

各土壤污染區依據場址地表現況可區分為有水泥鋪面及無水泥鋪面之區域，無鋪面之污染區尚可區分為地表土壤裸露區域及地表堆置混凝土塊

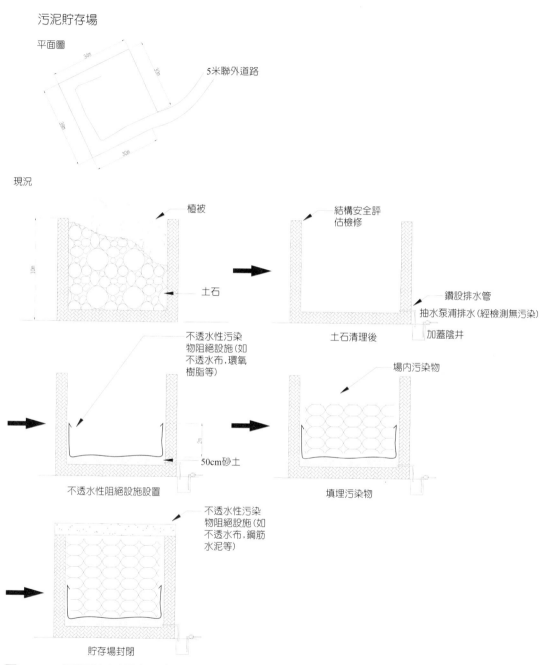

圖 7-30 污泥貯存場清理與污染物質圍封方式作業規劃示意圖（臺灣電力股份有限公司及臺灣糖業股份有限公司，2023）

區域，本場址分別規劃不同之污染物阻絕及地表穩定化措施如圖 7-31 所示，說明如下：

a. 原本即為水泥鋪面污染區

場址內多數水泥鋪面或建物結構基礎均仍相當完善，地表水泥鋪面厚達 20 cm 以上，應已可充分阻隔關切受體不接觸鋪面下方的受污染土壤。針對地表原即為水泥鋪面之土壤污染區，建議以維持原貌為原則，規劃將地表目視可見之物料清理後，檢視水泥鋪面完整性，若有破損、龜裂或已有局部土壤裸露之處，可以將其破碎挖除後委託承包商依原樣式修繕，即為完善之地表穩定及污染物阻隔設施。

b. 無水泥鋪面污染區

無水泥鋪面之污染區，原則上於整平地表後，先行鋪設阻水性材料及洩水管，以避免地表逕流入滲至污染土內，並藉由洩水管導排至周邊截排水溝。再於阻水性材料上方覆蓋 30 cm 之乾淨土壤以與受污染土壤阻隔，避免土壤污染物裸露。阻水性材料將使用皂土毯或具同等功能之地工材料、控制性低強度材料（CLSM）等物料。

乾淨土壤上方於施工後先行覆蓋稻草蓆或植生毯，同時灑播草種以避免土壤地表逕流沖刷或遭鳥類覓食而流失，待當地原生草本植物自然演替繁衍後，即可形成良好之植被穩定覆蓋化設施。所灑播之草種將以當地生長面積較廣且經調查證實具良好重金屬耐受性之原生草本植物（如五節芒、腎蕨等）為優先，且考量本場址前於風險評估作業階段調查植物體地上部並無明顯重金屬累積情形，於自然演替下，植物死亡後之植體建議仍保留於植生區域內，破碎後與既有覆土混拌，可提高土壤之有機質含量並具有固碳之效益。後續若有發現植株生長狀況不佳者，將會定期補植，稻草蓆或植生毯亦會適時增添覆蓋。

c. 地表截排水

本場址將不會移除處理土壤表層下的污染物，然鑒於土壤中的污染物仍可能有因雨水、地表逕流入滲後，造成污染物向下移動至更深處或向外擴散流布之疑慮，若場址內有完善之排水系統，則可截排雨水導入排水系

（A）樣式 1（受污染土壤上方為水泥鋪面）

改善前　　　　　　　　　　　　　　　　　改善後

（B）樣式 2（地表裸露且土壤受污染）

改善前　　　　　　　　　　　　　　　　　改善後

（C）樣式 3（受污染土壤上方堆置大量混凝土塊）

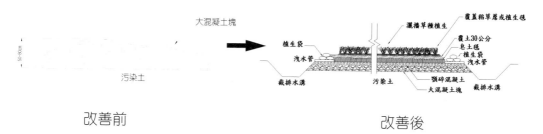

改善前　　　　　　　　　　　　　　　　　改善後

圖 7-31　場址污染物阻隔及地表穩定化措施示意圖（臺灣電力股份有限公司及臺灣糖業股份有限公司，2023）

統，避免水流穿越污染區造成污染物擴散之情形。針對場址後續污染控制所需辦理之排水工程主要包含全面清淤，並檢修場址既有排水設施、增設場址現有各平台的橫向截排水設施、加強既有山溝排水功能處理、增設沉砂設施等。

(3)長期定期風險管理成效評估

　　為確保本場址於於完成各項風險管理措施作業後，可確實達到污染控制與暴露阻絕之成效，本場址將於整治計畫書核定後，隨即啟動風險管理措施執行成效評估作業，將參考美國環保署超級基金場址之五年審閱（five year review）的作法及環境部「土壤及地下水污染場址改善審查及監督作業要點」第10點相關規定，定期針對本場址原規劃之風險管理措施執行成效進行評估，若經上述各項風險管理成效評估作業後，認為本場址整治計畫執行內容不足或無法達成原訂定之管理目標，則檢討可能原因或執行未通過驗證之改正措施。

　　整治計畫執行期間原則上每半年彙整場址調查資料並評估研析後，併同整治計畫執行進度報告提交風險管理成效評估結果。本場址風險管理成效評估作業之評估方式，將區分為三部分辦理：

A. 場址管理措施功能性評估

　　針對本場址整治計畫規劃內容，所設置之各項風險管理工程性設施，由專人每月定期巡檢維護並評估其是否達成管理成效，評估內容包含場址是否有保全人員駐守、場址人員進出管制統計、場址周界告示牌完整性、污染區地表鋪面或覆土植生區域完整性、污染物質圍封貯存場結構體外觀完整性、場址排水系統設施功能完整性、邊坡水土保持工程設施完整性等項目。

B. 場址污染物流布情形評估

　　針對本場址污染物是否擴散流布或有污染危害擴大的情形，將於場址內定期針對空氣、地表水、及地下水等環境介質執行污染物定期監測作業，依據不同整治作業階段所規劃之監測頻率，每季或每半年執行一次，據以評估污染物定期監測結果是否有明顯異常或與歷次監測結果具明顯之差異性。

C. 場址風險危害性評估

　　針對本場址於執行各項風險管理措施後，風險危害實質降低之成

效，將每五年（或主管機關指定之期程）再次於本場址依據環境部訂定之最新評估規範，執行關切受體之環境影響與健康風險評估作業。主要需研析探討並說明之內容包含以下三點：

a. 原規劃整治計畫是否履行、是否有良好的操作維護、所執行的風險管理作爲是否發揮功效？

b. 原風險暴露情境假設、毒性參數資料、評估模式、整治目標等設定條件是否變動？

c. 是否有進一步的資訊顯示原整治計畫措施對於人體健康及環境之保護性不足而需改善？

　　若經上述各項風險管理成效評估作業後，認爲本場址整治計畫執行內容不足或無法達成原訂定之整治目標，則將檢討可能原因或執行如未通過驗證之改正措施。

7.1.5 案例四：土地再利用

　　「原臺灣金屬鑛業股份有限公司及其所屬三條廢煙道地區（部分）土壤及地下水污染整治場址」（以下簡稱本場址），2010 年即已被公告爲污染控制場址，並於 2014～2017 年間依據新北市政府環境保護局（以下簡稱環保局）核定之污染控制計畫執行污染控制措施，將場址圍封阻絕，圍封阻絕措施包含新設圍籬、既有圍籬加高、部分破裂廢煙道的封閉工程、聚脲噴塗彈性材覆蓋，以及植生覆蓋等相關工程（圖 7-32），藉以阻絕關切受體接觸高濃度污染土壤的食入及皮膚接觸等暴露途徑，並控制土壤揚塵與蒸氣吸入之暴露途徑風險，以降低受體總風險至可接受風險範圍內。經由上述風險管理措施工作完成後，誤闖場址民眾的人數明顯下降，地表植生亦已明顯恢復，植物繁盛根系茂密則提供良好植生穩定功能，達成控制計畫訂定之風險管控策略目標。本場址後因環保局於 2018 年修正公告本場址「土壤及地下水污染控制場址」及「土壤及地下水污染管制區」之公告內容，並經環境部公告爲「土壤及地下水污染整治場

場址周界設置圍籬（高度 > 2.4 m）阻絕民眾進入

廢煙道封閉工程

聚脲彈性材噴塗覆蓋

圖 7-32　台金濂洞場址控制計畫污染物阻絕及圍封作業（圖片來源：瑞昶科技股份有限公司）

址」，爰再次進行場址污染調查評估並撰擬整治計畫書。

　　依據既有之文獻資料及調查資料顯示，本場址整體之原生地質環境確有受自然背景因素影響，以致土壤中重金屬濃度本即有偏高之現象，後因百年礦業生產運作影響，使場址內約 9.2 ha 之區域有明顯較高濃度之重金

屬污染物質。惟考量場址內遺留之眾多廠房建物均屬於臺灣礦業發展史中重要之文化資產遺跡，極具文化保存意義與潛在之觀光價值，且因本場址污染控制計畫之執行，場址長期封閉且限制民眾進入，造成當地觀光發展受限，地方民眾多次透過管道陳情主管機關能考量本場址特殊之運作歷史背景、當地地質環境背景影響、及地方民眾歷史情感等因素，另行評估適宜之污染土地活化再利用之方式。

經參考國外礦區整治復育改善之經驗，考量礦區或冶煉廠污染場址污染成因及污染分布情形複雜，實務上難以完全清除處理，故思考透過風險管理手段結合場址保存及活化利用之相關規劃，以降低風險為管理策略，並考量不同分區之污染情形及其未來土地利用之規劃，分階段擬定經濟上可行之整治復育措施與手段達到阻絕場址內污染物風險危害之目的。

一般而言，考量廢棄礦區或冶煉廠污染場址在污染分布之複雜性和相關整治措施實行之困難性，故在整治目標的設定上大多以「降低風險」為主，而要能順利達成目標之前提即在於能否有效掌握可能的風險來源，並權衡各項外在因素之需求和限制後據以提出最佳且可行之風險管理策略方案。參考美國環保署廢棄礦區或冶煉廠之污染場址特性調查與清理手冊中有關場址管理策略擬定之說明，在決策過程中需加以考量評估的要項包含釐清風險三要素之組成關係、依其特性提出各類可行之應對處理方法、考量時間因素擬定管理策略方案等（圖 7-33）。

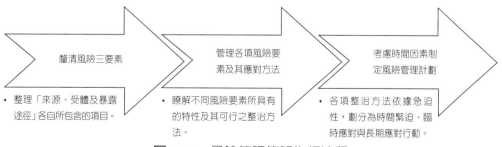

圖 7-33　風險管理策略施行流程

一、釐清風險來源三要素

在污染場址所關注的風險，事實上是由三個要素所構成，包含污染源（source）、暴露途徑（exposure pathway）與受體（receptor），即第六章所述 S-P-Q，藉由各種暴露途徑，受體會有直接或間接接受污染源危害的可能。污染來源可能是廢棄物、受污土壤及有害氣體等，受體可能涵蓋附近居民、遊客與動植物等，暴露途徑則可能為空氣吸入（例如：揚塵）、地表水（例如：逕流）或地下水的飲用或使用，或甚至是礦場中廢石堆之崩落、廢棄物隨水體擴散流布等型式。為設計有效的對應策略以最大程度地降低風險，在進行風險評估時，應將三要素各自所包含的項目釐清。

二、針對各風險要素提出可行之對應處理方法

在規劃將風險最小化的對應策略時，可能包含各種實際的技術應用、工程控制或其他方法，這些對應措施的選擇需考慮不同風險要素（即來源、暴露途徑和受體）所具有的特性。處理污染源時，可以透過部分或全部挖除來直接清除污染源，然而當面對大範圍如數百公頃的污染土地時，則可能因處理成本問題而改採收集（collection）、導流（diversion）、或圍封（containment）（例如覆蓋）等方式處理。處理暴露途徑所帶來的危害要講求避免污染物擴散，這會因擴散介質不同而有不同對應措施，例如：為防止污染物隨空氣逸散釋出或直接接觸而進行覆蓋阻絕工程，為攔阻或導引地表污水逕流而築壩等。至於受體部分則採取管理及降低其暴露可能，例如將居住於極高風險區域的居民撤離，或對其施行健康教育來避免其與污染物的接觸，面對非人類之動物受體時則可架設圍欄，防止其靠近等。

三、考量時間因素擬定風險管理計劃

暸解了用於解決特定風險因素的對應處理方法後，後續應納入時間因素於風險管理計劃中，可依據處理作業時間點將對應之處理措施區分為急

迫性行動（time-critical actions）、臨時性措施（interim responses）與長期性措施（long-term responses），以下分述各項行動的制定策略：

（一）急迫性行動

應對需盡快處理的高度危害所採取的立即性措施，通常涉及消除或穩定對人類健康或環境的威脅。對威脅的評估可以是任一形式的風險分析，無論是正式的評估，或是最佳專業判斷的評估，評估過程需考慮污染物釋出或散布的可能性及受體脆弱程度等。以美國蒙大拿州的 Butte 和 Walkerville 礦區為例，該區域於礦山廢料和土壤中檢測到高濃度的鉛和砷含量，然其部分城市位於場址邊界內，對當地居民具有很高的暴露危害性，且基於鉛和砷對健康有極大的潛在影響，因此美國環保署認為必須立即清除住宅區污染物，而不是等待長期整治措施完成。急迫性行動所採行的措施可包括污染物清除或穩定化，如挖除並處置受污染的廢棄物、加強或建設阻絕工程，如修繕老舊的尾礦壩或建造收集污染逕流的水池等。

（二）臨時性措施

基於降低風險或達成社區期望等各種原因，需要在正式完成研究評估和整治措施之前，即採取非急迫性且非移除或削減污染來源，而可暫時減少某些暴露途徑的措施，此措施多為第四章所述的污染物穩定作業（stabilization），或基於健康風險考量，著重於控制暴露途徑與污染物的擴散。所採行的措施可以是傳統的工程控制措施（例如：第三章所述的地下連續壁或覆蓋），也可以是如植生穩定（phytostabilization）的工法。

控制、導流以及圍封阻絕等相關措施著重於污染物暴露途徑或污染物擴散的控制。這些行動雖然並不能完全將污染清除，然而只要施行即可使人類或環境免於不可接受的短期風險。同樣以美國蒙大拿州的 Butte 和 Walkerville 礦區為例，為解決其鄰近區域居民血液鉛含量升高的問題，所採行的臨時性措施包含對孩童進行血液中鉛濃度監測、施行社區健康教

育計畫、識別與監測場址內特定鉛污染來源並進行削減工作等。

（三）長期性措施

　　這種類型的整治措施通常需要較長時間來進行，包含徹底的調查評估作業，以及為達成永久成效的整治工程等，例如使用長時間的植生復育措施來達成永久降低土壤所具有的毒性。這些整治方法可以是最終的全面性清理，或是考慮需求與成本而施行的持續性穩定或監測工作，或是最終的環境復育作業，例如植被復育、重建野生動植物棲地等。長期性措施的策略設計方向則需依循監督管理與計劃目標的要求、特定地點的條件以及對人類健康和環境構成的風險程度等條件而定，此流程通常需歷經範疇界定、場址特徵調查、風險評估、及整治處理措施選擇的流程，流程圖請參考圖 7-34。

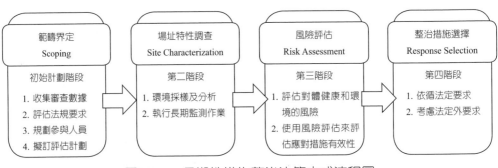

圖 7-34　長期性措施整治決策方式流程圖

　　在蒙大拿州礦區的案例中，即符合此流程中所述及的決策過程，在遠離治煉廠下風處的山區因污染物隨空氣揚塵逸散而導致土壤受到污染，造成山坡地幾乎無植被生長，在規劃土壤整治措施時即應用土地整治評估系統（land reclamation evaluation system, LRES）來標準化各分區整治目標及方法的決策。此評分系統，參考既有的調查數據與後續的調查作業成果，瞭解各個分區的特徵，如區域污染程度，接著依據人類與生態的潛在風險、現有植被群落及土壤穩定性、以及污染物遷移散布潛力等因素進行

風險評估，給予量化之評分，作為後續選擇對應處理措施的指引，並在後續整治期間，定期重新進行評估，以做為整治復育功效檢核與整治方法調整判定的依據，並藉由分數來評比經過多年整治的地區是否達成整治標準。

在選擇長期性措施所要採取的整治措施時，必需先經過整治調查（remedial investigation, RI）和可行性研究（feasibility study, FS），以評估是否符合法定要求，美國的「Comprehensive Environmental Response, Compensation, and Liability Act」（CERCLA）內訂定整治措施必需具備以下特性，包含 (1) 具保護人類健康及環境的功效，(2) 具有成本效益，(3) 預期成果達到適當的清理標準、控制標準及其他實質性要求，(4) 盡可能使用永久性解決方案、替代處理技術或資源回收／再利用技術，(5) 選擇能降低污染物之毒性、遷移污染量體之措施為主，或詳述不選用前述措施的原因。另外，美國環保署亦訂定了九項方法選擇的評估標準，包含：(1) 具保護人類健康和環境功效，(2) 遵守較嚴格之法定標準，例如古蹟地區的污染整治除考慮環保署管制標準，亦需考慮文資法的規範，(3) 整治成果需持久穩定，(4) 有效降低污染物之毒性、遷移性或量體，(5) 在實施過程中能短期達到改善功效，(6) 選用的方法必須實務上可確實實施，(7) 費用合理，(8) 能符合主管機構的驗收標準，及 (9) 可得到周邊社區的認可。

選擇長期性措施時雖有上述法定依據做為評估依據，然實際施行之整治措施仍需因地制宜，因此針對不同場址，亦可考量 non-CERCLA 的行動，取決於其他的法律或場址的特定需求。經一系列評估後所編寫出的整治計畫書需經過主管機關檢核，檢核其是否符合上述評估標準或其他特定需求，若通過審查則最終會產出一份決策文件，做為整治措施選取最佳方案的依據。

依據本場址污染調查評估結果與前述對於污染場址管理策略擬定之評估方式，擬定本場址各類污染物及潛在危害風險來源，及歸納對應之處理方式及原則如表 7-8 所示。

■ 表 7-8

本場址污染危害來源及對應之整治處理方式評估			
風險來源	污染暴露途徑或危害性	對應處理方式	對應處理方式類型
地表裸露污染土壤	揚塵逸散、誤食／皮膚接觸、隨地表逕流擴散	覆土植生穩定	臨時性措施
		鋪設鋪面、步道阻隔、限制人員活動空間	臨時性措施
		移除污染土壤	長期性措施
地表高濃度污染物（廢礦泥、礦渣堆、煙道渣堆、硫酸銅結晶）	揚塵逸散、誤食／皮膚接觸、隨地表逕流擴散	移除或清理污染物、覆蓋不透水布	急迫性行動
		覆土植生穩定	臨時性措施
地表水	污染物隨地表水擴散	地表截排水導流	長期性措施
煙道外煙道渣	煙道渣隨地表逕流擴散	外露煙道渣清理、煙道破口封閉	急迫性行動
煙道內煙道渣	煙道渣隨雨水沖刷流出	煙道破口封閉	臨時性措施
煙道坍塌崩落	崩塌後煙道渣隨地表逕流擴散	煙道拆除	長期性措施
建物結構坍塌毀損	房舍倒塌、混凝土掉落	建物安全性評估與修繕維護	長期性措施
土石流、山崩與地滑	地質災害	坡地保育及溪流治理	長期性措施

　　本場址經主管機關多次函文指示應納入在地民眾與各級政府所反映的意見與期待，經整體評估考量場址內遺留之眾多廠房建物均屬於臺灣礦業發展史中重要之文化資產遺跡，極具文化保存意義與潛在之觀光價值，另考量重金屬污染物之移動性及侷限性、環境區位風險危害特性、執行各項工程整治技術方法之適宜性及可行性，以及社會整體利益與環境限制條件，並參考國外案例做法，擬定本場址主要之整治方案為：依據土污法第24 條第 4 項之規定配合場址各分區土地利用方式，規劃採行適宜的風險

管理措施，進行各項污染控制以避免污染擴大，即藉由阻絕土壤食入及皮膚接觸等暴露途徑，經風險管理後，關切受體於受限土地利用情境下的總風險為可接受之風險。主要採行之風險管理措施原則（S-P-R）建議如下：

1. 污染來源阻絕

對於污染物濃度明顯異常偏高或經評估環境釋出性相態較高之物質，建議採行少量清除移除高危害性污染物或於地表施作水泥鋪面完全圍封阻隔，以阻絕污染來源之風險。

2. 污染傳輸途徑阻絕

場址內經評估暫時未做為土地開發利用需求的區域，若為裸露之地表，建議採取植生穩定技術，原則上於整平地表及設置必要之截排水設施系統後，於地表覆蓋 30 cm 之乾淨土壤以與受污染土壤阻隔，避免土壤污染物裸露。乾淨土壤上方可於施工後先行覆蓋稻草蓆或植生毯，同時灑播草種以避免土壤受雨水沖蝕流失，待當地原生草本或木本植物自然演替繁衍後，即可形成良好之植被穩定覆蓋化設施。亦可考量當地環境適宜性評估栽種具重金屬耐受性之植物。

3. 受體保護

考量場址未來若開放部分區域施作步道供民眾參訪發展觀光活化利用，建議需限縮人員行走空間，可透過舖設地磚阻隔裸露土壤或以離地高架步道方式阻絕與裸露土壤接觸，並透過設置欄杆和綠籬做為緩衝帶等方式阻隔行經人員進入鄰接區域。隧道段則尚需考量隧道結構安全、裂縫修繕、滲水導排水設施，搭配施作污染物阻絕設施，並定期監測隧道安全。

茲因本場址後續全區之土地利用開發之整體規劃構想，須由土地所有人與地方政府達成共識，並取得地方民意之認同，尚難於短期內即予確立，故對於已取得各方一致性同意可優先辦理土地利用作業之水湳洞停車場及本山六坑台車步道路線，規劃將朝向低度利用部分土地及恢復部分既有通行路徑之概念方向辦理整治作業，以期可於最短時間內同時達成符合地方觀光發展期待及確保健康風險無虞之目標。

　　至於場址內其他規劃融合歷史建築和文化景觀保存之區域則考量現階段尚無土地利用具體規劃內容，且未來實質興建開發及營運管理之責任主體未明，則依據第二章所述的作業原則附表明定之三大類土地用途及新北市政府函文所提出之場址土地利用建議方案，暫以本場址未來可能之文化資產保存及景觀保存等戶外遊憩土地用途使用情境試算其健康風險，並以清理地表污染物、減緩污染物流布擴散影響及阻絕污染物暴露途徑之原則規劃整治作業方式，且維持現行阻絕關切受體食入及皮膚接觸土壤中重金屬污染物之管理方式。若未來土地開發利用用途與現階段評估設定情境或其預期之風險變動情形與本計畫有較大之差異，再另行依規定辦理污染整治計畫變更。

　　本場址依前述概念方向所提出之土地分區再利用初步構想如圖7-35，共計分為 4 個區域，分述如下。

1. A 區：考量本區域目前由台電公司租用予新北市交通局做為水湳洞停車場、公車接駁站及計程車招呼站使用，且設有公共廁所與管理室，全區地表皆覆有 10 cm 厚之水泥混凝土及柏油鋪面，已可有效阻絕土壤污染物之暴露途徑，在未來土地利用規劃上建議維持目前低度利用之方式，並可考慮增加土地使用之彈性，如做為臨時假日市集或相關展演活動辦理之場地。此區域與鄰近區域已設置圍籬有效阻隔人員進入鄰接區域之可能性。

2. O 區：本區域係指穿越場址南側廢煙道區並連結至本山六坑平台及斜坡索道之步道路徑，在土地利用規劃上主要係考量可連結場址北側與南側之間許多珍貴的礦業遺跡及在地民眾對於場域開放之殷切期盼，惟因多數歷史建築所在區域土壤污染程度較高且涉及較為複雜之文資審議程序等之限制，故建議先行以高度空間管制及限縮人員行走空間之穿越性步道做為主要土地利用型式，希冀可同時兼顧文資場域開放、觀光導覽、環境教育及風險控管等目的。本區域步道路徑在過去濂洞煉銅廠營運期間即做為台車車道使用，且在本場址尚未經環保單位公告列管前，已做為當地居民或登山遊客常年行經之通道，其中並

圖 7-35　本場址後續土地分區再利用構想規劃（臺灣電力股份有限公司及臺灣糖
　　　　　業股份有限公司，2024）

　　包含兩處隧道，有關隧道內步道設置之規劃請參考圖 7-36 之說明。另
　由於本區域土地多數均屬國有財產署所有，故後續仍待國有財產署及
　新北市政府等有關單位進一步商議協調可行之作法後，方得實質推動。

3. 歷史建築保存區：本區域係整併場址北側十三層選煉廠及其周邊區域
　之範圍，考量此些區域內多數均有歷史建築且土壤污染程度高且環境
　複雜，多數區域並屬新北市文化局水湳洞選煉廠歷史建築之公告範圍

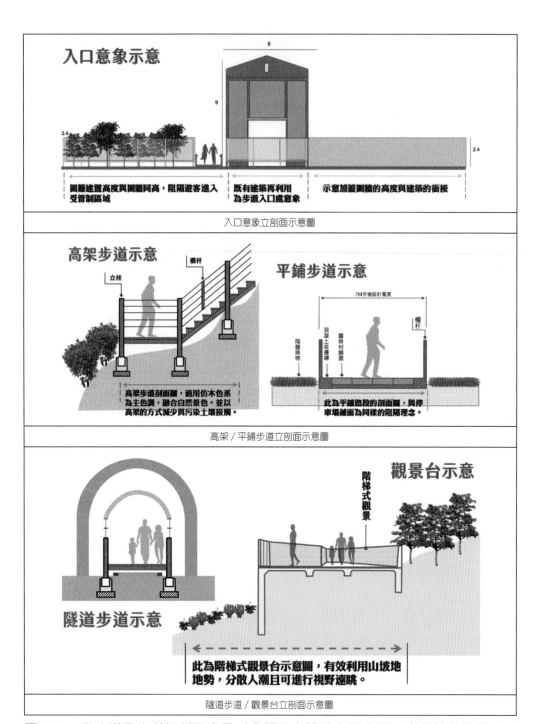

圖 7-36 登山導覽步道規劃示意圖（臺灣電力股份有限公司及臺灣糖業股份有限公司，2024）

內，故在後續土地利用規劃上現階段建議應維持現狀，除持續營造「點亮十三層遺址」活動展現其歷史建築之風貌外，不做其他用途，以利文資保存。後續若外界有其他土地開發利用構想，未來由土地租用人辦理開發及營運作業。

4. 景觀保存區：本區域係整併場址南側廢煙道區與本山六坑平台周邊區域，考量此區範圍地勢陡峭且廢煙道區周邊土壤污染程度高，全區並屬新北市文化局廢煙道文化景觀之公告範圍內，故在後續土地利用規劃上建議應維持現狀，避免大面積之開發行為，以利於山坡地保育、景觀保存及污染擴散控制。

惟各分區未來實際之土地利用開發規劃仍待與地方主管機關綜合文化資產保存、土地分區使用、水土保持、觀光發展、人員安全等面向討論後，依相關法令規定審議通過後再行分區執行。

如第二章所述，本場址的整治目標之訂定為依據「污染場址分區改善及土地利用作業原則」第 2 點及附表之規定，本場址未來之土地利用行為因符合附表展演集會、戶外遊憩等涉及社會大眾利益且土地開發利用行為單純之用途，須採行阻絕大部分暴露途徑之風險管理措施，以達到避免民眾暴露的目的，因此宜採取較嚴格之規範以避免個案造成之不確定性，規範評估結果之致癌風險須小於 10^{-6}、非致癌風險須小於 1。

亦即依據法令規定，本場址未來開發利用特定之土地用途時，需規劃採行適宜之風險管理措施，並以關切受體之致癌總風險小於 10^{-6}、總非致癌危害指標小於 1 為整治目標。

7.1.6 總結

針對固化或穩定法，目前國內已有多項整治實績，並廣泛應用於我國有害事業廢棄物處理。惟目前針對土壤固化物並未訂定相關處理標準或規範，故實際運作時多比照廢棄物處理方式辦理，於固化污染物後，將其運送至事業廢棄物掩埋場進行分區掩埋，如前述之案例三所提之方式。針對

案例二之部分，雖然爲現地穩定法，然非直接針對污染物，僅針對可能導致污染物溶出之介質（土壤）進行藥劑施作，降低污染物溶出之可能性。

　　一般而言，若欲於現地進行施作，須考慮土壤特性、土壤顆粒大小、含水量、土壤密度、滲透性、自由壓縮力，以及重金屬、硫酸鹽與有機物濃度，因此針對場址需進行完整的調查。另外，方法的使用限制尙包含環境條件可能影響長期固定之污染物質、增加最終產物的體積、部分污染物於固化或安定化過程呈現不穩定狀態、需長期監測產物穩定程度等。此外，若爲現地施作，因實際污染物總量並無減少，導致於進行控制或整治計畫書審查時，常無法有效進行合理性說明，故鮮少於現地直接針對污染物進行使用。

　　此外，於現地使用穩定／固化法亦可能造成污染物擴散，若爲避免污染擴大，施工前可選擇搭配圍封技術，例如依據污染範圍調查結果，於污染邊界進行圍封作業，如鋼板樁設置等（前述案例二所搭配使用之工法），並且進行邊界監測井設置與定期監測，即可掌握改善前、中、後之環境狀況，減少污染物擴散可能性。

7.2 國外場址案例介紹

7.2.1 簡介

　　如第三章所述，穩定／固化主要依賴添加試劑與土壤之反應，減少關切污染物之移動性。「穩定」一詞在英語系國家常指的是藉由化學穩定物質固定污染物。另一方面，「固化」則是將土壤或廢棄物進行改良，將污染物包覆於固化的基質中。而在歐盟，無論是利用上述穩定或固化的方式，皆使用「固定」（immobilisation）形容降低污染物的移動。

　　穩定／固化技術最初是發展作爲有害廢棄物掩埋前之處置，然而於近年已被廣泛應用於污染土壤整治技術，尤其是在美國和英國，常使用於處理有機物和重金屬污染。但是，大多數已知案例都是利用水硬性黏合劑

（例如水泥）進行固化，當利用水泥基質配方處理受污染土壤時，常導致土壤凝固成混凝土，降低污染土壤之可重複使用性。此外，伴隨之化學反應（例如 pH 升高）亦可能將導致地下水水質惡化，最終常需使用高劑量的水泥（10%w/w 或更多），導致費用、質量和體積增加。於理想狀態下，土壤固定技術應為添加少量試劑，產生有限或可控制之影響，減少後續對於環境之衝擊，最終目的則希望使得土壤或廢棄物能夠循環再利用。

　　以下將分別藉由比利時之酸焦油工廠及英國奧運場館之場址，進行相關整治工法說明。

7.2.2 案例一：廢棄焦油廠

　　酸焦油是油品通過發煙濃硫酸之化學精製過程產生之殘留物。當發煙濃硫酸添加至油品時，可移除油品中的雜質和重油，經由焦油傾析（decantation）後，利用富勒土（Fuller's earth）將油品過濾，即可除去殘留的焦油和酸性物質。上述油品精煉製程於 20 世紀初期與中期廣泛被應用，當使用上述製程進行煉油時，常將殘留物質（包含酸焦油及富勒土）傾倒於鄰近潟湖內，導致鄰近土壤與地下水遭受污染。

　　本場址位於比利時之里姆（Rieme），沿著根特（Ghent-Terneuzen）運河，可以發現三個先前傾倒酸焦油之潟湖。酸焦油主要來自於生產白色藥用油之製程，其組成亦隨著生產與存放時間而略有不同。其中，最大的潟湖面積約為 2 ha，焦油存放的時間則可追溯到第二次世界大戰之前。另外兩個潟湖面積約為 0.5 ha，則含有低黏度的焦油。依據調查結果，發現三個潟湖總計儲存超過 200,000 噸污染物。

　　由於潟湖底部並無防水內襯，導致該區域土壤與地下水污染嚴重。因此，第一階段整治作業為污染源移除。然經評估離場處理方案後，包含水泥窯焚化或掩埋等，經評估後最終決定將移除之污染物於現場進行污染改善，包含移除潟湖的所有內含物、針對焦油進行穩定和固化，最後則將穩定後的物質圍封於潟湖範圍。

　　如上所述，本場址污染改善作業主要分為三個階段，第一階段主要為設計與前導試驗，第二階段則為全場污染改善參數調整，第三階段則為全場改善，主要污染改善流程如下：

一、考慮潟湖內尚有未爆彈及高濃度二氧化硫，因此，將採用乾式開挖工法；

二、針對場址污染物種類與特性，設計混合化學試劑並建造合適作業設施，以利進行後續穩定與固化作業；

三、設計與建造合適水處理設施，以利後續處理潟湖之地面水及地下水污染物；及

四、建造與設計圍封區域，以利後續存放穩定／固定化物質。

　　酸焦油主要組成包含重質磺化油及高含量硫酸，但其形態可能因碳氫化合物、硫酸與水分比例不同，可能為低黏度油（液體）或堅硬易碎的玻璃狀煤（固體）。當焦油中的硫酸濃度介於 1～10%（w/w）時，因二氧化硫蒸氣壓較高，於改善作業進行時可能導致二氧化硫釋出逸散。因此，針對不同類型之酸焦油需研擬不同的處理方式，而常見之第一步驟皆為進行化學中和。本場址潟湖填充物總量約為 170,000 m^3，其中液體焦油約占 40,000 m^3，固體焦油約為 40,000 m^3，富勒土約為 20,000 m^3，底部污染土壤約為 70,000 m^3。此外，於水處理過程中亦將產生約 10,000 m^3 的廢棄物，此部分物質於完成固化後，亦將於現場進行圍封。

　　第一階段改善作業於 2004 年開始執行，上半年以實驗室之瓶杯試驗為主，主要作業為調整處理焦油與水處理設施之試劑比例，下半年則為先導試驗。此外，為評估該區域之潛在未爆彈位置，亦進行歷史資料研究，釐清未爆彈區域並進行開挖。針對無法確認之區域，則被認定存有潛在危險，於開挖前將先利用地球物理探測方式進行確認並移除。綜整瓶杯試驗成果，可得到以下重要結論：

一、針對潟湖中不同物質（包含液態、糊狀或固態之酸焦油、富勒土地及受污染的土壤），藉由調整添加劑比例（主要使用四種不同試劑），即可得到不易溶出且耐受度高之固體物質。

二、水處理主要利用石灰進行酸中和並產生硫酸鹽沉澱，接續使用活性碳吸附水中有機物質。此外，其他水處理技術亦已一併進行評估，包含化學氧化（UV 與 Fenton 試劑或臭氧）和生物降解，皆已被證實無法有效處理污染水體。

三、由於固體酸焦油中的二氧化硫排放量非常高，於開挖、搬運及處理過程時需特別注意。因此，處理時需於密閉且負壓之環境，抽出之氣體亦需進行濕式洗滌。

　　先導試驗主要涵蓋兩個部分，首先針對不同污染物質選取合適的設備並減少排放量。其次，評估各種水處理技術並估算實際運作時之困難度，以利後續掌握營運成本。

　　第二階段改善作業於 2005 年開始，主要工作為酸焦油處理廠建置（藉由第一階段成果，預處理 1,000 公噸之潟湖開挖物質，並且調整處理試劑比例。同時，針對需要進行開挖、運輸及改善之區域，評估合適處理方式與設備，以利後續全場整治作業進行。

　　於完成處理場之試劑比例調整後，先進行潟湖 2 開挖及相關整治作業，隨後進行潟湖 1 之整治作業。處理完成之焦油先放置於處理場左側之臨時暫存區，直至潟湖 1 與潟湖 2 完成整治後，最終則轉移至圍封區域進行存放。於完成 2 個潟湖開挖後，受污染的底土將一併於處理場進行處置。於已完成整治之潟湖區域右側，先進行第一部分圍封設施建置，以利存放從潟湖 3 挖出處理後之物質。經整治後潟湖 3 覆蓋石灰漿，藉以減少或停止二氧化硫的排放。潟湖 3 處理完成後之物質則現場圍封處理。潟湖 3 之現場整治工作已於 2009 年中完成。

　　針對酸焦油與其他潟湖污染物（富勒大地和受污染的土壤），主要利用穩定／固化法進行改善，為確保長期的穩定性和耐久性，經過處理的物質必須符合嚴格的地工與化學性質標準。需特別注意的是處理後物質之體積增加情形，將限制混合配方中添加劑的數量。表 7-9 與表 7-10 分別列出於執行過程中需符合之土壤力學與化學性質之標準與規範，避免處理後之產物體積增加與污染物持續溶出。

表 7-9

	Unit	Average obtained value	Objective
主要土壤力學準則			
Volume increase	%	25	< 30
CBR	%	14-50	> 11
Compressibility modulus	MPa	15-80	> 11
Hydraulic permeability	m/s	10^{-10} to 10^{-8}	< 10^{-7}
Ageing strength loss	%	< 10	< 15

表 7-10

	Unit	Initial value	Average obtained	Maximum
主要化學性質準則				
pH		0-3	10-12.5	4-13
Water soluble part	% on dry matter	5-20	1-4	10
DOC	mg/l	3000-28000	35-150	90% reduction

　　參考先前不同場址之改善經驗，常因試劑配方設計不良，導致酸焦油穩定工法失效。一般常用石灰作為酸鹼中和與固定之添加劑，其成效通常較短，而非長期耐久性，因此常導致廠商不願意使用穩定／固化工法進行酸焦油污染改善，轉而選用離地焚化方式作為改善方案。於本次提及案例中，基於保守的土壤物性、化學性質規範及實驗室規模的現場試驗，透過針對酸焦油所研發的混和配方，可產生通過驗證的穩定及耐用產物，足以取代其他價格昂貴的離場污染改善工法，有利於後續推廣使用。

7.2.3 案例二：廢棄工業用地

　　英國政府選定倫敦東側之工業用地作為 2012 年奧運場地，該區域雖因幾個世紀之工業活動，導致大範圍土壤與地下水的污染，然而如何使得

該場址活化再利用，並可供未來永續使用，成為英國倫敦被選定為奧運主辦國之重要關鍵因素。本場址選定工法包含土壤淋洗、生物整治、穩定／固化、熱脫附，以及疏砂與底泥整治，主要目標為藉由現場改善工法降低廢棄物產生，並可使得土壤再利用。

規劃之初整治場址面積總計 270 ha，其中河流和運河縱橫交錯，已積極進行污染改善和奧運會場地建設工程。整治初期預估約有 250 萬噸土壤將被轉移至場址內，其中 150 萬噸需要進行污染改善作業，改善工作當時規劃於 2009 年初完成，藉時將約有 100 萬噸的土壤需利用水洗處理。土壤水洗作業已於 2007 年 6 月開始，並且於水上運動中心預定場地設置 1 座土壤水洗工廠，約 35,000 噸被重金屬和碳氫化合物污染的土壤已完成處理。

南部場址整治作業於 2007 年 11 月開始進行，並將建造一座土壤處理中心，此中心包括土壤清洗、生物復育和穩定／固化廠等 3 個可移動廠區。土壤清洗區每小時可處理土量高達 250 噸以上，每週約 12,000 噸。此外，符合場址再利用標準之乾淨礫石與沙子，則可應用於場址設施建造。於 2008 年以前，該土壤處理中心已完成該場址整治作業，以利進行體育場及其他比賽設施建造，總共將處理超過 600,000 噸受污染的土壤。

已知的土壤穩定過程多利用水泥將污染物包裹起來，將導致土壤性質劇烈變化，以致無法重新利用。另外，使用水泥時亦增加土壤的 pH 值，雖然可減少某些污染物之溶出，如銅等，然於土壤有機物質分解過程中，將導致氨產生。此外，當使用水泥進行穩定／固定化作業，其整治費用將取決於水泥的價格。

為了克服上述問題，對於無法清洗或生物復育的土壤，將不使用水泥，而是依據污染物特性，使用不同添加劑，以降低相關污染物的溶出，符合溶出標準規範。因此，該方法主要著重於減少污染物與添加劑接觸，與傳統添加水泥之穩定／固定方法相比，其優點包含：

一、因針對特定污染物進行改善，所以需要的添加劑較少，僅為幾個百分比即可，而非使用水泥時之幾十個百分比；

二、使用時土壤性質不會改變，因此應用時較爲簡單；

三、處理過的土壤不易遭受風化。

四、整治費用較爲便宜。

土壤處理時是在相對簡單的混合設備中進行。截至 2008 年 10 月爲止，已完成處理 6 萬噸土壤。

本場址土壤污染物包含重金屬，碳氫化合物，硫酸鹽，氰化物等，固定化處理的主要目的爲降低污染物之水溶性，減少溶出至地下水而導致污染物擴散之風險，於使用該添加劑進行整治時，其污染物溶出可降低至超過 90% 或甚至低於儀器偵測極限以下。

7.2.4 案例三：廢棄物掩埋場

該場址位於新墨西哥州阿爾伯克基（Albuquerque），於 1959 年設置，爲一混和廢棄物掩埋場，包含桑迪亞國家實驗室（Sandia National Laboratories）產生之低放射性核廢料與混和廢棄物。該場址接收低階核廢料之時間爲 1959 年 3 月至 1988 年 12 月，總計約有 30,480 噸。該場址提出之覆蓋設計方式參考 RCRA Subtitle C，該規範主要目的爲藉由減少廢棄物與水接觸所產生之滲出水形成、降低維護成本及保護人類與環境之安全。

經考慮特定場址條件，於符合規範之內涵下，美國環保署亦接受覆蓋之替代設計，例如由厚層之原生土壤作爲混合廢棄物掩埋場的封閉路徑，該設計主要依賴土壤厚度與蒸發散作用，提供設施可進行長時間運作與穩定，因主要材料爲原生土壤，故費用較爲經濟亦方便維護。該覆蓋方式特性爲：(1) 減少水分的遷移，(2) 整體式土壤層可顯著的降低維護成本，(3) 沖蝕控制措施可最大程度地減少覆蓋物沖蝕流失，(4) 柔軟的設計可以適應後續的沉陷，以及 (5) 覆蓋層之滲透性小於或等於原生底層土壤。此替代方式亦包括一組入滲監測系統，該系統包括基線中子探針通道和先進的分布式光纖。此監測系統亦伴隨著通氣層監測，直接設置於掩埋場下方。

淺層通氣層監測系統涵蓋 3 組中子探針進入孔，深度可達地表下 43.28 m。本質上，此套涵蓋覆蓋層與淺層通氣層之監測系統，當其偵測到對於地下水之可能威脅，如污染物洩漏，即會發出預警，可供管理單位擬定矯正行動，避免污染物持續移動或擴散。藉由此套簡單與低成本之監測系統，除可保護地下水資源，亦可保障設施長期運作功能。

7.2.5 總結

於上述案例中，可知目前針對污染物之穩定 / 固化已經可在無使用水泥的情況下進行操作，並且已成功於不同場址得到驗證，不僅為後續場址提供不同添加劑之選擇，針對其他無法利用常規技術處理（如水洗、生物復育、熱脫附等），而需要進行土壤離場處理之場址，亦提供其他可能改善工法。於倫敦奧林匹克場址整治時，即通過上述工法，達成 90% 以上土壤回收再利用之目標。此外，該添加劑適用於大多數類型的土壤，甚至於礦物廢棄物（富勒大地），將使得穩定 / 固定工法可有效於現場進行應用。

附錄A　模擬分析案例

陳瑞昇、戴永裕、徐彥溥、郭映彤

A.1 場址案例背景（環境部，2020b）

　　此案例包含 A 與 B 場址，兩場址距離約 200 m，因具有相同污染物種類，故將 2 處場址一併納入評估範圍中，場址詳細資訊如表 A-1 及圖 A-1。

　　A 場址目前為學校，鄰近工廠過去主要產業為紙業、窯業及玻璃製品相關產業，主管機關自 2000 年起針對學校內監測井（K00001，之後因異物阻塞而廢井，於 2014 年原地點旁另設 K00284 監測井）進行地下水調查。自 2006 年起對 K00001 進行揮發性有機物檢測作業，持續檢出該監測井地下水中三氯乙烯濃度超過第二類地下水管制標準。民國 2011 年經主管機關辦理地下水查證作業，公告學校為地下水受污染使用限制地區。2012 年 2 月 29 日重新公告為地下水污染控制場址及地下水污染管制區。由於後續發現學校地下水中順 -1, 2- 二氯乙烯超過管制標準，因此於 2013 年 3 月 4 日修正公告地下水污染控制場址及地下水污染管制區（污染物增加順 -1, 2- 二氯乙烯）。本場址因辦理地籍圖重測，2019 年 12 月 20 日修正公告 A 場址土地為地下水污染控制場址及地下水污染管制區。

　　B 場址為道路路口。2012 年主管機關為瞭解學校旁是否有其他污染來源，並確保當地居民用水安全，因此針對學校附近地下水污染進行查證，設置 4 口監測井，其中 K00237 檢出三氯乙烯 0.152 mg/L，達地下水污染管制標準（0.05 mg/L）的 3.04 倍，順 -1, 2- 二氯乙烯 1.47 mg/L 達地下水污染管制標準（0.7 mg/L）的 2.1 倍，於 2015 年 7 月公告為地下水污染控制場址及地下水污染管制區。本場址利用「土壤及地下水污染整治網」健康風險評估模擬工具計算致癌風險值與非致癌風險值皆高於可接受風險。

■ 表 A-1

場址基本資訊		
場址名稱	A 場址（學校）	B 場址（道路）
面積(平方公尺)	8,928.83	382.08
列管項目	地下水： 三氯乙烯：0.133mg/L 順 -1,2- 二氯乙烯：0.628mg/L	地下水： 三氯乙烯：0.152mg/L 順 -1,2- 二氯乙烯：1.47mg/L
是否已確認污染 行為人	否，未確認的原因：污染源不明確	否，未確認的原因：污染源不明確

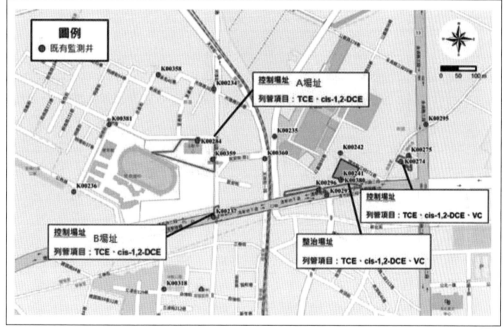

圖 A-1　場址位置圖

A.2 污染說明

　　由土壤及地下水資訊管理系統中查詢學校附近歷史（2018～2020 年）地下水監測資料，包含 K00234、K00235、K00236、K00237、K00284、K00295 及 K00381 等七口井的監測數據可得知，三氯乙烯持續在 K00284

監測井中被檢出，其濃度範圍在管制標準（0.05 mg/L）上下變動；K00237 監測井亦持續測得高濃度三氯乙烯與順 -1, 2- 二氯乙烯，2016～2020 年關切污染物監測數據彙整於表 A-2。

■ 表 A-2

監測井井號	採樣日期	順 -1,2- 二氯乙烯（mg/L）	三氯乙烯（mg/L）
		場址鄰近監測井關切污染物 2018～2020 年監測數據	
K00234	2019.08	0.00217～0.00837	ND
	2019.05	0.00768～0.00821	ND
	2019.04	0.00643	ND
	2018.12	0.00925	ND
	2018.08	0.0055	ND
K00235	2019.08	0.00666～0.00703	ND
	2019.05	0.00353～0.00571	ND
	2018.12	0.00609	ND
	2018.08	0.00557	ND
K00236	2019.08	ND	ND
	2019.05	ND	ND
	2018.12	ND	ND
	2018.08	ND	ND
K00237	2020.08	**1.46**	0.0192
	2020.02	**1.45**	0.0327
	2019.09	**0.993**	0.220
	2019.08	ND～**1.01**	ND～0.2235
	2019.05	ND～0.01972	ND～0.00720
	2019.04	0.666～**0.864**	0.1898～0.258
	2019.01	0.0426	0.0113
	2018.08	0.00697	0.0019

■ 表 A-2

		場址鄰近監測井關切污染物 2018～2020 年監測數據（續）	
	2020.08	0.109	0.029
	2020.02	0.262	**0.0512**
	2019.09	0.586	**0.0511**
	2019.08	0.00103～0.359	ND～0.0491
	2019.05	0.2299～0.4390	0.0342～**0.0679**
K00284	2019.04	0.235～0.397	**0.063～0.0655**
	2019.01	0.473	**0.0583**
	2018.12	0.431	**0.0818**
	2018.09	0.625	**0.0677**
	2018.08	0.0524	**0.0586**
	2018.01	0.379	0.0468
	2019.08	0.00096～0.07140	ND
K00358	2019.05	0.00211～0.06580	ND
	2019.01	0.0589	**0.05**
	2018.09	0.0517	0.00507
	2020.02	0.0053	< 0.00100
K00359	2019.01	0.0583	0.00421
	2018.09	0.061	0.00481
	2020.08	0.0189	0.00653
	2020.02	0.0321	0.00267
	2019.09	0.0818	0.01130
K00360	2019.08	0.0576	0.00855
	2019.05	0.0939	0.01137
	2019.01	0.0844	ND
	2018.09	0.0747	ND
K00381	2019.05	ND	ND

註：粗體底線表示超過地下水污染管制標準，三氯乙烯管制標準為 0.05 mg/L，順 -1,2- 二氯乙烯管制標準為 0.7 mg/L。

依據 2015 年度針對學校及鄰近區域地下水調查結果，以及學校地下水上游處針對使用含氯有機溶劑之粉末冶金業公司進行場置性監測井設井及地下水採樣分析作業結果所繪製之污染分布圖（圖 A-2），可看出該公司為此區域污染濃度最高的地區。考量此區域地下水流向為東北向往西南向的調查結果（較偏由正北往南流），且於學校 K00284 監測井上游處往北側仍有運作中造紙工廠，往東側則有已公告使用含氯有機溶劑之粉末冶金業之公司，因此於學校北側及西側新設監測井（K00358、K00359、K00360），本計畫嘗試建立可能的污染連結與掌握學校污染來源及確認污染範圍，新設監測井於 2018 年 9 月執行地下水採樣，結果顯示 K00358 及 K00359 測得微量三氯乙烯，濃度約 0.005 mg/L，K00359 檢出順 -1, 2-二氯乙烯濃度為 0.61 mg/L，接近管制標準。

圖 A-2 學校鄰近區域地下水污染濃度分布圖

綜合以上資料，針對場址提出之工作假說（working hypothesis）如下：

- 根據鄰近鑽井調查結果，本場址所在位置地表下 15 m 為全新世水平沉積地層不整合覆蓋在 5 m 的晚更新世階地礫石，而階地礫石不整合蓋在 20 m 深之更新世微傾斜（約 < 10 度）頭料山層（膠結不良砂泥岩互層）之上（如圖 A-3）。全新世沖積層層界通常為次水平，但因受陸相河流作用影響，砂泥側向變化快速（幾百公尺就可以有沉積相變）。

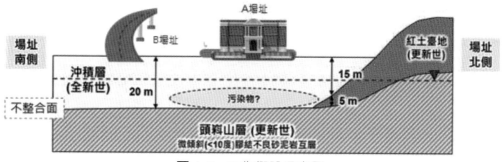

圖 A-3　工作假說示意圖

地表下 15 m 與 20 m 不整合面為侵蝕面，因此起伏變化可能較大。而更新世頭嵙山層因微傾斜，有些地方會是極低滲透係數之泥層，有些地方滲透係數可以像細砂一樣高。

- 污染分布情形受污染物特性影響及地質分層影響，重質非水相液體（DNAPL）可能受土壤孔隙及毛細作用影響其移動路徑。

- 本場址無三氯乙烯之使用紀錄，故參考周邊具相同污染物之污染場址推測，其主要污染來源可能是經由某處地表向地表下洩漏，並透過地下水流將污染物擴散至本場址。

A.3 工法評估說明

　　本分析工作以環保署地下環境模式平台 TWESMP 所提供的場址資訊管理工具建立水文地質模型，以變飽和流模式 HGC 模擬地下水流場，並耦合地化反應傳輸模組模擬含氯有機物傳輸分布狀況與整治工法效益評估。

　　於建置場址概念模型前，需彙整地質鑽探、地層構造、地下水水位、地表水文（降雨補注、河流、湖泊、濕地等）、含水層特性（水力傳導係數、孔隙率、延散度等）、抽水井與補注井（位置、開篩深度、抽／注水流量等）、地下水質監測資料等背景資料。再依據水文地質特性將調

查數據轉換為模式輸入參數，如界定地質材料分布資訊、模擬範圍、模型網格、邊界條件等，利用 TWESMP 中的場址資訊管理工具建立場址概念模型。再搭配 TWESMP 介面（整合幾何網格生成器、化學反應資料庫、材質參數資料庫）產生與執行地下水數值模式。

一、地下水流場模擬

1. 地下結構物干擾評估

場址附近區域民宅及工廠林立，且鄰近路橋及地下道，然前述既有建物之地下結構物可能造成局部地下水流向改變。依據交通部公路總局第二區養護工程處全國橋梁基本資料表，同時比對地電阻測線結果顯示，路橋橋墩及地下道箱涵深度均小於 6 m；而附近民宅及工廠多為 5 層樓以下建物，若假定地下室最深為地下 2 層，每層樓高以 3 m 計，則地下結構物最深深度為 6 m。相較本區域地下水水位（約地表下 4～6 m）交界範圍小，故推測本區既有建物的地下結構物不致影響地下水流場。

2. 模擬範圍及邊界設定

場址地下水流模式模擬範圍如圖 A-4 所示，其模擬邊界係人為圈定邊界，並將東西南北四個模擬邊界設定為定水頭邊界。模擬範圍涵蓋 A 與 B 場址鄰近區域，面積約 0.78 km^2，東西寬約 0.95 km，南北長約 0.82 km，模擬深度達滯水層，垂直深約 25 m。

3. 地質概念模型

經蒐集彙整中央地調所執行之水文地質鑽探以及 9 口地質鑽探資料，以 TWESMP 的場址資訊管理工具進行繪製，基於空間計算複雜度與模式運算效能作雙重考量，為了不失去本區域水文地質特性，並保留模式複雜度，綜合上述調查資料，將本場址區域地層概分為 6 層：(1) AC 或 RC 舖面，(2) 回填層，(3) 砂質粉土，(4) 中細砂，(5) 礫石夾砂、(6) 泥質砂岩，地質概念模型建置結果如圖 A-5 所示。

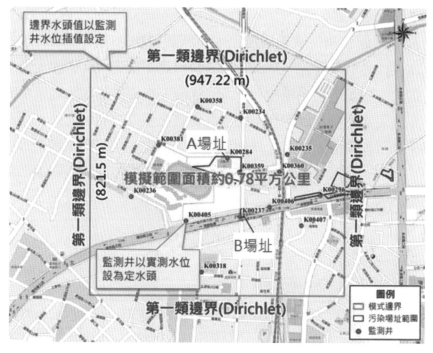

圖 A-4 場址地下水流模式模擬範圍及邊界設定

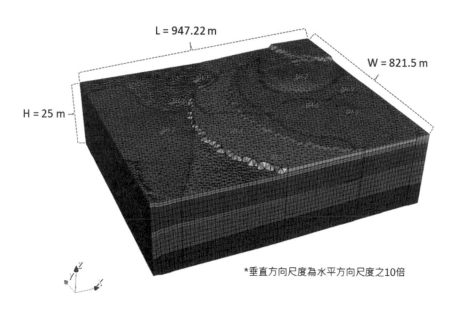

圖 A-5 場址三維地層概念模型

4. 地下水流模擬型態

依據水位觀測執行成果顯示，本區域於豐枯水時期之地下水力梯度與地下水流向無明顯變化，為減少輸入資料之不確定性（例如：儲水係數等），因此本場址先藉由穩態（steady state）模擬做為初始地下水流模擬型態，以檢定邊界條件設定與水力傳導係數之空間分布。此外，長期水位監測結果顯示模擬範圍內有人為抽水行為，故蒐集場址周圍地下水權井基本資料，再導入暫態（transient state）地下水流場模擬，相關抽水井基本資料彙整於表 A-3。

■ 表 A-3

<table>
<tr><td colspan="8" align="center">場址鄰近地下水權井基本資料</td></tr>
<tr><td rowspan="2">水權井</td><td rowspan="2">簡稱</td><td colspan="2">座標位置（TWD97）</td><td rowspan="2">井深
（m）</td><td rowspan="2">濾水管
位置（m）</td><td rowspan="2">核定總
量（m³/d）</td><td rowspan="2">模式抽水量
設定（m³/d）</td></tr>
<tr><td>X</td><td>Y</td></tr>
<tr><td>臺灣菸酒 #1</td><td>TTL_01</td><td>237313</td><td>2731912</td><td>36</td><td>20</td><td>518.4</td><td>103.7</td></tr>
<tr><td>臺灣菸酒 #2</td><td>TTL_02</td><td>237351</td><td>2731890</td><td>84</td><td>20</td><td>518.4</td><td>103.7</td></tr>
<tr><td>造紙廠 #1</td><td>KYP_01</td><td>237609</td><td>2732227</td><td>50</td><td>10</td><td>366.9</td><td>73.4</td></tr>
<tr><td>造紙廠 #2</td><td>KYP_02</td><td>237561</td><td>2732280</td><td>50</td><td>10</td><td>366.9</td><td>73.4</td></tr>
<tr><td>電子工廠 #1</td><td>Greatek_01</td><td>238107</td><td>2732010</td><td>300</td><td>100</td><td>281.9</td><td>56.4</td></tr>
<tr><td>電子工廠 #2</td><td>Greatek_02</td><td>238164</td><td>2732288</td><td>200</td><td>122</td><td>799.2</td><td>159.8</td></tr>
</table>

註：模式抽水量設定以核定總量之 20% 估算。

5. 模式網格設計

本場址採用局部加密的三角柱網格，水平向網格之大小設定為邊長 50～60 m，垂直向網格之大小設定為 1.5 m，總計 25,454 個節點及 9,764 個有效網格，並針對重點區域（地質鑽井、監測井、抽水井、整治工法等）進行局部網格加密，最小網格面積約 3.6 m²，網格劃定如圖 A-6 所示。

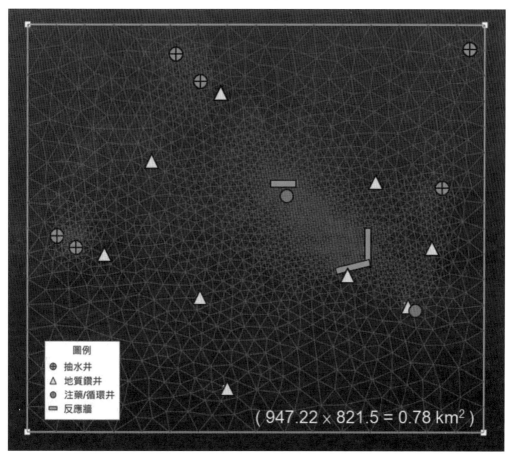

圖 A-6　場址模式網格分布圖

6. 水文地質參數設定

　　本次模擬參考現地調查資料與相關文獻資料（Freeze and Cherry, 1987），並經由模式模擬與校正，於模式中設定中細砂之水平向水力傳導係數為 1.0×10^{-1} m/d，礫石夾砂之水平向水力傳導係數為 1.0×10^{1} m/d，砂質粉土之水平向水力傳導係數為 1.0×10^{-3} m/d，泥質砂岩之水平向水力傳導係數為 1.0×10^{-5} m/d，各層垂直向水力傳導係數設定為水平向水力傳導係數之 1/10 倍，詳細參數設定如表 A-4 所示。

■ 表 A-4

場址地下水流模式參數設定			
項目	設定值	單位	資料來源
模擬區域大小	947.22×821.50	m²	人為圈定邊界
水平向水力傳導係數	中細砂	1.0×10^{-1}	m/d	1. 微水試驗作業實測資料，詳見 2. Freeze and Cherry（1987） 3. 模式校正結果
	礫石夾砂	1.0×10^{1}		
	砂質粉土	1.0×10^{-3}		
	泥質砂岩	1.0×10^{-5}		
垂直向水力傳導係數	中細砂	1.0×10^{-2}		
	礫石夾砂	1.0×10^{0}		
	砂質粉土	1.0×10^{-4}		
	泥質砂岩	1.0×10^{-6}		
初始水頭／邊界水頭	3.0～7.9	m	

7. 地下水流模式模擬結果

本次模擬針對場址進行地下水流模擬，並與 13 口監測井水位進行比對與校正，模擬校正結果如表 A-5 所示，監測井之模擬水位判定係數（R^2）為 0.8174，模擬水位與觀測水位間之平均絕對誤差（mean absolute errors, MAE）為 0.388 m，均方根誤差（root mean square error，RMSE）為 0.528 m，符合均方根誤差小於 1 m 之收斂標準。模擬誤差可能來自量測誤差、尺度效應（scaling effect）、內插誤差（interpolation errors）、參數不確定性等。其中尺度效應係指水位通常由長濾水管之地下水井量測，然而三維地下水模式需要的卻是單點水位，以及模式網格內描述之含水層特性為平均值，較難反應小尺度變異造成之水位變化。內插誤差來自校驗值位置與節點不一致，因此估計水位值時，將衍生出誤差。參數不確定性主要來自地質異質性等參數難以掌握。地下水流模擬結果如圖 A-7 所示，本區域地下水流向大致由東南往西北方向，與調查結果相符。

表 A-5

				平均絕對誤差（m）	均方根誤差（m）	
				場址觀測水位與模擬水位比較表		
井名	觀測水位（m）	模擬水位（m）	殘差（m）	平均絕對誤差（m）	均方根誤差（m）	判定係數 R^2
K00234	5.555	5.158	0.397			
K00235	6.767	6.033	0.734			
K00236	7.983	7.221	0.762			
K00237	6.144	6.336	-0.192			
K00284	5.824	5.709	0.115			
K00296	6.654	6.541	0.113			
K00318	6.6143	6.736	-0.121	0.388	0.528	0.817
K00358	2.996	4.335	-1.339			
K00360	6.6207	6.115	0.506			
K00381	5.535	5.47229	0.063			
K00405	6.0888	6.51539	-0.427			
K00406	6.1815	6.30318	-0.122			
K00407	6.3637	6.51532	-0.152			

註：觀測水頭為 2022 年 3 月 30 日實測值。

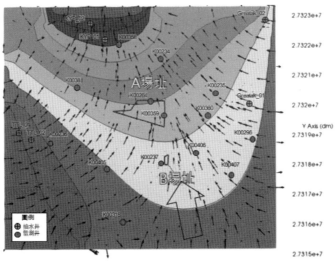

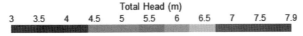

圖 A-7　場址地下水流模擬結果

二、污染物傳輸模擬

1. 指標污染物

　　參考歷年場址污染物調查及監測結果，地下水主要污染物爲三氯乙烯，以及相關降解副產物之順 1, 2- 二氯乙烯與氯乙烯。因此本污染物傳輸模擬之指標污染物選定爲三氯乙烯，模擬指標污染物傳輸與分布情形。

2. 污染物濃度設定

　　參考 2022 年 3 月地下水污染物調查及監測結果，污染物初始濃度以 2022 年 3 月地下水檢測結果作爲初始濃度，以此濃度的數值插值進行設定，各監測井污染物初始濃度設定如表 A-6 所示。爲瞭解污染物最大可能傳輸範圍，本次模擬以定濃度方式模擬在主要污染團未移除時的污染團可能分布範圍，污染物濃度將會在污染物傳輸模擬過程中保持不變。

■ 表 A-6

場址污染物濃度設定			
井名	三氯乙烯濃度（mg/L）	井名	三氯乙烯濃度（mg/L）
K00234	1.00×10^{-6}	K00358	1.00×10^{-6}
K00235	1.00×10^{-6}	K00360	1.00×10^{-6}
K00236	1.00×10^{-6}	K00381	1.00×10^{-6}
K00237	1.00×10^{-6}	K00405	1.00×10^{-6}
K00284	5.67×10^{-2}	K00406	2.72×10^{-2}
K00296	6.72×10^{-2}	K00407	4.71×10^{-1}
K00318	1.00×10^{-6}		

註：三氯乙烯濃度爲 2022 年 3 月地下水微洗井採樣實測值。

3. 污染物傳輸參數設定

　　本次模擬依據模擬範圍尺度的 10% 進行延散度推算，設定縱向延散度（longitudinal dispersivity）爲 80 m，垂向延散度假設爲縱向延散

度之 10%，即垂向延散度為 8 m。另外，土壤乾總體密度（soil dry bulk density）常見的設定參數為 1,000～1,800 kg/m^3，本污染物傳輸模式依照模式校正結果設定土壤乾總體密度為 1,620～2,180 kg/m^3。污染物傳輸參數設定如表 A-7 所示。

■ 表 A-7

址污染物傳輸模式參數設定

項目		設定值	單位	資料來源
初始濃度 / 定濃度邊界	三氯乙烯	1.00×10^{-6} ～4.71×10^{-1}	mg/L	2022 年 3 月地下水微洗井採樣實測值，詳見表 A-7
延散度	縱向延散度	80.0	m	1. Xu and Eckstein (1995); ASTM (1995); EPA (1986) 2. 模式校正結果
	垂向延散度	8.0		
土壤乾總體密度	中細砂	1,980	kg/m^3	1. 劉賢淋（2001） 2. 模式校正結果
	礫石夾砂	2,180		
	砂質粉土	1,810		
	泥質砂岩	1,620		

4. 染物傳輸模式模擬情境假設

本污染物傳輸模式之指標污染物為三氯乙烯為主，依據前述設定條件，模擬污染物傳輸 1,000 天後的濃度變化分布，並做為後續整治工法模擬初始濃度。此外，假設污染物係於單一污染事件進入地下水體，且模擬期間無其他污染來源持續釋出。背景環境條件設定為氧化環境，不利於污染物傳輸模式之指標污染物進行降解，並依保守原則評估可能污染範圍，故假設指標污染物不會發生不可逆降解反應。

5. 污染物傳輸模式模擬結果

三氯乙烯模擬結果如圖 A-8 所示，於 2022 年 3 月執行地下水微洗

井採樣作業，污染物主要分布於 2 處，分別位於場址東南側約 200 m 處（K00407 監測井）檢測出最高濃度（0.471 mg/L），以及 A 場址（K00284 監測井），檢出濃度為 0.057 mg/L。圖 A-8(a) 為初始污染物分布設定；圖 A-8(b) 為污染物傳輸 1,000 天後的污染物分布情形。模擬結果顯示污染物模擬範圍將逐年緩慢向西北擴散，污染物濃度維持高於地下水污染管制標準。

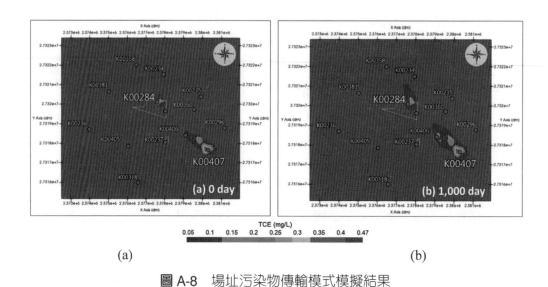

(a)　　　　　　　　　　　　　　　　　　(b)

圖 A-8　場址污染物傳輸模式模擬結果

三、整治工法模擬評估

　　本地下水污染傳輸模式設定以 TWESMP 已開發的整治工法模擬功能進行 3 種整治工法效益評估，並提供相關行政管制策略建議。其中，3 種整治工法分別為生物注藥、垂直循環井及滲透性反應牆（PRB），其中循環井及 PRB 除了整治功效之外，所以有圍封阻絕的功效，模擬情境將考慮污染來源是否移除、生物注藥量、生物藥劑濃度、垂直循環井抽／注水流率及滲透性反應牆厚度等測試條件，以上情境規劃彙整如表 A-8 所示。

■ 表 A-8

場址整治工法模擬情境規劃			
改善方式	整治工法	污染來源	模擬情境
主動式	生物注藥	已移除	情境 1：預設注藥條件
			情境 2：注藥量提升
			情境 3：注藥量、藥劑濃度提升
		未移除	前述測試最佳模擬情境
	垂直循環井	已移除	情境 1：預設抽／注水條件
			情境 2：抽／注水流率提升
		未移除	前述測試最佳模擬情境
被動式	滲透性反應牆	已移除	情境 1：預設滲透性反應牆厚度
			情境 2：滲透性反應牆厚度提升
		未移除	前述測試最佳模擬情境

1. 生物注藥

　　場址三氯乙烯污染主要分布於 K00407 及 K00284 監測井周邊，本地下水污染物傳輸模式假設在三氯乙烯污染來源已移除的情況下，針對污染熱區進行生物注藥工法，分別在 K00407 及 K00284 監測井地下水流上游端設置 2 口注藥井（環保部，2020b）試驗結果進行生物注藥參數條件設定，藥劑種類採用乳化型基質（主成分爲大豆油），假設藥劑反應爲乳酸的緩釋時間爲 15 倍，模擬總時長爲 30 天，參數設定如表 A-9 所示，模擬結果詳述如下。

■ 表 A-9

生物注藥情境設定（環保部，2020b）					
模擬情境	注藥井	注藥量	藥劑濃度	注藥天數	模擬結果
情境 1	K00284	3.5 m³	0.5 %	1	可降解 K00284、K00407 附近之污染團
	K00407	7 m³	0.5 %		

▊ 表 A-9

生物注藥情境設定（環保部，2020b）（續）					
情境 2	K00284	5 m³	0.5 %	1	可降解 K00284、K00407 附近之污染團，較大的注藥量會略將污染往兩側推移
	K00407	10 m³	0.5 %		
情境 3	K00284	5 m³	1 %	1	可降解 K00284、K00407 附近之污染團，較大的注藥量會略將污染往兩側推移
	K00407	10 m³	1 %		

　　情境 1 模擬結果如圖 A-9 所示，三氯乙烯主要分布於 K00407 及 K00284 兩處監測井周邊，若地下水中三氯乙烯無其他來源，模擬結果顯示生物注藥工法可在注藥後 30 天內，有效降解 K00407 及 K00284 監測井附近之三氯乙烯，將三氯乙烯濃度降至低於地下水污染管制標準。情境 2 模擬結果如圖 A-10 所示，三氯乙烯主要分布於 K00407 及 K00284 兩處監測井周邊，若地下水中三氯乙烯無其他來源，模擬結果顯示可有效將三氯乙烯濃度降至低於地下水污染管制標準，惟較大的注藥量會略將 K00407 監測井周遭的污染往東西兩側推移。情境 3 模擬結果如圖 A-11 所示，若地下水中三氯乙烯無其他來源，模擬結果與情境 2 相似，雖可有效將三氯乙烯濃度降至低於地下水污染管制標準，惟較大的注藥量會略將 K00407 監測井周遭的污染往東西兩側推移。

　　綜合前述模擬結果，生物注藥對於地下水中三氯乙烯之降解情形在無其他污染來源持續釋出下，污染物濃度將大幅降低至低於地下水污染管制標準，污染濃度削減率約為 90～91%。另考量設置成本及污染移除效果，將情境 1 的條件設定視為最佳模擬情境，假設在污染來源未移除的情況下，僅在 K00407 及 K00284 監測井地下水流上游端設置 2 口注藥井，則無法有效降低三氯乙烯濃度，污染濃度削減率將下降至 10% 左右（圖 A-12），未來如需辦理地下水污染整治，主要污染來源的調查與移除，將成為攸關整治成效的關鍵因素。

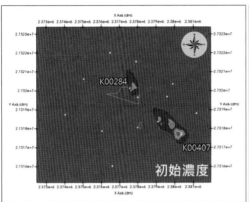
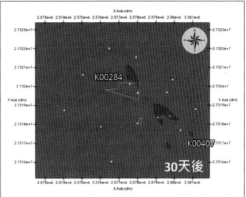

圖 A-9 三氯乙烯污染濃度模擬結果（生物注藥 - 情境 1）

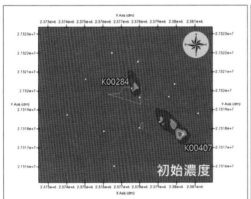
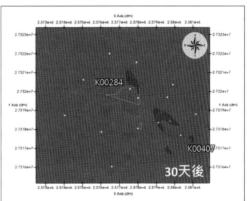

圖 A-10 三氯乙烯污染濃度模擬結果（生物注藥 - 情境 2）

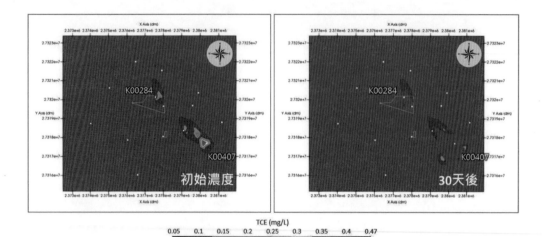

圖 A-11　三氯乙烯污染濃度模擬結果（生物注藥 - 情境 3）

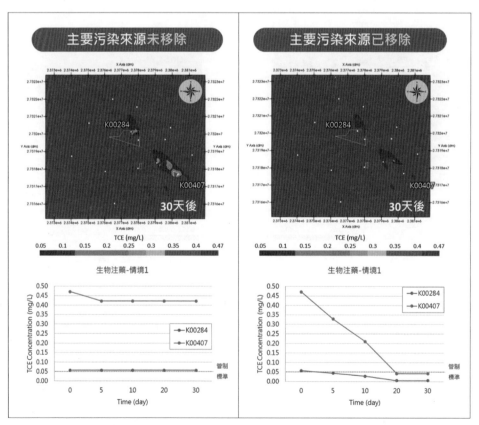

圖 A-12　污染來源是否移除對三氯乙烯污染濃度分布之影響（生物注藥 - 情境 1）

2. 垂直循環井

　　場址三氯乙烯污染主要分布於 K00407 及 K00284 監測井周邊，本地下水污染物傳輸模式假設在三氯乙烯污染來源已移除的情況下，針對污染熱區進行垂直循環井工法，分別在 K00407 及 K00284 監測井周邊污染熱區設置 2 口循環井，循環井上部為注水段，循環井下部為抽水段，抽／注水段垂直深度設定各為 7.5 m，測試抽／注水流率設定為 0.01 m³/min 及 0.1 m³/min（Chen *et al.*, 2010），模擬總時長為 60 天，參數設定如表 A-10 所示，模擬結果詳述如下。

■ 表 A-10

垂直循環井情境設定（Chen et al., 2010）			
模擬情境	注藥井	抽／注水流率	模擬結果
情境 1	K00284	0.01 m³/min	可降低三氯乙烯污染團中心濃度
	K00407	0.01 m³/min	
情境 2	K00284	0.1 m³/min	可降低三氯乙烯污染團中心濃度且水平及垂直範圍縮小
	K00407	0.1 m³/min	

　　情境 1 模擬結果如圖 A-13 所示，K00407 及 K00284 兩處監測井周邊的三氯乙烯污染垂直分布範圍約 12 m（主要在礫石層），若地下水中三氯乙烯無其他來源，模擬結果顯示垂直循環井工法可降低三氯乙烯污染團中心濃度，並縮減污染團水平分布範圍。情境 2 模擬結果如圖 A-14 所示，提升抽／注水流率後可以更顯著的縮小污染團水平和垂直分布範圍，惟三氯乙烯污染團中心濃度削減程度與情境 1 差異不大。

　　綜合前述模擬結果，垂直循環井對於地下水中三氯乙烯之降解情形在無其他污染來源持續釋出下，三氯乙烯污染團中心濃度可有效降低，但 K00407 監測井周邊污染濃度仍高於地下水污染管制標準，整體污染濃度削減率約為 51～55%。另考量設置成本及污染移除效果，將情境 2 的條件設定視為最佳模擬情境，假設在污染來源未移除的情況下，僅在

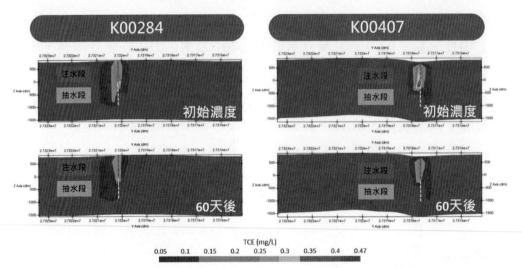

圖 A-13　三氯乙烯污染濃度模擬結果（垂直循環井 - 情境1）

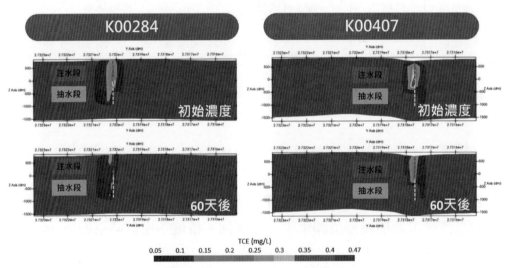

圖 A-14　三氯乙烯污染濃度模擬結果（垂直循環井 - 情境2）

K00407 及 K00284 監測井周邊污染熱區設置 2 口循環井，則無法有效降低三氯乙烯濃度，污染濃度削減率將下降至 10% 左右（圖 A-15），未來如需辦理地下水污染整治，主要污染來源的調查與移除仍為攸關整治成效的關鍵因素。

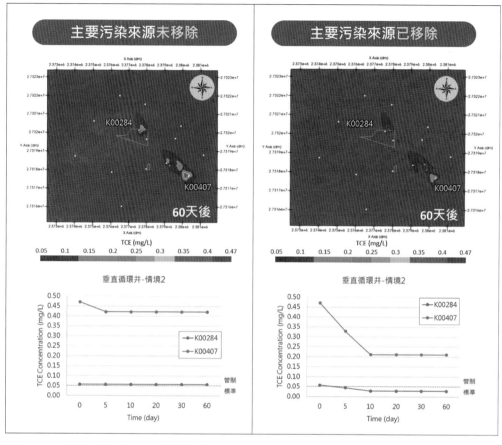

圖A-15　污染來源是否移除對三氯乙烯污染濃度分布之影響（垂直循環井-情境2）

3. 滲透性反應牆

場址三氯乙烯污染主要分布於 K00407 及 K00284 監測井周邊，本地下水污染物傳輸模式假設在三氯乙烯污染來源已移除的情況下，針對 K00407 及 K00284 監測井周邊污染熱區地下水流下游處設置滲透性反應牆，模擬規劃以快速評估工具為基礎，設定滲透性反應牆長為 8 m，水流垂直方向為不透水邊界，測試反應牆厚度設定為 0.5 m 及 1 m，模擬總時長為 100 天，參數設定如表 A-11 所示，模擬結果詳述如下。

■ 表 A-11

模擬情境	污染位置	反應牆厚度	反應牆一階降解速率〔自然降解速率〕			模擬結果
			三氯乙烯	順 1,2- 二氯乙烯	氯乙烯	
情境 1	K00284	0.5 m	1.44 d⁻¹ [0.003 d-1]	1.2 d⁻¹ [0.002 d⁻¹]	0.6 d⁻¹ [0.001 d⁻¹]	有效降解 TCE 及其降解產物，滲透性反應牆下游 6 m 處污染物濃度均低於管制標準
	K00407					
情境 2	K00284	1 m				有效降解 TCE 及其降解產物，滲透性反應牆下游 6 m 處污染物濃度均低於管制標準
	K00407					
滲透性反應牆設定參考來源：Chen *et al*., 2022; Lu and Shan, 2015; Schaerlaekens *et al*., 1999; Wilson *et al*., 1994。						

滲透性反應牆情境設定

　　情境 1 模擬結果如圖 A-16 所示，若地下水中三氯乙烯無其他來源，模擬結果顯示 K00407 及 K00284 兩處監測井的三氯乙烯通過滲透性反應牆後，污染濃度降至低於地下水污染管制標準，並在污染傳輸過程中產生降解產物（順 1, 2- 二氯乙烯、氯乙烯），而降解產物的濃度均低於地下水污染管制標準。情境 2 模擬結果如圖 A-17 所示，提升滲透性反應牆厚度後，同樣可以有效將三氯乙烯濃度降至低於地下水污染管制標準，並且產生更低濃度的降解產物（順 1,2- 二氯乙烯、氯乙烯）。

　　綜合前述模擬結果，滲透性反應牆對於地下水中三氯乙烯之降解情形在無其他污染來源持續釋出下，污染物濃度將大幅降低至低於地下水污染管制標準，並產生低濃度的降解產物（順 1,2- 二氯乙烯、氯乙烯）。另考量設置成本及污染移除效果，將情境 1 的條件設定視為最佳模擬情境，

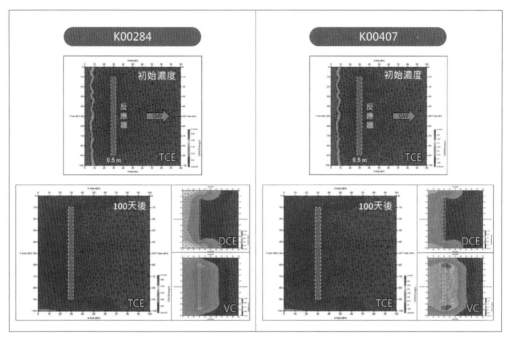

圖 A-16　三氯乙烯污染濃度模擬結果（滲透性反應牆 - 情境 1）

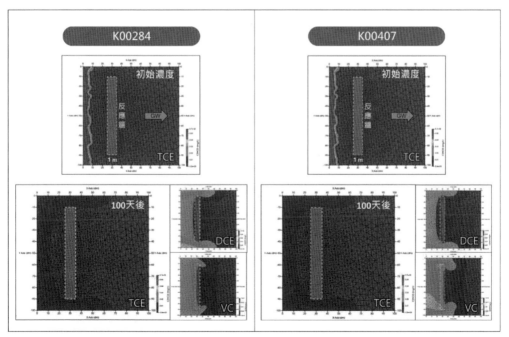

圖 A-17　三氯乙烯污染濃度模擬結果（滲透性反應牆 - 情境 2）

其第 100 天污染團中心線濃度分布如圖 A-18 所示。若假設在污染來源未移除的情況下，K00407 及 K00284 監測井周邊污染熱區地下水流下游處設置滲透性反應牆，可有效降低三氯乙烯濃度，但降解產物氯乙烯濃度將會高於地下水污染管制標準（圖 A-19）。

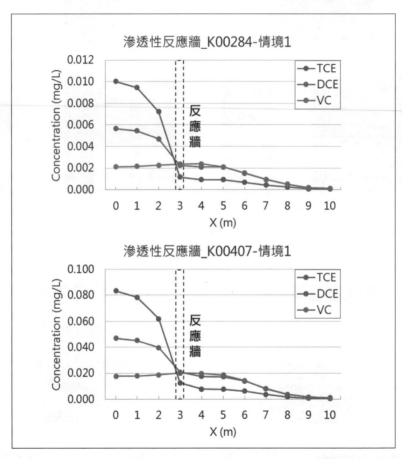

圖 A-18 第 100 天污染團中心線濃度分布（滲透性反應牆 - 情境 1）

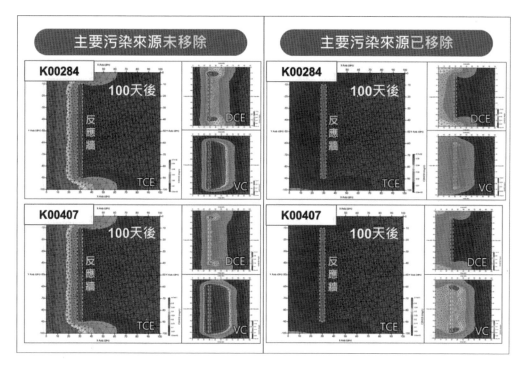

圖 A-19　污染來源是否移除對污染濃度分布之影響（滲透性反應牆 - 情境 1）

四、整治工法效益評估分析

1. 生物注藥

　　本場址已證實具有生物降解潛力，施作時可沿用既有監測井作為注藥點，在主要污染源已移除的前提下（即僅有溶解相污染物），依模擬結果顯示生物注藥可有效降解三氯乙烯，污染物削減率約為 90～91%，建議可優先選用生物注藥方式。

2. 垂直循環井

　　垂直循環井在施作時需考慮循環井的佈設位置與數量是否足夠，以及現場是否具有水處理設備所需的用地面積，在主要污染源已移除的前提下（即僅有溶解相污染物），依模擬結果顯示垂直循環井可削減三氯乙烯濃度約 51～55%。

3. 滲透性反應牆

滲透性反應牆施作工程範圍較大且需避開既有建物,適合設置在污染團邊緣之下游作為阻絕系統,同時應搭配污染源削減以達最佳功效,依模擬結果顯示可有效降解三氯乙烯及其降解產物,惟須考量現場空間及設置成本等限制條件。

A.4 TWESMP平台介紹

地下環境分析模式平台 TWESMP（Taiwan EPA subsurface model platform）係由土壤及地下水污染整治基金管理會出資,委由中央大學高等模式研發應用中心開發及提供教育訓練,並提供所有人下載 TWESMP 進行免費使用（包含商業使用）,具備考量地下環境土壤及地下水中水流、熱傳、生物地球化學反應,傳輸行為變化及其交互作用之分析模式整合平台,包括幾何地形與網格建置、資料庫、起始條件與邊界條件設定,並具備後處理以視覺化展現成果,做為場址整治決策及管理之分析模式整合之平台（圖 A-20）。地下環境分析平台亦開發地下水污染場址管理工具與快速評估工具,提供以模擬流程設計並以地下環境分析模式為基礎的評估工具及污染場址相關資訊輔助工具（圖 A-21）。如欲使用 TWESMP 可參考下列軟硬體建議規格及下載網址進行下載安裝使用。

軟體及教育訓練資料,可由 TWESMP 網站（https://camrdaforum. ncu.edu.tw/twesmp/）或掃描下列 QR Code 下載。

圖 A-20　地下環境分析模式平台

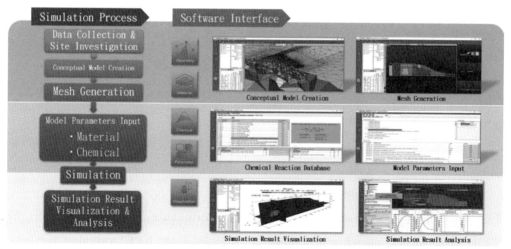

圖 A-21　地下環境分析模式平台功能設計

參考文獻

1. 臺中市環境保護局，2011，振興路以南區段徵收污染保留區土壤污染第二期改善工程土壤污染再改善驗證工作計畫驗證報告書。

2. 彰化縣環境保護局，2014，彰化市國聖里聖安路147號地下水污染控制計畫書變更計畫改善完成報告（定稿）。

3. 臺灣電力股份有限公司及臺灣糖業股份有限公司，原禮樂煉銅廠土壤污染整治場址土壤污染整治計畫書，（2023a）。

4. 臺灣電力股份有限公司及臺灣糖業股份有限公司，原臺灣金屬鑛業股份有限公司及其所屬三條廢煙道地區（部分）土壤及地下水污染整治場址土壤及地下水污染整治計畫書，（2023b）。

5. 環境部（改制前為行政院環境保護署），「含氯污染加強式生物復育技術試驗與管理措施研析計畫」，（2020a）。

6. 環境部（改制前為行政院環境保護署），「地下環境分析模式平台發展與污染場址管理應用計畫」，（2020b）。

7. Freeze and Cherry, Groundwater . Prentice-Hall International, London, 524, (1987).

8. USEPA, Background Document for the Ground-Water Screening Procedure to Support 40 CFR Part 269 - Land Disposal, (1986).

9. Chen et al., Conservative solute approximation to the transport of a remedial reagent in a vertical circulation flow field. J. Hydrol, (2010).

10. Chen et al., A design solution of PRB with multispecies transport based on a multidomain system. Environ. Earth Sci, (2018).

11. Immobilisation, Stabilisation, Solidification: a New Approach for the Treatment of Contaminated Soils. Case studies: London Olympics & Total Ertvelde. 15de Innovatieforum Geotechniek - 8 October, (2008).

12. Lu and Shan, Effect of Configurations of Permeable Reactive Zones on the Remediation Efficiency of Groundwater Contaminated by Chlorinated Solvents, Journal of Soil and Groundwater Remediation, (2015).

13. Schaerlaekens et al., Numerical Simulation of Transport and Sequential

Biodegradation of Chlorinated Aliphatic Hydrocarbons Using CHAIN_2D. Hydrological Processes, (1999).

14. Wilson et al., Intrinsic bio-remediation of TCE in ground water at an NPL site in St.Joseph, Michigan, in Proceedings of the EPA Symposium on Intrinsic Bioremediation of Ground Water, (1994).

圖 2-1　台南中石化安順廠 H 暫存區（石棺區）原貌（現已啓封）（瑞昶科技股份
有限公司，2022）

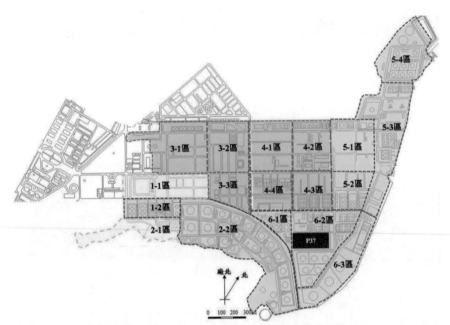

圖 2-2 高雄煉油廠污染整治分區示意圖（高雄市政府環境保護局，2023）

圖 2-3 高雄煉油廠污染整治工程圍封整治作業（瑞昶科技股份有限公司，2023）

圖 2-4　台塑高雄仁武碱廠氯碳課圍堵工程作業

圖 2-5　台塑高雄仁武碱廠氯碳課圍堵後情形

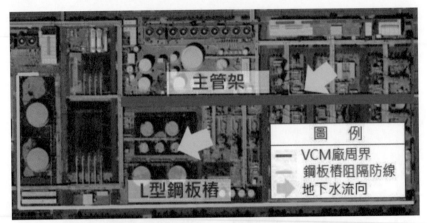

圖 2-6 台塑麥寮氯乙烯廠周界下游處設置鋼板樁位置

圖 2-7 台塑麥寮氯乙烯廠鋼板樁圍堵工程作業

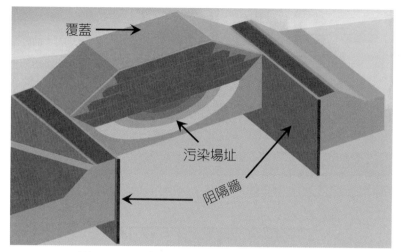

圖 3-1 污染場地的阻隔牆與覆蓋示意圖

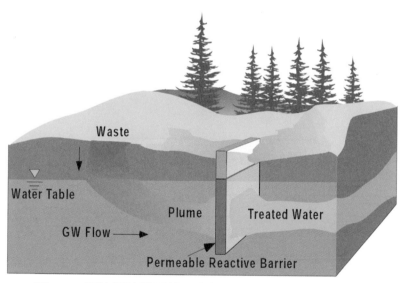

圖 3-2 污染場地滲透性反應牆示意圖（USEPA, 1998）

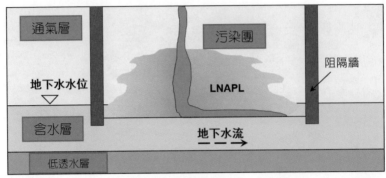

圖 3-6　適用於低密度非水相液體污染物（LNAPL）污染場地的「懸掛」式阻隔牆

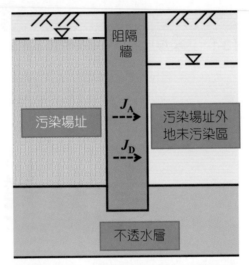

圖 3-7　污染物貫穿阻隔牆示意圖

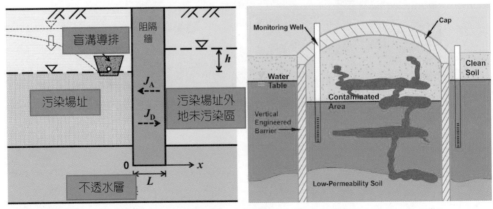

圖 3-8　逆水頭條件的阻隔牆示意圖（右圖來源於 USEPA, 2012）

(a) 現場地面製備

(b) 攪拌設備製備

圖 3-12　現場土 - 膨潤土現場製備（Marchiori *et al.*, 2019）

圖 3-17 板樁阻隔牆（台塑公司）

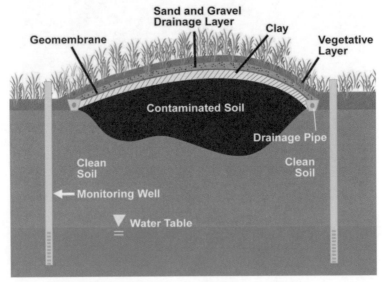

圖 3-18 廢棄物填埋場或污染土的覆蓋技術示意圖（USEPA, 2012）

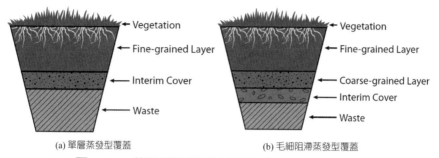

(a) 單層蒸發型覆蓋　　　　　　　　(b) 毛細阻滯蒸發型覆蓋

圖 3-19　蒸發型覆蓋概念設計（USEPA, 2011）

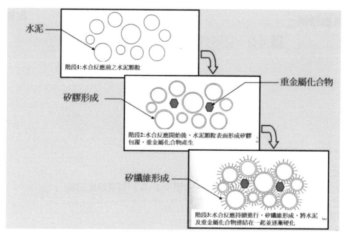

圖 4-1　水泥固化進程與污染關係物示意圖（Christensen *et al.*, 1979）

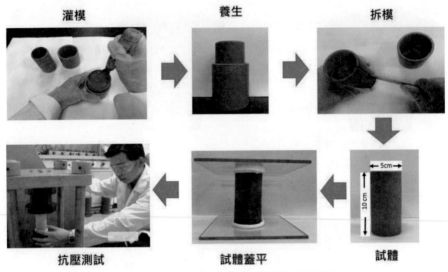

圖 4-2 固化物抗壓試體製作流程圖

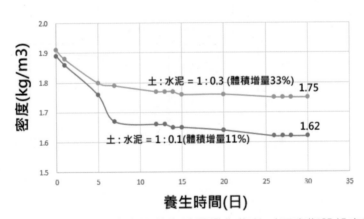

圖 4-3 實驗室中土壤固化物密度隨養生時間變化趨勢（可寧衛股份有限公司實驗室，2019）

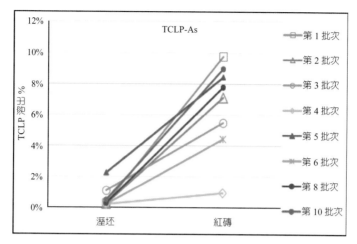

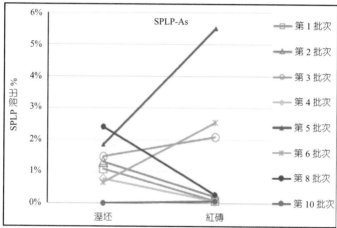

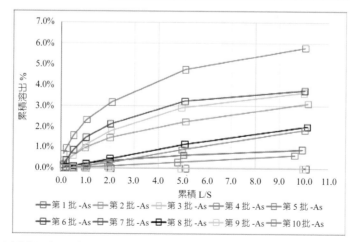

圖 4-4　紅磚製程處理含砷污染土之溶出特性改變（行政院環境保護署，2018）

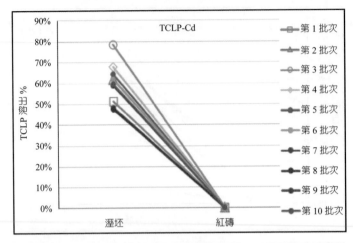

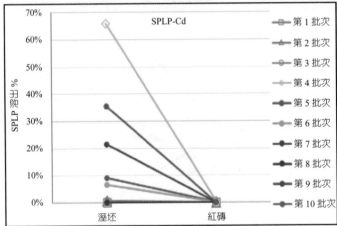

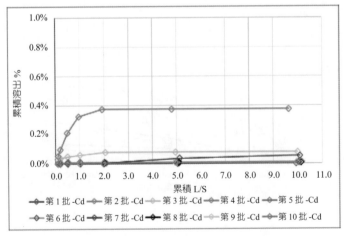

圖 4-5 紅磚製程處理含鎘污染土之溶出特性改變（行政院環境保護署，2018）

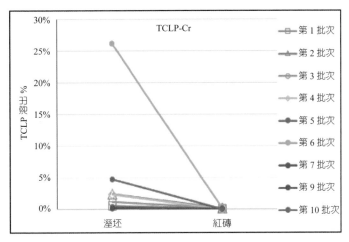

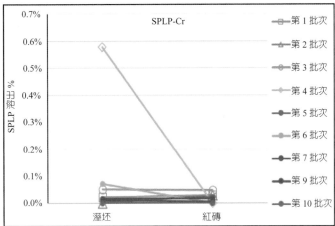

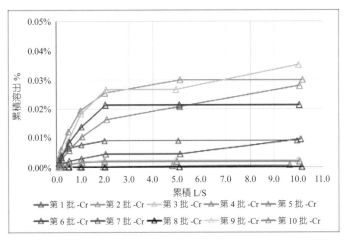

圖 4-6 紅磚製程處理含鉻污染土之溶出特性改變（行政院環境保護署，2018）

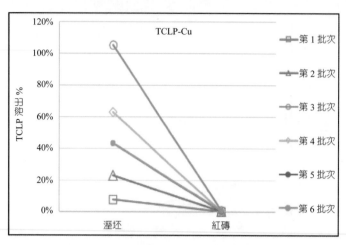

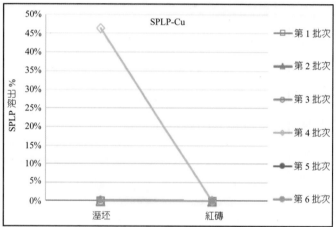

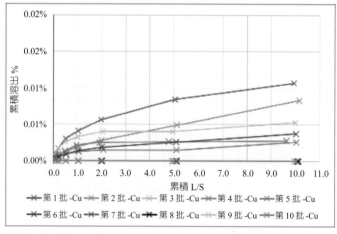

圖 4-7   紅磚製程處理含銅污染土之溶出特性改變（行政院環境保護署，2018）

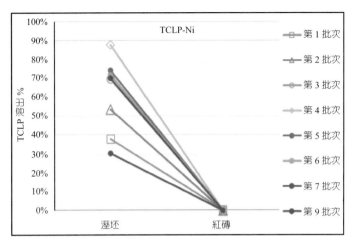

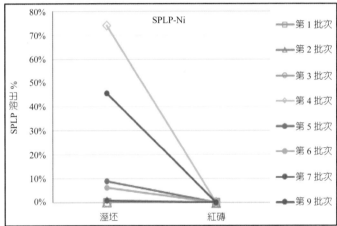

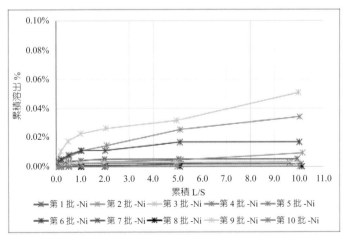

圖 4-8 紅磚製程處理含鎳污染土之溶出特性改變（行政院環境保護署，2018）

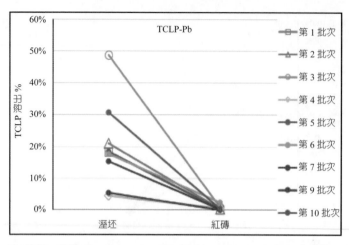

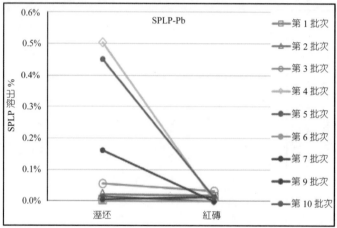

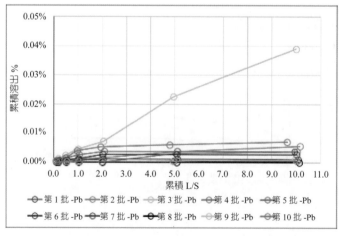

圖4-9　紅磚製程處理含鉛污染土之溶出特性改變

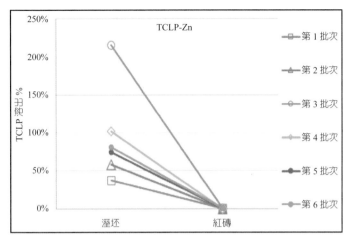

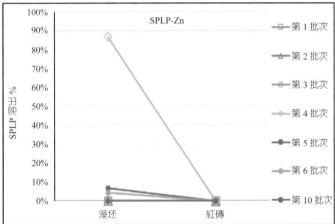

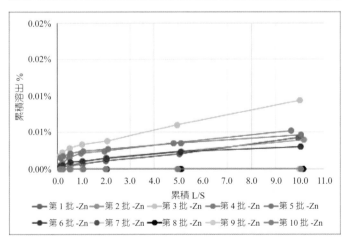

圖 4-10 紅磚製程處理含鋅污染土之溶出特性改變（行政院環境保護署，2018）

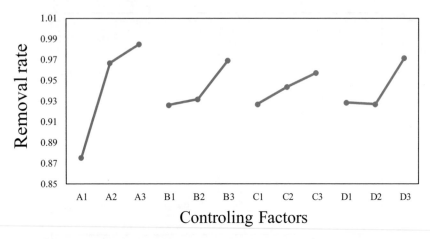

圖 4-11　模擬土壤玻璃化之因子反應圖（本文中未說明）

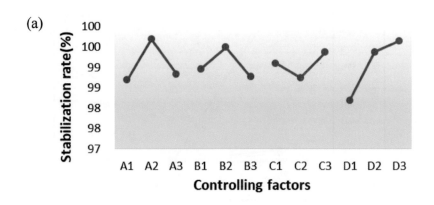

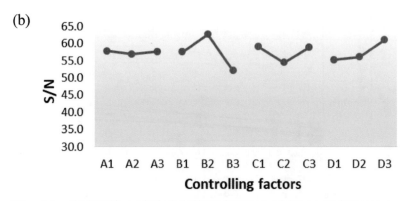

圖 4-12　真實污染土壤玻璃化後銅之因子反應圖 (a) 及信噪比 (b)

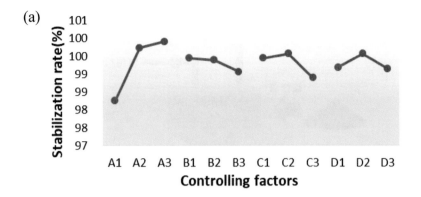

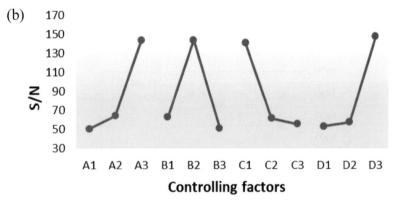

圖 4-13　真實污染土壤玻璃化後鋅之因子反應圖 (a) 及信噪比 (b)

圖 4-14　污染土壤離地固化流程圖

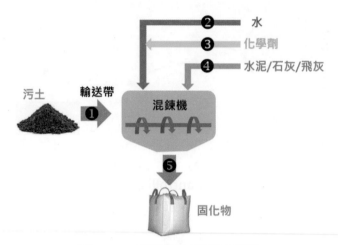

圖 4-15　固化操作程序示意圖

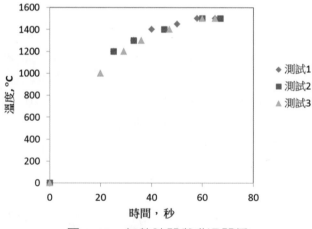

圖 4-18　加熱時間與升溫關係

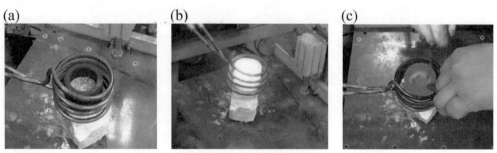

圖 4-19　電磁感應加熱玻璃化之前中後（a, b, c）情況

圖 4-20　玻璃化固化冷卻後之底泥

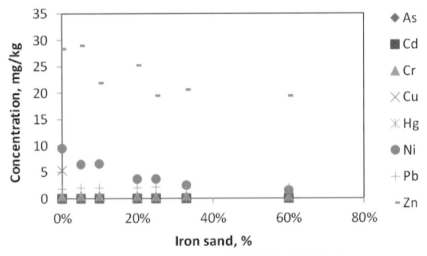

圖 4-21　經玻璃化之底泥毒性溶出實驗結果

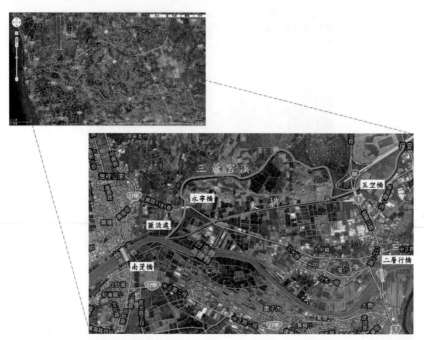

圖 4-22   二仁溪與三爺宮溪主要流域圖（摘錄自 Google.com 並加以標示）

圖 4-23   三爺宮溪永寧橋水位受潮水影響情況（張，2008）

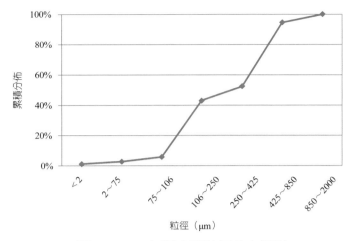

圖 4-24　二仁溪底泥粒徑分布情形

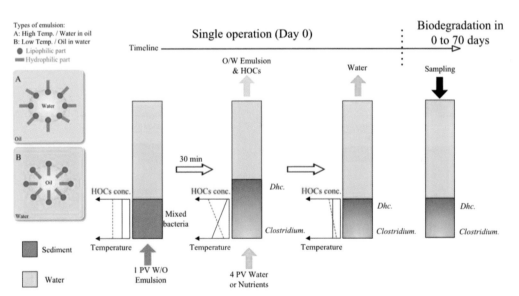

圖 4-25　ISPIE 施作前中後之預期優勢菌群分布示意圖

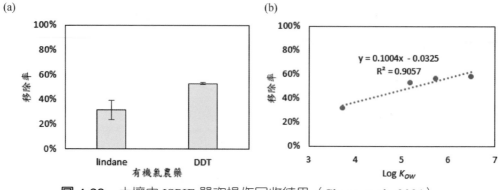

圖 4-29 土壤中 ISPIE 單次操作回收結果（Chang et al., 2021）

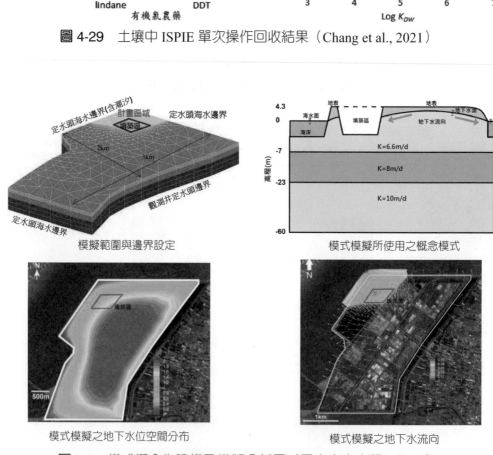

圖 5-6 模式概念化建構及模擬分析圖（國立中央大學，2015）

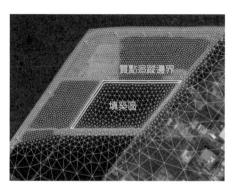

進行質點追蹤研究時，質點釋放的
位置位於填築區靠海一側的邊緣

白色線段為質點釋放後所行進之路徑

圖 5-7 案例模擬填築區規劃質點傳輸分布圖（國立中央大學，2015）

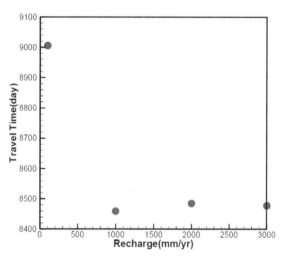

圖 5-8 不同入滲量下，質點自填築區邊緣移動至海邊的平均時間

危害來源
(污染物)

暴露或傳輸途徑

受體

圖 6-1 S-P-R 模式的風險發生概念

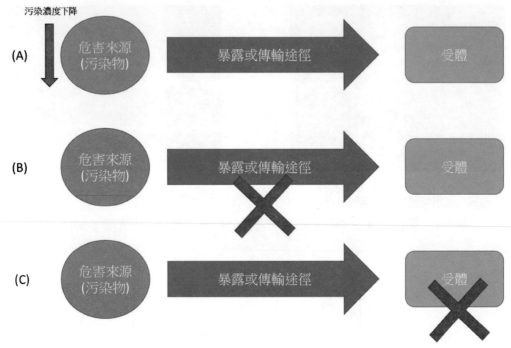

圖 6-2　S-P-R 模式的健康風險管理策略

圖 6-3　圍封技術應用之風險管理概念（以 S-P-R 模式的概念）

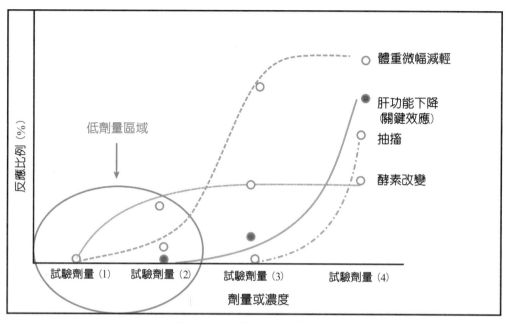

圖 6-5　劑量反應評估曲線

參考資料：USEPA（2010）

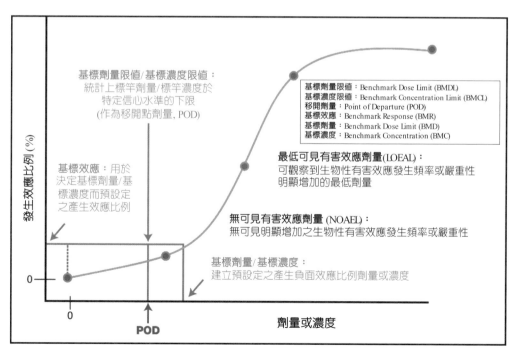

圖 6-6　非致癌終點的多種移開劑量之劑量反應曲線

參考資料：USEPA（2010）

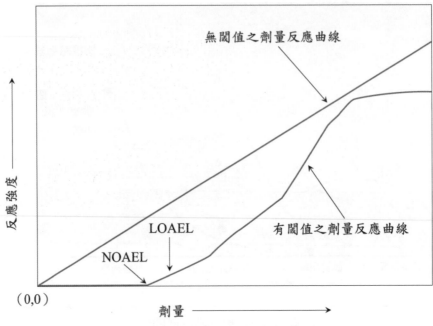

圖 6-7 閾值與非閾值的劑量反應關係

參考資料：馬氏與吳氏（2016）

圖 7-5 場址公告範圍

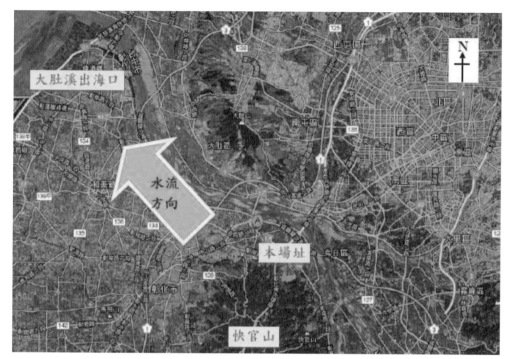

圖 7-6　場址地理位置及地下水流向

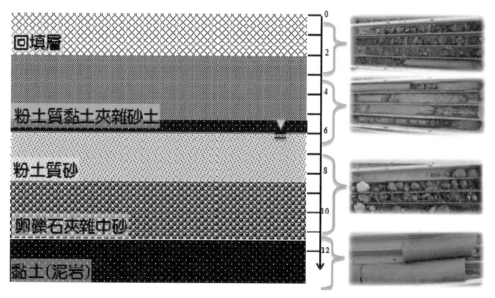

圖 7-7　場址土壤質地資料

圖 7-8　場址污染範圍及污染情形

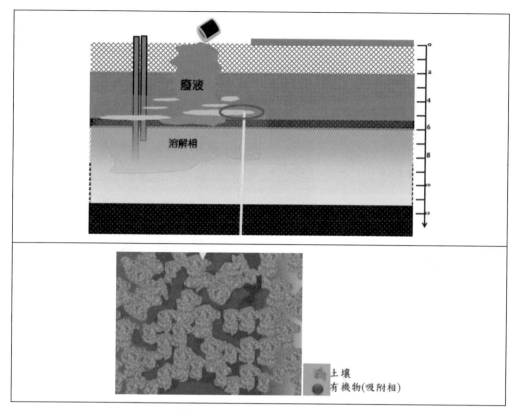

廢液

溶解相

土壤

有機物(吸附相)

圖 7-9　污染傳輸概念模型

圖 7-11　歷次檢測結果與鋼板樁圍封對照

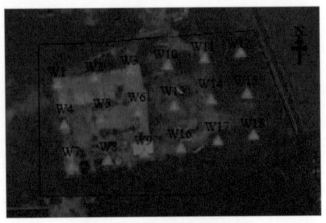

圖 7-12　作業井位置示意圖

廢水處理設備組（快慢混槽、加藥桶槽）	壓濾機
沉澱槽組（含放流前 pH 調整槽）	廢水處理設備組遠照
抽水系統主幹線	空壓機及抽、灌系統配電盤組

圖 7-14　改善設備現場設置情形

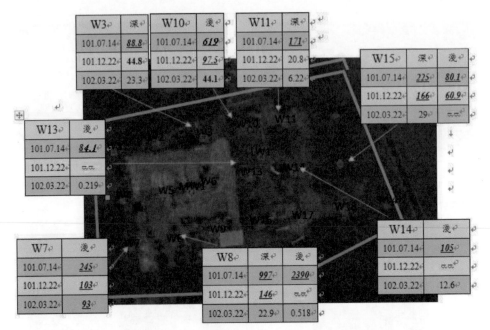

圖 7-15 成效檢測歷次測值（鋅）

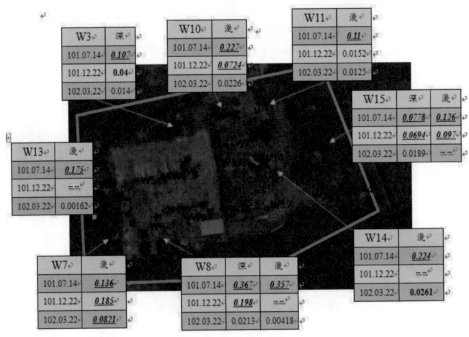

圖 7-16 成效檢測歷次測值（1, 2- 二氯乙烷）

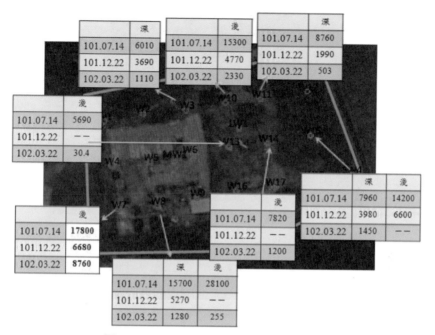

圖 7-17　成效檢測歷次測值（氯鹽）

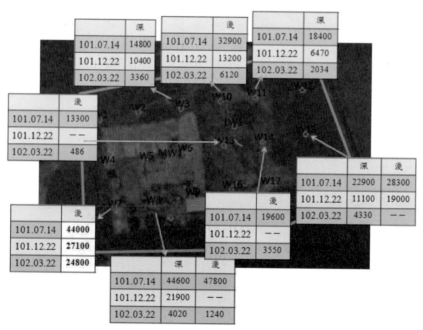

圖 7-18　成效檢測歷次測值（導電度）

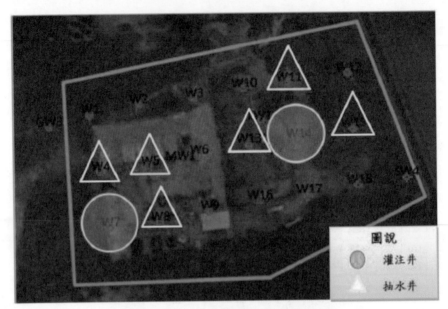

圖 7-19 第一批次氧化劑灌注井位

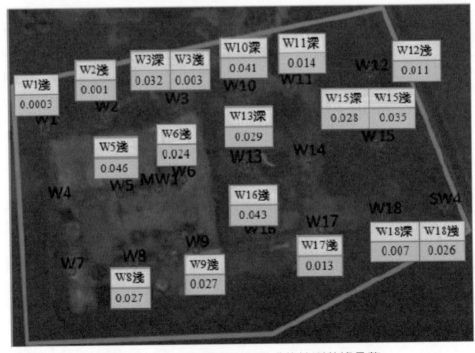

圖 7-20 第三批次灌注作業成效檢測數據彙整

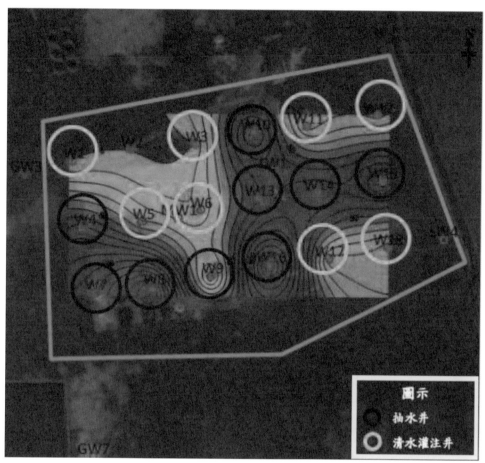

圖 7-21 第二階段抽出處理作業井配置

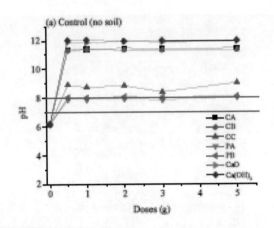

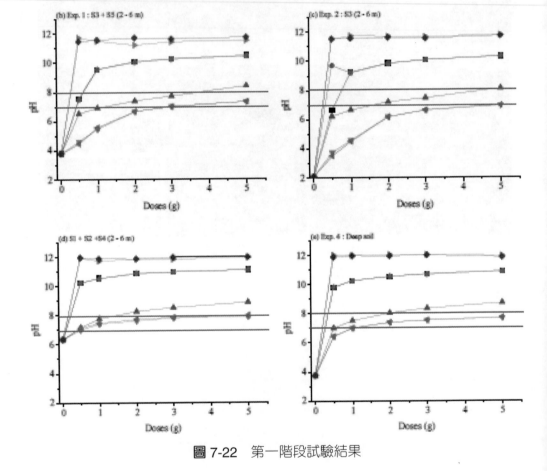

圖 7-22　第一階段試驗結果

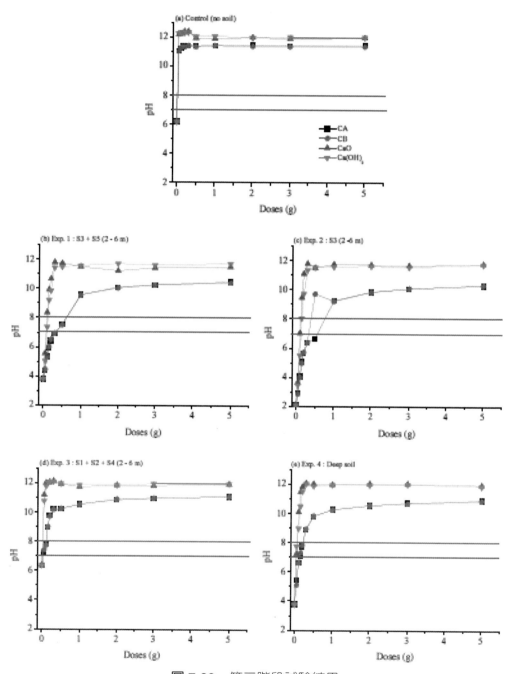

圖 7-23 第二階段試驗結果

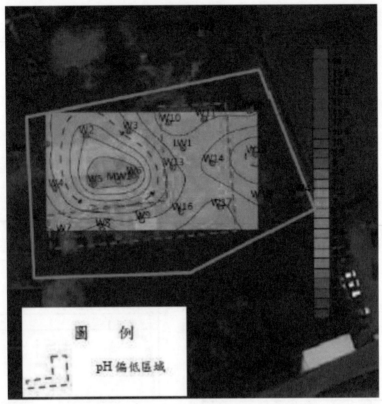

圖 7-24 氫氧化鈣灌注前現場 pH 分布情形

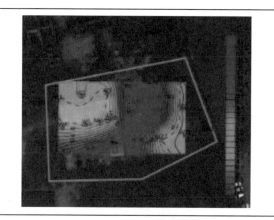

灌注後第一週 pH 情形

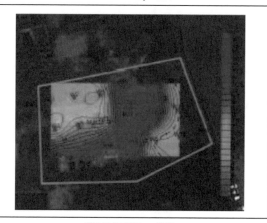

灌注後第三週 pH 情形

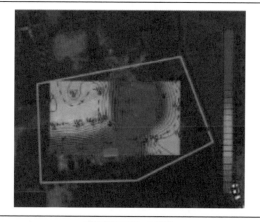

灌注後第五週 pH 情形

圖 7-25　氫氧化鈣灌注後現場 pH 分布情形

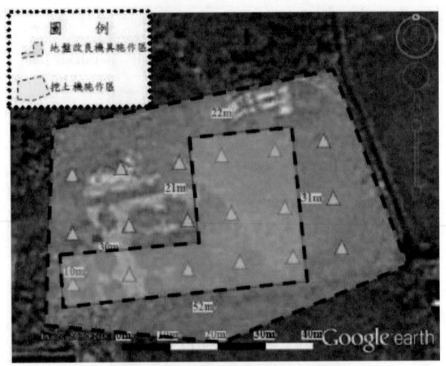

圖 7-26 氫氧化鈣灌注後現場 pH 分布情形

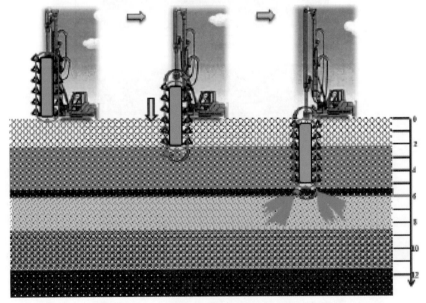

圖 7-27 地盤改良機具灌注作業示意圖

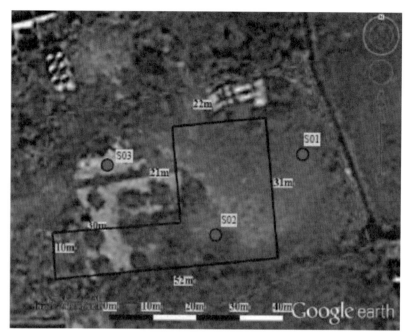

圖 7-28　土壤採樣點位圖

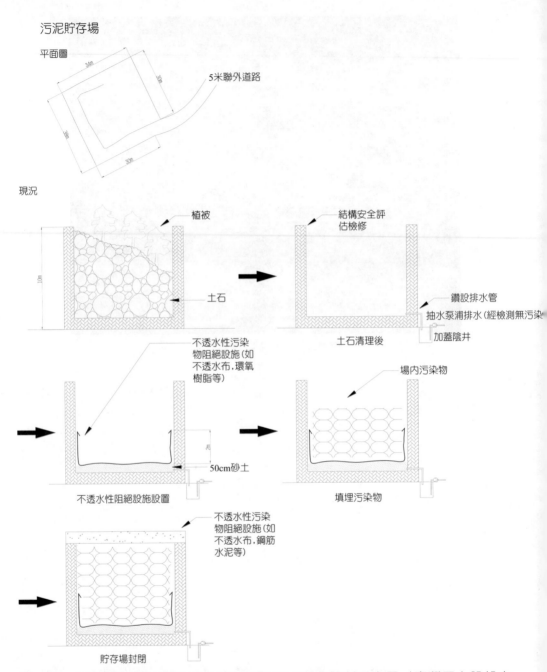

圖 7-30 污泥貯存場清理與污染物質圍封方式作業規劃示意圖（臺灣電力股份有限公司及臺灣糖業股份有限公司，2023）

場址周界設置圍籬（高度＞2.4 m）阻絕民眾進入

廢煙道封閉工程

聚脲彈性材噴塗覆蓋

圖 7-32　台金濂洞場址控制計畫污染物阻絕及圍封作業（圖片來源：瑞昶科技股份有限公司）

圖 7-35　本場址後續土地分區再利用構想規劃（臺灣電力股份有限公司及臺灣糖業股份有限公司，2024）

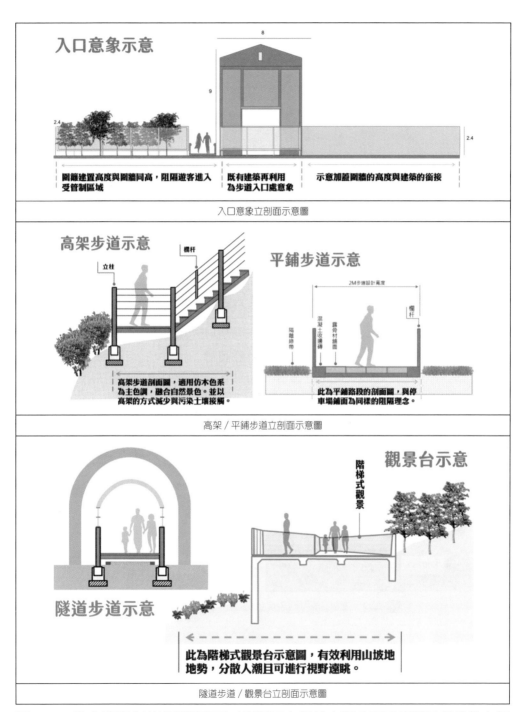

圖 7-36　登山導覽步道規劃示意圖（臺灣電力股份有限公司及臺灣糖業股份有限公司，2024）

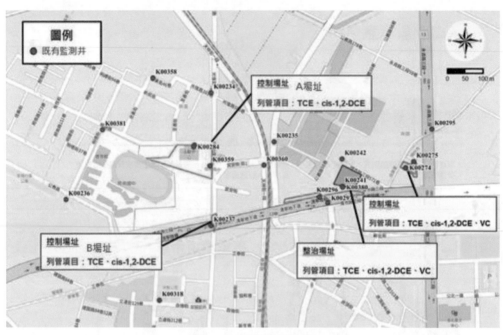

圖 A-1 場址位置圖

圖 A-2 學校鄰近區域地下水污染濃度分布圖

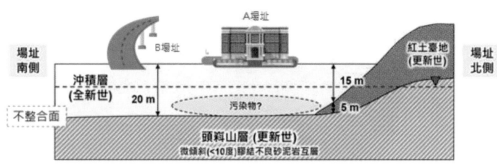

圖 A-3 工作假說示意圖

圖 A-4 場址地下水流模式模擬範圍及邊界設定

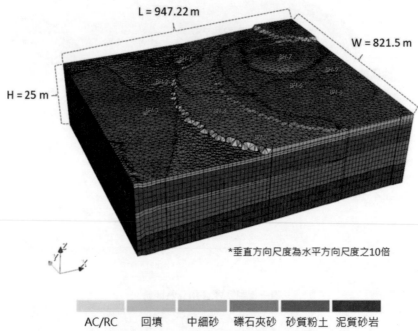

L = 947.22 m

W = 821.5 m

H = 25 m

*垂直方向尺度為水平方向尺度之10倍

AC/RC　回填　中細砂　礫石夾砂　砂質粉土　泥質砂岩

圖 A-5　場址三維地層概念模型

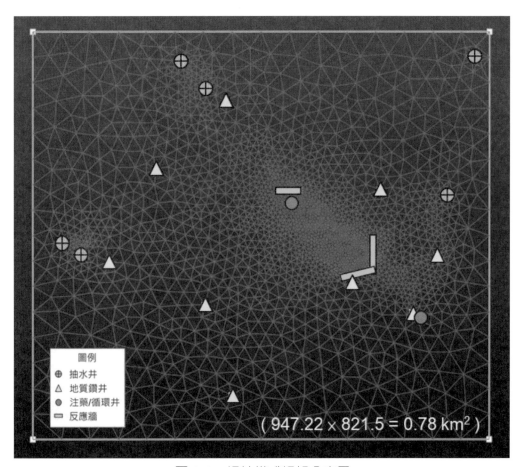

圖 A-6　場址模式網格分布圖

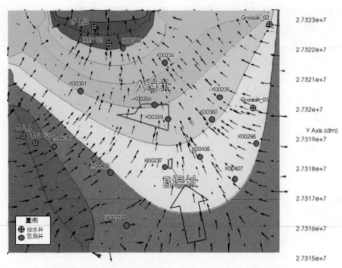

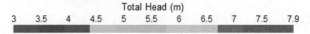

圖 A-7　場址地下水流模擬結果

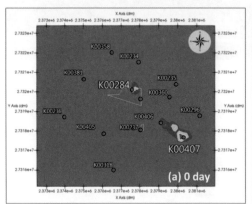 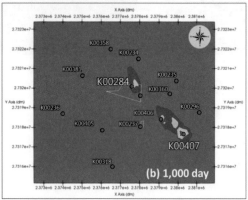

(a)　　　　　　　　　　　　　　　　　　　(b)

圖 A-8　場址污染物傳輸模式模擬結果

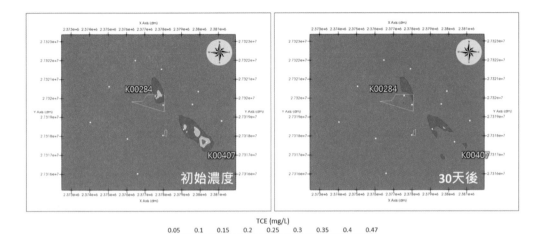

圖 A-9　三氯乙烯污染濃度模擬結果（生物注藥 - 情境 1）

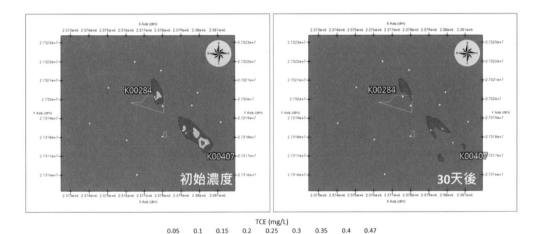

圖 A-10　三氯乙烯污染濃度模擬結果（生物注藥 - 情境 2）

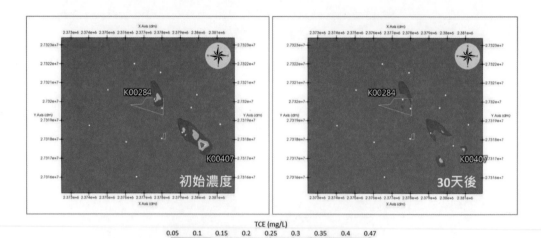

圖 A-11　三氯乙烯污染濃度模擬結果（生物注藥 - 情境 3）

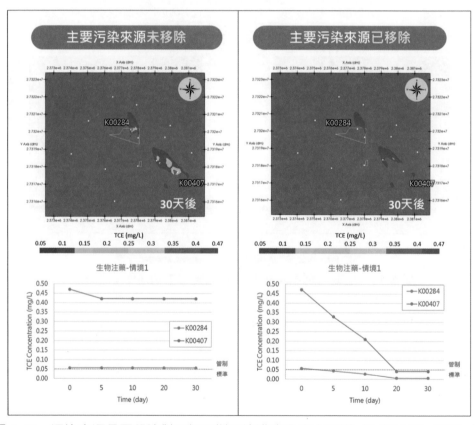

圖 A-12　污染來源是否移除對三氯乙烯污染濃度分布之影響（生物注藥 - 情境 1）

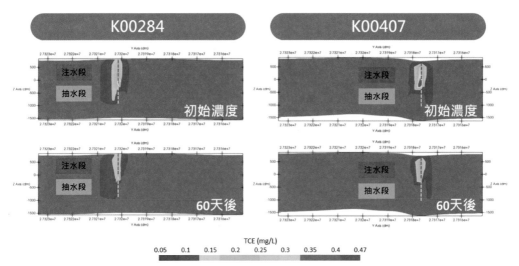

圖 A-13　三氯乙烯污染濃度模擬結果（垂直循環井 - 情境 1）

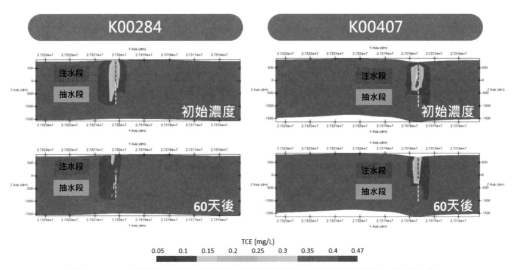

圖 A-14　三氯乙烯污染濃度模擬結果（垂直循環井 - 情境 2）

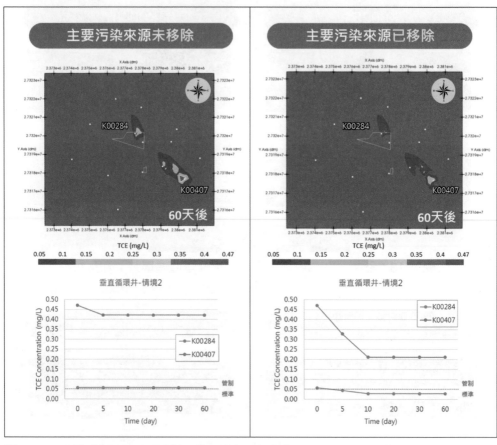

圖A-15 污染來源是否移除對三氯乙烯污染濃度分布之影響（垂直循環井-情境2）

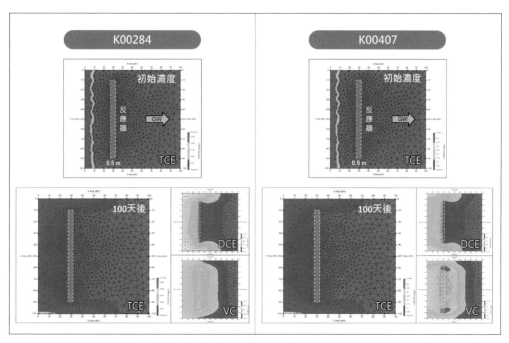

圖 A-16 三氯乙烯污染濃度模擬結果（滲透性反應牆 - 情境 1）

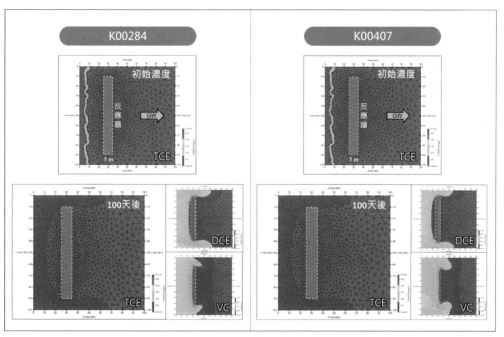

圖 A-17 三氯乙烯污染濃度模擬結果（滲透性反應牆 - 情境 2）

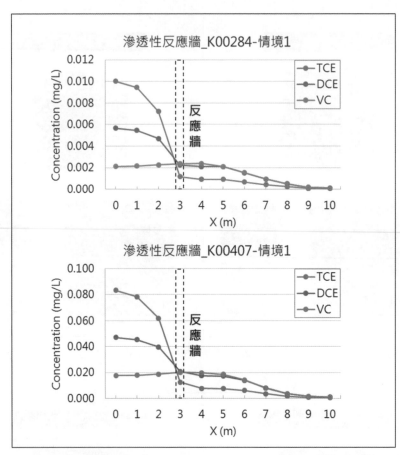

圖 A-18　第 100 天污染團中心線濃度分布（滲透性反應牆 - 情境 1）

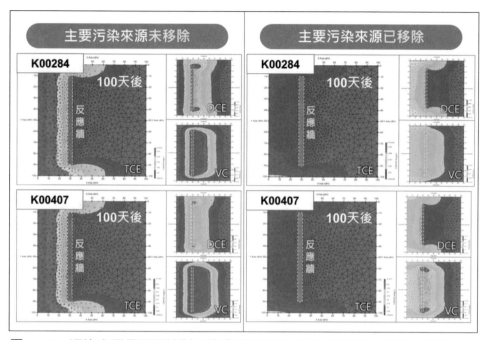

圖 A-19　污染來源是否移除對污染濃度分布之影響（滲透性反應牆 - 情境 1）

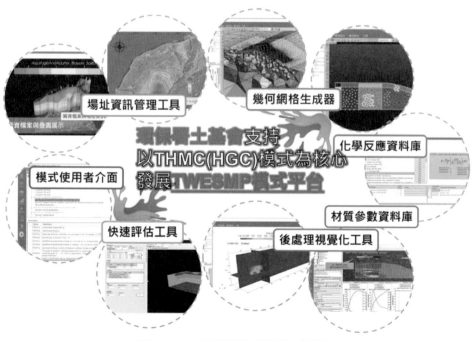

圖 A-20　地下環境分析模式平台

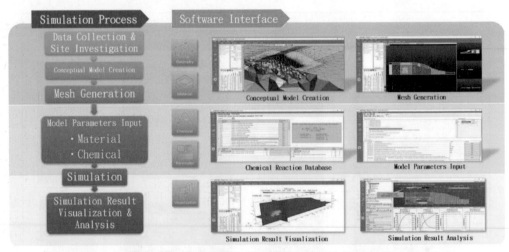

圖 A-21　地下環境分析模式平台功能設計

國家圖書館出版品預行編目資料

污染場址的固化、穩定化與圍封處理技術／
盧至人，吳先琪，圍封專書編寫小組合著.
－－初版.－－臺北市：五南圖書出版股份
有限公司, 2024.05
面；　公分
ISBN 978-626-393-292-0（平裝）

1.CST: 土壤汙染防制　2.CST: 水汙染防制
3.CST: 風險管理

445.94　　　　　　　　　113005462

5I75

污染場址的固化、穩定化與圍封處理技術

主　　　編 ― 盧至人、吳先琪

作　　　者 ― 圍封專書編寫小組

發 行 人 ― 楊榮川

總 經 理 ― 楊士清

總 編 輯 ― 楊秀麗

副總編輯 ― 王正華

責任編輯 ― 張維文

封面設計 ― 鄭云淨

出 版 者 ― 五南圖書出版股份有限公司

地　　　址：106台北市大安區和平東路二段339號4樓

電　　　話：(02)2705-5066　　傳　　真：(02)2706-6100

網　　　址：https://www.wunan.com.tw

電子郵件：wunan@wunan.com.tw

劃撥帳號：01068953

戶　　　名：五南圖書出版股份有限公司

法律顧問　林勝安律師

出版日期　2024年5月初版一刷
　　　　　2024年5月初版二刷

定　　　價　新臺幣720元

經典永恆・名著常在

五十週年的獻禮──經典名著文庫

五南，五十年了，半個世紀，人生旅程的一大半，走過來了。
思索著，邁向百年的未來歷程，能為知識界、文化學術界作些什麼？
在速食文化的生態下，有什麼值得讓人雋永品味的？

歷代經典・當今名著，經過時間的洗禮，千錘百鍊，流傳至今，光芒耀人；
不僅使我們能領悟前人的智慧，同時也增深加廣我們思考的深度與視野。
我們決心投入巨資，有計畫的系統梳選，成立「經典名著文庫」，
希望收入古今中外思想性的、充滿睿智與獨見的經典、名著。
這是一項理想性的、永續性的巨大出版工程。
不在意讀者的眾寡，只考慮它的學術價值，力求完整展現先哲思想的軌跡；
為知識界開啟一片智慧之窗，營造一座百花綻放的世界文明公園，
任君遨遊、取菁吸蜜、嘉惠學子！